闽西职业技术学院 国家骨干高职院校项目建设成果
MINXI VOCATIONAL & TECHNICAL COLLEGE ——应用化工技术专业

化工单元操作

主 编◎邱 飙

厦门大学出版社 XIAMEN UNIVERSITY PRESS
国家一级出版社
全国百佳图书出版单位

图书在版编目(CIP)数据

化工单元操作/邱飙主编．—厦门：厦门大学出版社，2016.5
(闽西职业技术学院国家骨干高职院校项目建设成果．应用化工技术专业)
ISBN 978-7-5615-5626-9

Ⅰ．①化…　Ⅱ．①邱…　Ⅲ．①化工单元操作-高等职业教育-教材　Ⅳ．①TQ02

中国版本图书馆 CIP 数据核字(2015)第 160629 号

出 版 人　蒋东明
责任编辑　眭　蔚
装帧设计　李嘉彬
责任印制　许克华

出版发行　厦门大学出版社
社　　址　厦门市软件园二期望海路 39 号
邮政编码　361008
总 编 办　0592-2182177　0592-2181253(传真)
营销中心　0592-2184458　0592-2181365
网　　址　http://www.xmupress.com
邮　　箱　xmupress@126.com
印　　刷　厦门市万美兴印刷设计有限公司

开本　787mm×1092mm　1/16
印张　13.5
插页　2
字数　330 千字
版次　2016 年 5 月第 1 版
印次　2016 年 5 月第 1 次印刷
定价　35.00 元

厦门大学出版社
微信二维码

厦门大学出版社
微博二维码

总 序

国务院《关于加快发展现代职业教育的决定》指出，现代职业教育的显著特征是深化产教融合、校企合作、工学结合，推动专业设置与产业需求对接、课程内容与职业标准对接、教学过程与生产过程对接、毕业证书与职业资格证书对接、职业教育与终身学习对接，提高人才培养质量。因此，校企合作是职业教育办学的基本思想。

产教融合、校企合作的关键是课程改革。课程改革要突出专业课程的职业定向性，以职业岗位能力作为配置课程的基础，使学生获得的知识、技能满足职业岗位(群)的需求。至 2014 年 6 月，我院各专业完成了“基于工作过程系统化”课程体系的重构，并完成了 54 门优质核心课程的设计开发与教材编写。学院以校企合作理事会为平台，充分发挥专业建设指导委员会的作用，主动邀请行业、企业的“能工巧匠”参与学院专业规划、专业教学、实践指导，并共同参与实训教材的编写。教材是实现产教融合、校企合作的纽带，是教和学的主要载体，是教师进行教学、搞好教书育人工作的具体依据，是学生获得系统知识、发展智力、提高思想品德、促进人生进步的重要工具。根据认知过程的普遍规律和教学过程中学生的认知特点，学生系统掌握知识一般是从对教材的感知开始的，感知越丰富，观念越清晰，形成概念和理解知识就越容易；而且教材使学生在学习过程中获得的知识更加系统化、规范化，有助于学生自身素质的提高。

专业建设离不开教材，一流的教材是专业建设的基础，它为课程教学提供与人才培养目标相一致的知识与实践能力平台，为教师依据教学实践要求，灵活运用教材内容，提高教学效果，完成人才培养要求提供便利。由于有了好的教材，专业建设水平也不断提高，因此在福建省教育评估研究中心汇总公布的福建省高等职业院校专业建设质量评价结果中，我院有 26 个专业全省排名进入前十名，其中有 15 个专业进入前五名。麦可思公司 2013 年度《社会需求与培养质量年度报告》显示，我院 2012 届毕业生愿意推荐母校的比例为 68%，比全国骨干院校 2012 届平均水平 65%高了 3 个百分点；毕业生对母校的满意度为 94%，比全国骨干院校 2012 届平均水平 90%高了 4 个百分点，人才培养质量大大提升。

闽西职业技术学院院长、教授

2015 年 5 月

前 言

本书可作为化工类及相关专业(包括化工、环保、石油、生物工程、制药、材料、冶金等专业)的教材,也可供有关专业的技术人员参考。

本书重点介绍化工单元操作的基本原理、计算方法和典型设备。为了适应闽西革命老区经济发展,培养化工、材料工业高端技能型人才,闽西职业技术学院化工系专业教师与企业合作编写了本书,在编写的过程中力争做到系统完整,深入浅出,注重理论联系实际,突出工程观点和研究方法,同时反映新技术。

福建紫金铜业有限公司、福建龙麟水泥有限公司、福建春驰水泥集团有限公司、龙岩市华龙水泥有限公司以及龙岩卓越新能源发展有限公司参与编写并在编写中提出了宝贵意见。由于时间仓促和水平所限,错误和不当之处在所难免,望加批评指正,并向和提供资料的有关单位和参编的同志致以衷心感谢。

作 者

2016 年 5 月

目 录

附 录

绪　论

一、本课程的性质、地位和内容

本课程是化工类及相近专业的一门重要的专业基础课，在培养化学工程专业学生综合素质的过程中有其特殊的地位与作用。

在教学计划中，这门课程是承前启后、由理及工的桥梁。先行的“数学”“物理”“化学”等课程主要是了解自然界的普遍规律，属于自然科学的范畴，而“化工单元操作”则属于工程技术科学的范畴，是化工专业课程的基础。

本课程具有显著的工程性，它要解决的问题是多因素、多变量的综合性的工业实际问题，因此分析和处理问题的方法也就与理科课程有较大的不同，这可能会导致部分学生在学习初期有些不适应。

本课程的内容主要涉及化工单元操作的基本原理及其相关基础，它来自化工实践，又面向化工实践，是化工技术工作者的看家本领之所在，可以说“化工原理”四个字恰如其分地表达了这门课程的性质与重要性。

二、化工过程与单元操作

化工过程为化学工业的生产过程的简称，是在化学工业中，对原料进行大规模的加工处理，使其不仅在形态、物性上发生变化，而且在化学性质上也发生变化，成为合乎要求的产品的过程，如高压聚乙烯的生产(图 1)。显然，要完成一个化工过程并不是由单一步骤就可以实现，而是包括许多步骤，这些步骤可分为两大类。其中一类以进行化学反应为主，通常是在反应器中进行；另一类以发生形态、物性变化为主，如乙醇生产和石油加工中都要进行蒸馏操作，陶瓷、尿素、染料、塑料、纸张等的生产中都有干燥操作，而糖、食盐的生产过程中都包含流体输送、蒸发、结晶、离心分离、干燥等操作，像这一类以发生形态、物性变化为主的化工过程中的各种步骤，称为单元操作(unit operations)。

单元操作有下列特点：(1)它们都是物理性操作，即只改变物料的状态或其物理性质，并不改变其化学性质；(2)它们都是在化工生产过程中共有的操作，但不同的化工过程中所包含的单元操作数目、名称和排列顺序各异；(3)某单元操作作用于不同的化工过程，其基本原理并无不同，进行该操作的设备往往也是通用的。当然，具体运用时也要结合各化工过程的特点来考虑，例如原料与产品的物理、化学性质，生产规模的大小等。

单元操作按其内在的理论基础归并为如下几类：(1)以动量传递理论(Momentum Transfer Theory)(流体力学)为基础，包括流体流动与输送、沉降、过滤、离心分离、搅拌、固体流态化等；(2)以热量传递理论(Heat Transfer Theory)为基础，包括加热、冷却、冷凝、蒸发、结晶、冷冻浓缩等；(3)以质量传递理论(Mass Transfer Theory)为基础，包括蒸馏、吸

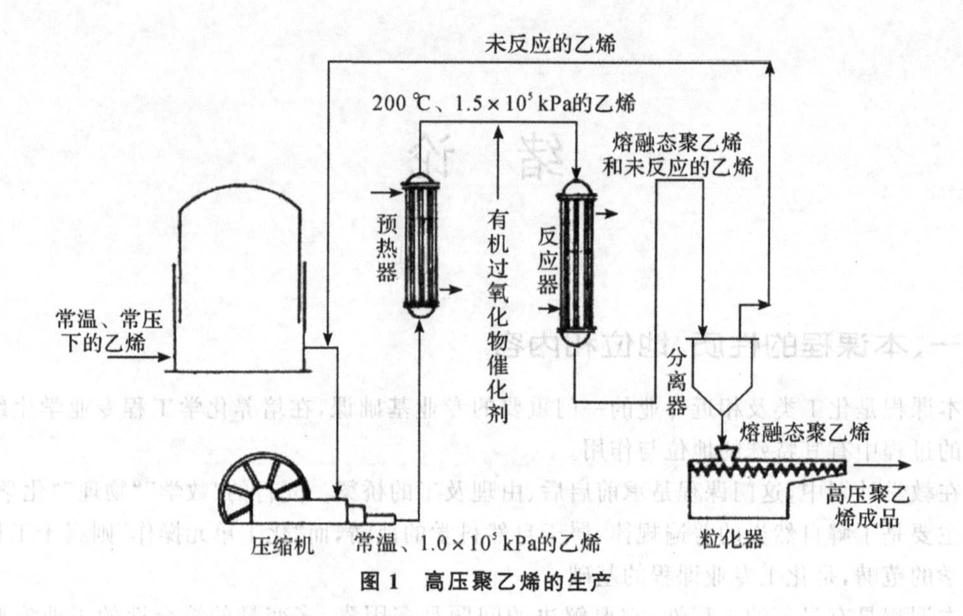

图 1　高压聚乙烯的生产

收、吸附、萃取、干燥、离子交换、膜分离等；(4)以热力过程为基础，包括压缩、冷冻等；(5)以机械过程为基础，包括固体物料的粉碎、分级等。

随着化学工业的发展，单元操作也不断发展。目前化工生产中常用的单元操作如表 1 所示。

表 1　化工生产中常用的单元操作

传递基础	单元操作名称	目的
流体流动（动量传递）	流体输送	以一定流量将流体从一处送到另一处
	沉降	从气体或液体中分离悬浮的固体颗粒、液滴或气泡
	过滤	从气体或液体中分离悬浮的固体颗粒
	搅拌	使物料混合均匀或使过程加速
	流态化	用流体使固体颗粒悬浮并使其具有流体状态的特性
热量传递	换热	使物料升温、降温或改变相态
	蒸发	使溶液中的溶剂受热气化而与不挥发的溶质分离，从而达到溶液浓缩的目的
质量传递	吸收	用液体吸收剂分离气体混合物
	蒸馏	利用均相液体混合物中各组分挥发度不同而使液体混合物分离
	萃取	用液体萃取剂分离均相液体混合物
	浸取	用液体浸渍固体物料，将其中的可溶组分分离出来
	吸附	用固体吸附剂分离气体或液体混合物
	离子交换	用离子交换剂从溶液中提取或除去某些离子
	膜分离	用固体膜或液体膜分离气体、液体混合物
热、质传递	干燥	加热固体使其所含液体气化而除去
	增（减）湿	调节气体中的水汽含量
	结晶	使溶液中的溶质变成晶体析出

三、单位制及其换算

(一)基本单位制

表2列出了目前通用的三种不同单位制。

表2 三种基本单位制对照

单位制	物理量						
	长度	质量	时间	温度	物质的量	电流强度	发光强度
国际制(SI)	米(m)	千克(kg)	秒(s)	开[尔文](K)	摩[尔](mol)	安[培](A)	坎[德拉](cd)
工程制	米(m)	千克力·秒^2/米 kgf·s^2/m	秒(s)或[小]时(h)	度(℃)	—	—	—
物理制(cgs)	厘米(cm)	克(g)	秒(s)	度(℃)	—	—	—

注:两个辅助量:平面角(弧度,rad)、立体角(球面度,sr)。

(二)单位换算

通过对质量、重量、力三者的分析,建立了工程制与国际制转换的桥梁:1 kgf=9.81 kg·m/s^2=9.81 N。此外,对热、功、能量三者的分析,也可建立如下关系:

$$1\ \text{kcal}=427\ \text{kgf}\cdot\text{m}=4.187\ \text{kJ}$$

表3给出了化学工业中若干常用物理量的单位。

表3 化学工业中若干常用物理量单位

物理量	cgs单位	SI单位	工程单位
长度	cm(厘米)	m(米)	m
质量	g(克)	kg(千克)	kgf·s^2/m
力	g·cm/s^2=dyn(达因)	kg·m/s^2=N(牛)	kgf(千克力)
时间	s(秒)	s	s
速度	cm/s	m/s	m/s
加速度	cm/s^2	m/s^2	m/s^2
能量、功	dyn·cm=erg(尔格)	N·m=J(焦)	kgf·m
功率	erg/s	J/s=W(瓦)	kgf·m/s
压力	dyn/cm^2=10^{-6} bar(巴)	N/m^2=Pa(帕)	kgf/m^2
密度	g/cm^3	kg/m^3	kgf·s^2/m^4
黏度	dyn·s/cm^2=P(泊)	N·s/m^2=Pa·s	kgf·s/m^2
表面张力	dyn/cm	N/m	kgf/m
扩散系数	cm^2/s	m^2/s	m^2/s

续表

物理量	cgs 单位	SI 单位	工程单位
温度	℃	K(开)	℃
热	cal(卡)	J	kcal(千卡)
热容、熵	cal/(g·℃)	J/(kg·K)	kcal/(kgf·℃)
焓、潜热	cal/g	J/kg	kcal/kgf
导热系数	cal/(cm·s·℃)	W/(m·K)	kcal/(m·s·℃)

四、化工原理的含义及其计算基础

(一)含义

化工原理是一门运用物料衡算、能量衡算、平衡关系、过程速率等概念来研究与化学工业生产有关的单元操作的规律及其所用设备的基本理论的学科。即化工原理是研究化工单元操作的基本原理、典型设备的结构和工艺尺寸的计算与选型、单元过程的操作因素分析及其调节原理,以及过程的强化途径与如何寻找故障的缘由等。

(二)计算基础

1.物料衡算

(1)依据:质量守恒定律。

(2)关系式:$\sum F$(输入)$=\sum D$(输出)$+A$(积存)。对稳定过程而言,A(积存)$=0$,即$\sum F$(输入)$=\sum D$(输出);对非稳定过程而言,A(积存)$\neq 0$,若$\sum F$(输入)$=0$,则$\sum D$(输出)$=-$积存(A)$=$消耗,此时考虑物料的变化应从微积分角度出发,应用高等数学等方面的知识加以解决,如例 1 所示。

例 1 一车间体积为 30 m×10 m×8 m,车间内产一种有毒气体,按安全标准规定它在空气中体积分数不得超过 0.002。一旦它的含量超过 0.002 时就自动通风,通风量为 120 m^3/min。问通风 20 min 后,有害气体的含量为多少?假定车间内的空气始终混合均匀,在通风这段时间内新产生的有害气体可以忽略不计。

解:设通风 20 min 后,有害气体的含量为 x(摩尔分率)。取整个车间为系统,取时间微变量 dt(min)为衡算基准,以有害气体为衡算对象,列物料衡算,其中:

$\sum F=0$,$\sum D=120\mathrm{d}t\cdot x$,$A=(30\times 10\times 8)\times \mathrm{d}x$,即

$$120x\cdot \mathrm{d}t+2\,400\mathrm{d}x=0,\mathrm{d}t=\frac{-2\,400}{120}\times\frac{\mathrm{d}x}{x}$$

两边积分(选定积分区间:$t=0$ min 时,$x=0.002$;$t=20$ min 时,$x=x$),即有:

$$\int_0^{20}\mathrm{d}t=\int_{0.002}^{x}\frac{-2\,400}{120}\times\frac{\mathrm{d}x}{x}$$

最终可求得 $x=0.000\,74$,即为有害气体的含量。

2.能量衡算

(1)依据:能量守恒定律。

(2)关系式：$\sum H_F$(输入)$=\sum H_P$(输出)$+q$(积累)。

例 2 一罐内盛有 20 t 的油，温度为 20 ℃。用外加热法进行加热，如图 2 所示。油的循环量为 8 t/h，循环的油在换热器中用水蒸气加热，其在换热器出口温度 T_3 恒为 100 ℃。罐内的油均匀混合。问罐内的油从 $T_1=20$ ℃加热到 $T_2=80$ ℃需要多少时间？设罐与外界绝热。

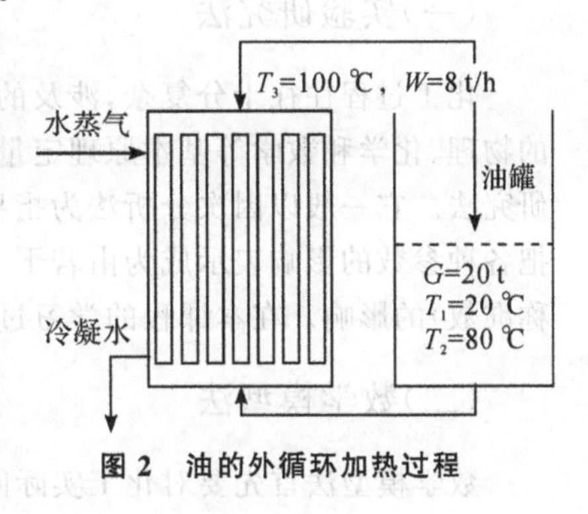

图 2 油的外循环加热过程

解：由于油罐内的油均匀混合，从油罐内排出的油温与油罐内的油温相同，设其在某一时间为 T ℃。以油罐为系统进行热量衡算，以 dt 为时间基准，以 0 ℃为温度基准，如图 2 油的外循环加热过程，则在 dt 时间内进出系统及系统内积累的热量分别为：输入 $\sum H_F=WC_pT_3\mathrm{d}t$，输出 $\sum H_P=WC_pT\mathrm{d}t$，积累 $q=GC_p\mathrm{d}T$（其中 C_p 为油的比热），则 $WC_pT_3\mathrm{d}t=WC_pT\mathrm{d}t+GC_p\mathrm{d}T$，即

$$\mathrm{d}t=\frac{G}{W}\cdot\frac{\mathrm{d}T}{T_3-T}$$

选取积分区间：$t=0$ 时，$T=T_1=20$ ℃；$t=t$ 时，$T=T_2=80$ ℃，则有：

$$\int_0^t \mathrm{d}t=\frac{20\times10^3}{8\times10^3}\int_{20}^{80}\frac{\mathrm{d}T}{100-T}$$

最终可求出 $t=3.47$(h)，即为所需加热时间。

3.平衡关系

任何传递过程都有一个极限。当传递过程达到极限时，其过程进行的推动力为零，此时净的传递速率为 0，即为平衡。过程的平衡问题说明过程进行的方向和所能达到的极限。

4.过程速率

指单位时间内所能传递的能量或物质量，如传热速率 J/s(W)、传质速率(kmol/h)等。过程的速率和过程所处的状态与平衡状态的距离及其他很多因素有关。过程所处的状态与平衡状态之间的距离通常称为过程的推动力。例如两物体间的传热过程，其过程的推动力就是两物体的温度差。过程速率＝过程推动力/过程阻力，即过程的速率与推动力成正比，与过程阻力成反比。显然过程的阻力是各种因素对过程速率影响的总的体现。

平衡与速率是分析单元操作过程的两个基本方面。化工过程的平衡是化工热力学研究的问题，所以化工热力学是化工原理的一个重要基础。过程的速率是指过程进行的快慢。当过程不处于平衡态时，则此过程必将以一定的速率进行。例如传热过程，当两物体温度不同时，即温度不平衡，就会有净热量从高温物体向低温物体传递，直到两物体的温度相等为止，此时过程达到平衡，两物体间也就没有净的热量传递。

物料衡算、能量衡算、平衡关系和过程速率将反复出现在本书中，它们所形成的各单元操作的相应计算式，就是各单元操作的主要计算依据。抓住这条主线，会给学习本课程带来很大的帮助。

五、基本研究方法

在单元操作的发展过程中形成了两种基本研究方法，即实验研究法和数学模型法。

（一）实验研究法

化工过程往往十分复杂，涉及的影响因素很多，各种因素的影响有时不能用迄今已掌握的物理、化学和数学等基本原理定量地分析和预测，而必须通过实验来解决，即所谓的实验研究法。它一般以因次分析法为指导，依靠实验建立过程参数之间的相互关系，而且通常是把各种参数的影响表示成为由若干个有关参数组成的、具有一定物理意义的无因次数群（也称准数）的影响。在本课程的学习过程中，将经常见到以无因次数群表示的关系式。

（二）数学模型法

数学模型法首先要对化工实际问题的机理做深入分析，并在抓住过程本质的前提下做出某些合理的简化，得出能基本反映过程机理的物理模型，然后结合传递过程、物理化学的基本原理，得到描述此过程的数学模型，再用适当的数学方法求解。通常，数学模型法所得结果包括反映过程特性的模型参数，它必须通过实验才能确定，因而它是一种半经验、半理论的方法。

随着计算机及计算技术的飞速发展，复杂数学模型的求解已成为可能，所以数学模型方法将逐步成为单元操作中的主要研究方法。

在学习本课程时，应仔细体会不同单元操作中为什么有些采用实验研究法，有些采用数学模型法，有些则同时采用实验研究法和数学模型法。掌握这些方法论，将有助于提高分析问题与解决问题的能力。

第一部分　动量传递理论

第一章　流体流动及输送

在化学工业的生产过程中，许多原料、半成品、成品或辅助材料是以流体的状态存在的。所谓流体，是指由无数质点（并非指流体内部的分子，而是指大量流体分子所构成的微团，只是其大小与管路或容器相比“微不足道”）构成的、彼此之间无缝隙地能完全充满所占空间的连续介质，包括液体和气体。流体的特征是具有流动性，即其抗剪和抗张的能力很小；无固定形状，随容器的形状而变化；在外力作用下其内部发生相对运动。水和水蒸气就是常见的典型流体。如食品加工所遇到的液体有稀薄的，如牛奶、果汁、盐水等；也有稠厚的，如糖浆、蜂蜜、脂肪、果酱等。就气体而言，空气、氮气、二氧化碳、乙烯等气体也用于加工过程。所谓流体流动，是指流体内部无数质点运动的总和，产生流体流动的原因在于流体受到剪力作用而产生连续不断的变形。

流体流动基本原理及流动规律在化工生产中主要有以下几种应用：

(1)流体输送。把流体从一个地方送到所需的另一个地方时，经常遇到流体通过管路系统的压力变化、输送所需功率、流量的测量、管路的直径和输送设备的选择等。

(2)固体流态化。使颗粒具有流动特性，改善传热和传质过程。

(3)气力输送。利用空气的动力作用，使物料在空气动力作用下被悬浮而输送。

第一节　流体静力学基本方程

流体静力学是研究流体在外力作用下达到静止平衡的规律，也就是指流体在重力作用下内部压力（点压力）变化的规律。在工程上，这些规律可用于流体在设备或管道内压强变化的测量、液体在贮罐内液位的测量及设备液封的设计等。

一、与流体的流动有关的物理量

（一）密度、相对密度、重度及比容

(1)密度：单位体积流体具有的质量。$\rho=\dfrac{dm}{dV}$，式中 ρ 为流体的密度（kg/m^3），m 为流体的质量（kg），V 为流体的体积（m^3）。对于气体，按理想气体状态方程处理，有 $\rho=\dfrac{pM}{RT}$，其中 $R=8.3142$ J/(mol·K)。

液体是不可压缩流体，其密度基本上不随压力而变，但随温度稍有改变；气体是可压缩的流体，其密度随压力和温度而变化，因此必须标明气体的状态，如空气在标准状态下(1.01×10^5 Pa，0 ℃)的密度为 1.293 kg/m^3。流体的密度一般可在有关手册查得。

(2)相对密度：物质的密度与 4 ℃时水的密度之比，又称比重，无因次，$d=\dfrac{\rho}{\rho_w(4\ ℃)}$。

(3)重度 γ：单位体积流体具有的重力。同一单位制下，密度与重度的关系为 $\gamma=\rho g$。

(4)比容 v：流体密度的倒数，即单位质量流体所具有的体积(m^3/kg)。

(5)混合物的平均密度 ρ_m

①对于液体混合物

$$\frac{1}{\rho_m}=\frac{x_{wA}}{\rho_A}+\frac{x_{wB}}{\rho_B}+\cdots+\frac{x_{wn}}{\rho_n}$$

②对于气体混合物

$$\rho_m=\rho_A x_{VA}+\rho_B x_{VB}+\cdots+\rho_n x_{Vn} \text{ 或 } \rho_m=\frac{pM_m}{RT} (\text{其中 } M_m=M_A y_A+M_B y_B+\cdots+M_n y_n)$$

式中，$\rho_A,\rho_B,\cdots,\rho_n$——液体混合物中各纯组分的密度；

$x_{wA},x_{wB},\cdots,x_{wn}$——液体混合物中各纯组分的质量分率；

$x_{VA},x_{VB},\cdots,x_{Vn}$——气体混合物中各组分的体积分率；

$M_A,M_B,\cdots,M_n$——气体混合物中各组分的分子量；

$y_A,y_B,\cdots,y_n$——气体混合物中各组分的摩尔分率。

(二)压强

垂直作用在单位面积流体上的力为流体的压强，习惯上称为压力。压力的表示方法有绝对压力、相对压力及真空度等，是根据度量压力时基本起点不同而命名的。

绝对压强(力)以绝对零压作起点，是流体的真实压强(力)；表压是测压表上所显示的读数，是表内压强(力)比表外大气压高出的值；真空度是真空表测出的比表外大气压低的数值。三者的关系为：

表压(力)＝绝对压强(力)－大气压

真空度＝大气压－绝对压强(力)

真空度是表压的负值，又称为负压。当压强为绝对压强时，可以不注明，但当压强用表压和真空度表示时，必须注明，以免混淆，如 140 kN/m^2(表压)、360 mmHg(真空度)。其关系可用图 1-1 表示。压力的单位较多，注意单位间换算，如：

1 atm＝760 mmHg＝10.33 mH_2O＝10 330 mmH_2O＝10 330 kgf/m^2＝101 300 N/m^2＝1.033 kgf/cm^2

1 atm(工程大气压)＝1 kgf/cm^2＝735.6 mmHg＝10 mH_2O＝0.9807 bar＝9.807×10^4 Pa

[思考题]在兰州操作的苯乙烯真空蒸馏塔顶的真空表读数为 80×10^3 Pa。在天津操作时，若要

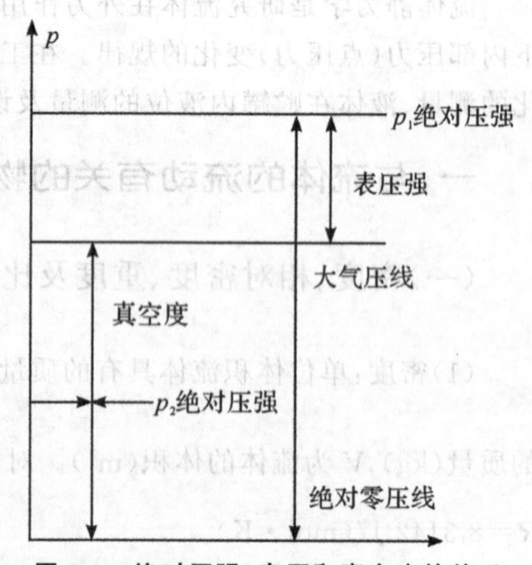

图 1-1 绝对压强、表压和真空度的关系

求塔内维持相同的绝对压强，真空表的读数应为多少？（兰州地区的平均大气压强为 85.3×10^3 Pa，天津地区的平均大气压强为 101.33×10^3 Pa）

（三）黏度

流体的黏性是流体的一个主要的物理性质。它是当流体受外力作用流动，其质点内部产生相对运动时，本身内部产生阻力的性质。流体在管内流动时，管内任一截面上各点的速度不同，中心处的速度最大，愈靠近管壁速度愈小，在管壁处流体质点总黏附于管壁上，其速度为零。因此，流体在圆管内流动时，可视为被分割成无数极薄的圆筒层，一层套一层，称为流体层。各层以不同的速度向前运动，如图 1-2 所示。由于各层速度不同，层与层之间发生了相对运动，速度较大的流体层对与之相邻的速度较小的流体层起着带动作用，而后者又对前者起着拖拽作用。流体层间这种相互作用阻止了流体向前运动。这种相互作用称为流体的内摩擦，是黏性的表现，又称黏性摩擦。流体要克服这种内摩擦力做功，必须损失能量以维持运动，这也是流体运动时产生能量损失的原因。

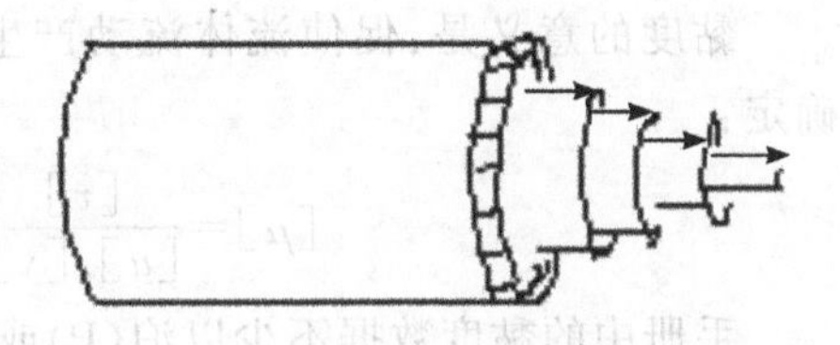
图 1-2　流体在圆管内分层流动示意图

影响内摩擦大小的因素较多，其中属于物理性质方面的是流体的黏性。衡量流体黏性大小的物理量称为黏度。牛顿(Newton)在 1686 年提出了确定流动运动时在内部产生摩擦力的内摩擦定律，又称为牛顿黏性定律，并为后继科学家证实。

如图 1-3，在相距 h 的两块很大的平板间充满黏稠液体。令下板保持不动，并以一定的力向右推动上板，此力即为通过平板而成为在界面处作用于液体的剪力。两板间的液体于是分成无数薄层而运动，附在上板底面的一薄层液体的速度等于板移动速度 u，以下各层速度逐渐减小，附在下板表面的一薄层液体的速度为零。实验证明，对于一般液体，剪应力 τ 与上下两板速度随距离的变化率 $\frac{\Delta u}{\Delta y}$ 成正比，可写成：

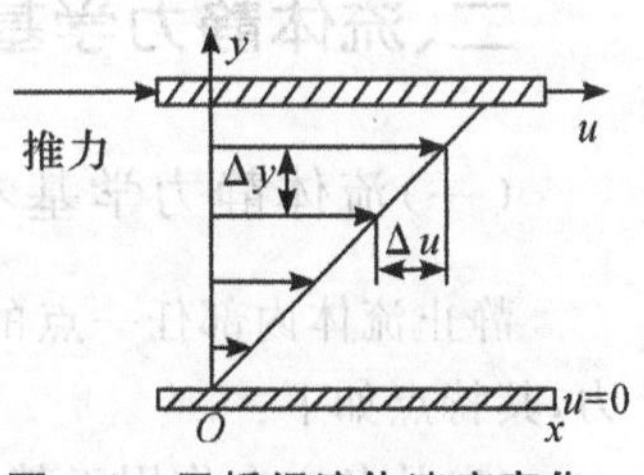

图 1-3　平板间液体速度变化

$$\tau=\mu\frac{\Delta u}{\Delta y} \tag{1-1a}$$

式(1-1a)中比例系数 μ 的大小依流体而不同，流体的黏性愈强，μ 值便愈大，故 μ 称为黏度。流体在圆管内流动时，u 与 y 的关系不成直线，如图 1-4 所示。可对流动流体内的一点，将上述变化率改写成微分形式 $\mathrm{d}u/\mathrm{d}y$，称为速度梯度，于是表示黏性的通用公式应写成：

$$\tau=\mu\frac{\mathrm{d}u}{\mathrm{d}y}$$

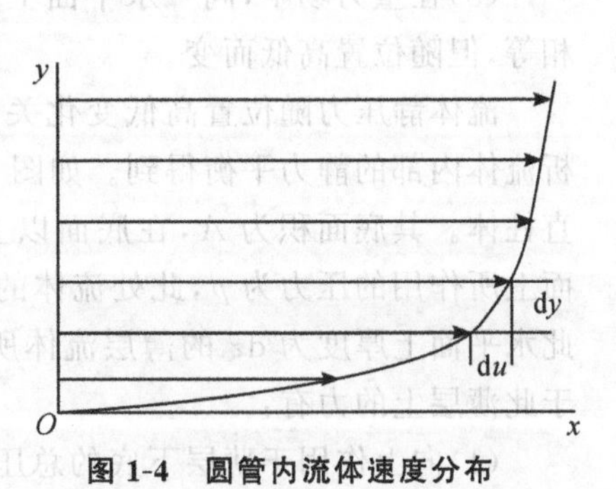

图 1-4　圆管内流体速度分布

$$或\ \mu=\frac{\tau}{\frac{du}{dy}} \tag{1-1b}$$

式(1-1b)为牛顿黏性定律,说明黏性产生的剪应力与速度梯度成正比。根据管内的速度分布图(图 1-4),管壁处速度梯度最大,故该处的剪应力最大;管中心速度梯度为零,剪应力亦为零。流体的黏性是流体本身所固有的,这是由流体内摩擦所引起的,但只有在运动时才显现出来,它总是与速度梯度相联系,因此分析流体静止的规律时,并未提到这一性质。

黏度的意义是:促使流体流动产生单位速度梯度的剪应力。黏度的单位可通过下式确定:

$$[\mu]=\frac{[\tau]}{[u]/[y]}=\frac{\mathrm{N/m^2}}{\mathrm{(m/s)/m}}=\frac{\mathrm{N\cdot s}}{\mathrm{m^2}}=\mathrm{Pa\cdot s}$$

手册中的黏度数据不少以泊(P)或厘泊(cP)为单位,它们是物理单位制中黏度的单位,与国际单位的换算关系为:$1\ \mathrm{N\cdot s/m^2}=10\ \mathrm{P}=1\ 000\ \mathrm{cP}$。

运动黏度:定义为黏度与密度的比值:$v=\mu/\rho$。其 SI 制单位为 $\mathrm{m^2/s}$,物理制单位为 $\mathrm{cm^2/s}$,即沲(St)。$1\ \mathrm{St}=100\ \mathrm{cSt}$(厘沲)$=10^{-4}\ \mathrm{m^2/s}$。

符合牛顿黏性定律的流体称为牛顿型流体,所有气体和大多数液体都属于这一类。不符合牛顿黏性定律的流体称为非牛顿型流体,大多数高分子溶液、胶体溶液都属于这一类(详细参见本章第五节)。

温度升高,液体的黏度减小,气体的黏度增大。压强变化时,液体的黏度基本不变,气体的黏度在通常情况下变化不大,一般可忽略,但在高压或很低压下要考虑变化。

二、流体静力学基本方程

(一)流体静力学基本方程的推导

静止流体内部任一点的压力称为该点的流体静压力,其特点如下:

(1)从各方向作用于某一点上的流体静压力相等;

(2)若通过该点指定一作用平面,则压力的方向垂直于此面;

(3)在重力场中,同一水平面上各点的流体静压力相等,但随位置高低而变。

流体静压力随位置高低变化关系的公式可通过分析流体内部的静力平衡得到。如图 1-5 所示,考虑一垂直柱体。其底面积为 A,在底面以上高度为 z 的水平面上所作用的压力为 p,此处流体的密度为 ρ。考虑在此水平面上厚度为 dz 的薄层流体所受的力,显然作用于此薄层上的力有:

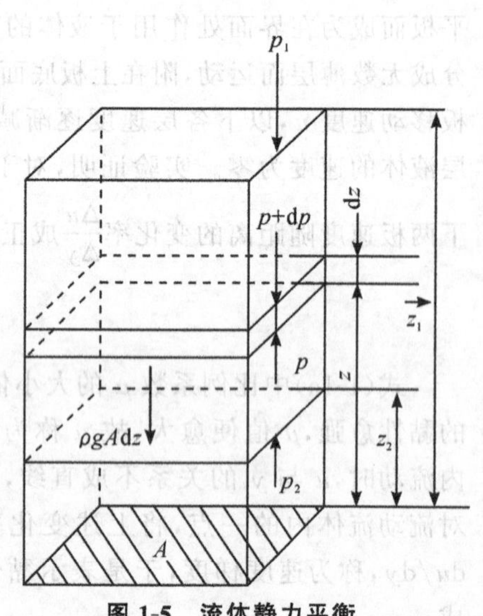

图 1-5 流体静力平衡

(1)向上作用于薄层下底的总压力 pA;

(2)向下作用于薄层上底的总压力为$(p+dp)A$;

(3)向下作用的重力 $\rho gA\mathrm{d}z$。

以向上作用的力为正,向下作用的力为负。静止时三力之和为零,故

$$pA-(p+\mathrm{d}p)A-\rho gA\mathrm{d}z=0$$

简化得:$\mathrm{d}p+\rho g\mathrm{d}z=0$。若 ρ 为常数,积分有:

$$\frac{p}{\rho}+gz=\text{常数} \tag{1-2a}$$

若积分上、下限分别取高度等于 z_1 和 z_2 的两个平面,作用于这两平面上的压力分别为 p_1 和 p_2,则:

$$p_2=p_1+\rho g(z_1-z_2) \tag{1-2b}$$

上式是流体静力平衡的基本方程。它表明:①静止流体内部某一水平面上的压力与其位置及流体的密度有关,所在位置愈低则压力愈大;②液面上所受的压力能以同样大小传递到液体内部的任一点(帕斯卡原理);③压强或压强差可用一定高度的流体柱表示。

(二)流体静力学基本方程的应用

1.压强及压差的测量

(1)U 形管压差计

其结构如图 1-6 所示。在一根 U 形的玻璃管内装液体 A,称为指示液。指示液要与所测流体 B 不互溶,不起化学作用,其密度要大于所测流体的密度。

将 U 形管两端与所要测的两点接触,若作用于 U 形管两端的压力不等(如 $p_1>p_2$),则在 U 形管的两侧便出现了指示液面的高度差 R,称为压差计的读数。压差 (p_1-p_2) 与 R 的关系式可根据静力学基本方程进行推导。

设指示液密度为 ρ_A,被测流体密度为 ρ_B,则图 1-6 中,a,a' 两点的静压是相等的,因为这两点都在相连通的同一流体内,且在同一水平面上。1,2 两点虽然在同一水平面上,但不在连通的同一种静止的流体内,故两点压力不相等。

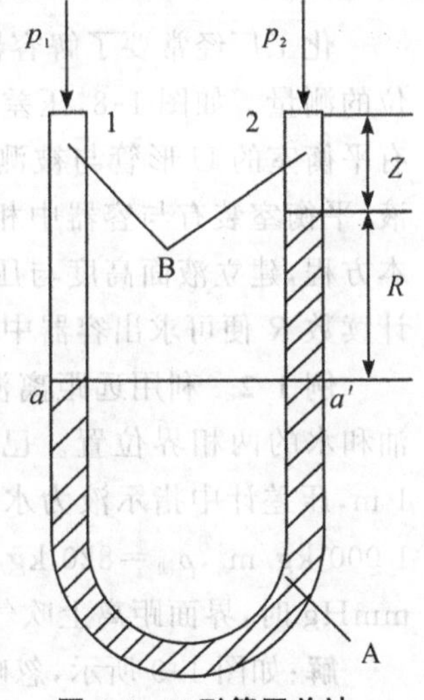

图 1-6　U 形管压差计

左侧 a 处的压力为 $p_a=p_1+\rho_B g(R+h)$,右侧 a' 处的压力为 $p_{a'}=p_2+\rho_B gh+\rho_A gR$,由 $p_a=p_{a'}$,于是化简后即有:

$$p_1-p_2=(\rho_A-\rho_B)gR \tag{1-3a}$$

若被测流体是气体,因气体的密度要比液体的密度小得多,即 $\rho_A-\rho_B\approx\rho_A$,此式可简为:

$$p_1-p_2=\rho_A gR \tag{1-3b}$$

若 U 形管的一端与被测流体连接,另一端与大气相通,则读数 R 所反映的是被测流体的表压。

(2)微差压差计

若所测压差很小,用 U 形管压差计很难测量,即数值 R 难以准确读出。为了放大读数 R,除可选用其他指示液外,还可用微差压差计。如图 1-7 所示,微差压差计中装有两种密度相近且不互溶的指示液 A 和 C,而指示液 C 与被测流体不互溶。在 U 形管两侧上增设两

个小室，内径与U形管的内径之比应大于10，这样U形管内指示液A的液面差R很大，但小室的指示液C的液面变化甚小。同样，利用流体静力学基本方程，可推导得：

$$p_1-p_2=(\rho_A-\rho_C)gR \quad (1-4)$$

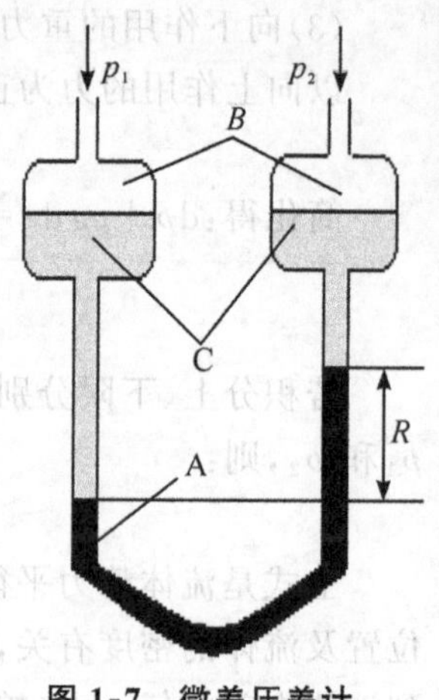

图1-7 微差压差计

例1-1 用普通U形管压差计测量气体管路上两点的压力差，指示液用水，读数R为12 mm。为了放大读数，改用微差计，指示液A是酒精水溶液，密度为920 kg/m³；指示液C为油，密度为850 kg/m³。问读数可放大到多少毫米？放大了多少倍？

解：由于是测量气体，所测压差未变，可综合利用U形管压差计式(1-3b)和微差压差计式(1-4)，即有：

$$\rho_A gR=(\rho_A'-\rho_C)gR'$$

$$R'=\frac{\rho_A R}{\rho_A'-\rho_C}=\frac{1\,000\times12}{920-850}=171(\text{mm})$$

$$\frac{R'}{R}=\frac{171}{12}=14.3$$

即放大了14.3倍。

2.液位的测量

化工厂经常要了解容器里液体的贮存量，或要控制容器里液面的高度，因而需要进行液位的测量。如图1-8，压差法测量液位的原理是将一个带有平衡室的U形管与被测容器连接，U形管底装有指示液，平衡室装有与容器中相同的液体，利用流体静力学基本方程，建立液面高度与压差计读数的对应关系，由压差计读数R便可求出容器中液面的高度。

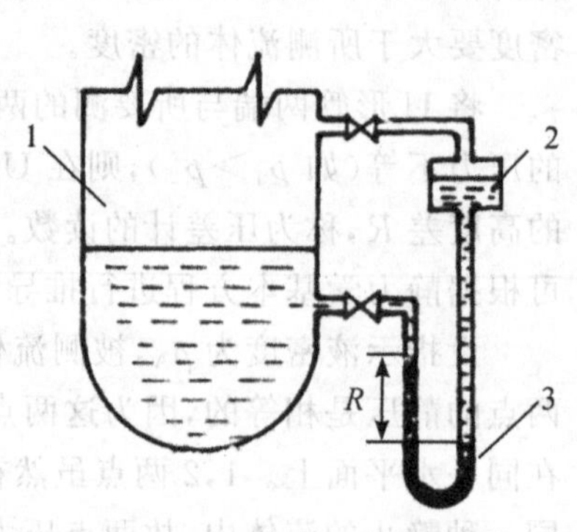

1，2—相同的液体；3—指示液

图1-8 压差法测量液体

例1-2 利用远距离测量控制装置测定一分相槽内油和水的两相界位置。已知两吹气管出口的间距$H=1$ m，压差计中指示液为水银（$\rho_{水银}=13\,600$ kg/m³，$\rho_{水}=1\,000$ kg/m³，$\rho_{油}=820$ kg/m³）。求当压差计指示$R=67$ mmHg时，界面距离上吹气管出口端距离h。

解：如图1-9所示，忽略吹气管出口端到U形管两侧的气体流动阻力所造成的压差，则：$p_a=p_1$，$p_b=p_2$。

又$p_a=\rho_{油}g(H_1+h)+\rho_{水}g(H-h)$

$p_b=\rho_{油}gH_1$，$p_1-p_2=\rho_{水银}gR$

整理得：$\rho_{油}gh+\rho_{水}g(H-h)=\rho_{水银}gR$，则：

$$h=(\rho_{水}H-\rho_{水银}R)/(\rho_{水}-\rho_{油})$$

$$=(1\,000\times1.0-13\,600\times0.067)/(1\,000-820)$$

$$=0.493(\text{m})$$

结果表明：以压差计指示信号，控制底部排出阀的开闭程度，就可以使油水两相界面维持在两吹气管出口之间。

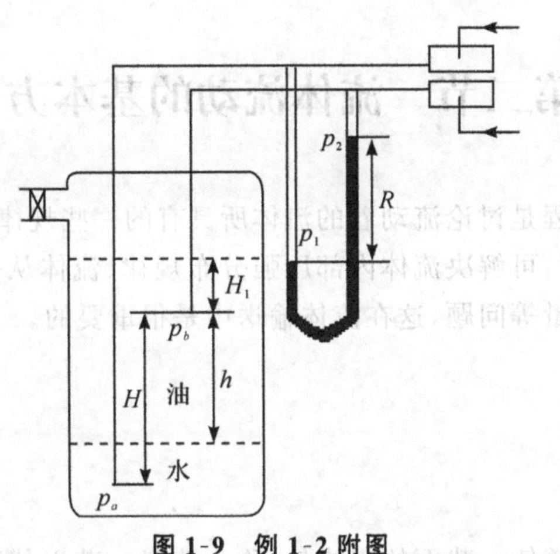

图 1-9　例 1-2 附图

3.液封

化学工业的生产中常遇到液封,其目的主要是维持设备中的压力稳定和保障人身安全。液封设计实际上就是计算液柱的高度。

例 1-3　罐头厂为了使高压杀菌连续化,采用如图 1-10 所示的静水压密封连续杀菌装置,杀菌室内通入高压蒸气。若蒸气的压力为 2 kgf/cm^2(绝对压力),试求水封室的高度。

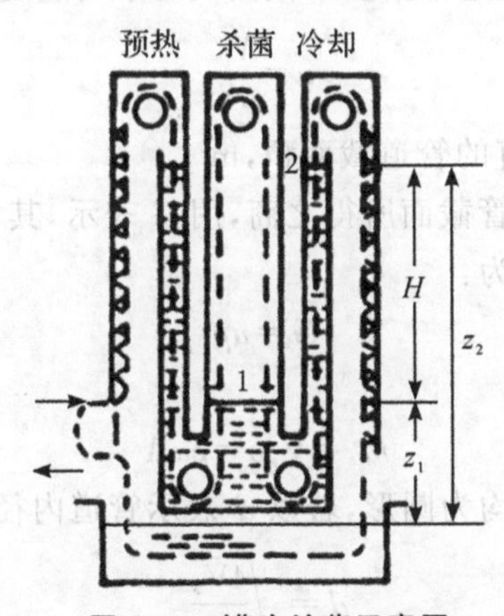

图 1-10　罐头杀菌示意图

解:如图所示,设杀菌室内液面为 1,其离基准面的高度为 z_1,液面的静压力为 p_1,水封室的液面为 2,其离基准面的高度为 z_2,液面的压力为 p_2,则液面 1,2 为同一流体连通,由静力学方程得:

$$gz_1+\frac{p_1}{\rho}=gz_2+\frac{p_2}{\rho}$$

$$H=z_2-z_1=\frac{p_1-p_2}{\rho g}=\frac{2\times 98\ 100-101\ 000}{9.81\times 1\ 000}=9.70\ \text{m}$$

若生产中考虑操作上的弹性等因素,一般采用 15~16 m。

第二节　流体流动的基本方程

流体流动的基本方程是讨论流动着的流体所具有的一些规律，如流体流动连续方程、伯努利方程，运用这些规律，可解决流体内部压强分布规律、流体从低位流向高位或从低压流向高压所需要提供的能量等问题，这在流体输送中是很重要的。

一、基本概念

（一）流量与流速

单位时间内流过管道任一截面的流体量，称为流量。若以体积来计量，称为体积流量，以V_s表示，单位为m^3/s；若以质量来计量，称为质量流量，以m_s表示，单位为kg/s。二者的关系为：

$$m_s = V_s\rho \tag{1-5}$$

单位时间内流体在流动方向上所流过的距离，称为体积流速，简称流速，以u表示，单位为m/s。由于流体在管道任一截面上各质点的流速沿管径而变化，速度分布规律复杂，所以为了计算方便，工程上流体流速常指整个截面上的平均速度，即

$$u = \frac{V_s}{A} \tag{1-6}$$

式中，A为与流体流动方向垂直的管道截面积，m^2。

质量流速是质量流量除以管截面所得之商，用G表示，其单位为$kg/(m^2 \cdot s)$。

质量流速与体积流速关系为：

$$G = u\rho \tag{1-7}$$

流量与流速关系为：

$$m_s = V_s\rho = \rho uA \tag{1-8}$$

一般流体输送的管道截面均为圆形，若以d表示管道内径，则：

$$d = \sqrt{\frac{4V_s}{\pi u}} \tag{1-9}$$

因此，流体输送管路的直径根据流量与流速计算，流量取决于生产需要，合理的流速原则上应取决于经济衡算。若流速选得过大，管径虽可以减小，但流体的阻力增大，动力消耗大，操作费增加；若流速选得过小，操作费减少，但管径增大，基建费增加。大体上取液体的流速为0.5～3.0 m/s，气体的流速为10～30 m/s。

（二）稳定流动与不稳定流动

按照流体流动时的流速以及其他与流动有关的物理量（如压力、密度）是否随时间而改变，可以将流体的流动分为稳定流动与不稳定流动。

如图1-11(a)所示，流体的物理量，如流速、压力、密度仅随位置改变，而不随时间而变，称为稳定流动。如图1-11(b)所示，流体的物理量不仅随位置改变，而且随时间而变，称为

不稳定流动。在化工生产过程中一般为稳定流动，只在开工或停工阶段属于不稳定流动。本章着重讨论稳定流动。

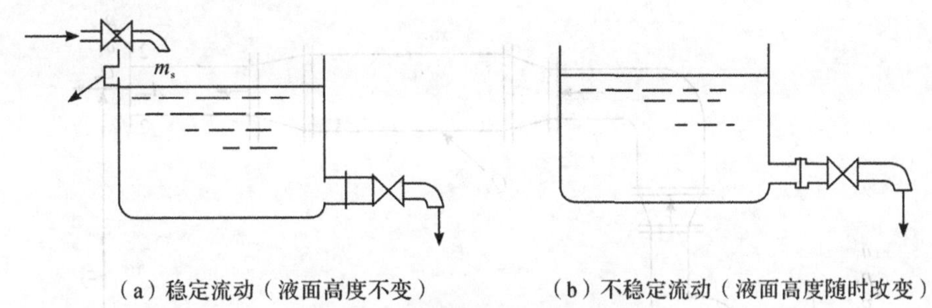

（a）稳定流动（液面高度不变）（b）不稳定流动（液面高度随时改变）

图 1-11 稳定流动与不稳定流动

二、物料衡算——连续性方程

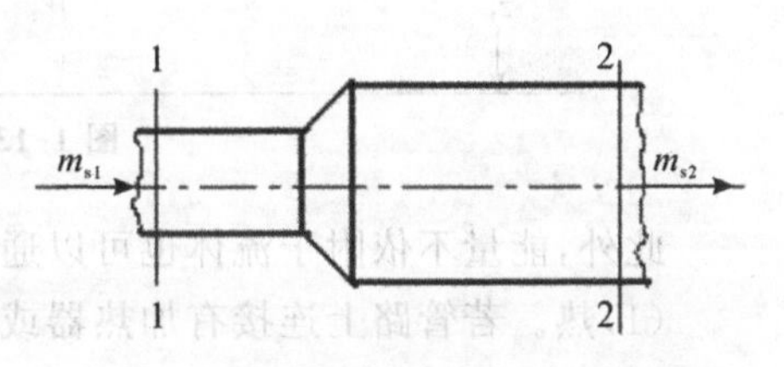

图 1-12 稳定流动的连续性方程

在生产过程中，流体连续地输送，并且一般在管道中输送，故为一维稳定流动。通过物料衡算进行推导，如图 1-12 所示，在 1-1′、2-2′截面间稳定流动系统中，由质量守恒定律知，输入的流体质量流量等于输出的流体质量流量，即：

$$m_{s1}=m_{s2} \tag{1-10a}$$

也可写成：$\rho_1 u_1 A_1=\rho_2 u_2 A_2$。推广至任一截面上可写成：

$$\rho u A=C（常数） \tag{1-10b}$$

式(1-10b)称为一维稳定连续性方程，对可压缩、不可压缩流体都适用。该式表明，在稳定流动系统中，流体流经各截面的质量流量不变。

对不可压缩流体，ρ 为常数，可写成：

$$V_s=u_1A_1=u_2A_2=\cdots=uA=常数 \tag{1-10c}$$

式(1-10c)说明，不可压缩的流体不仅流经各截面的质量流量相等，且体积流量也相等。式(1-10a)～(1-10c)适用于在管内流动的流体充满全管的情况。

[**思考题**]在稳定流动系统中，水连续地从粗管流入细管。粗管内径为细管内径的两倍，细管内水的流速是粗管内的几倍？

三、能量衡算——伯努利方程

（一）推导

如图 1-13，在稳定条件下，每单位时间若有质量为 m 的流体通过截面 1 进入划定体积(衡算范围)，亦必有质量为 m 的流体从截面 2 送出。流体本身具有一定的能量，它便带着这些能量输入划定体积和从划定体积输出。这些能量形式包括流体本身的内能 mU（U 为单位质量流体的内能，单位 J/kg），位能 mgz、动能 $mu^2/2$、压力能 pV。其中压力能是将流体压进（压出）划定体积时需要对抗压力做的功（又称流动功）。质量为 m 的流体所具有的总能量为 mE（E 为单位质量流体的总能量，单位 J/kg），有：

$$mE = mU + mgz + mu^2/2 + pV \tag{1-11}$$

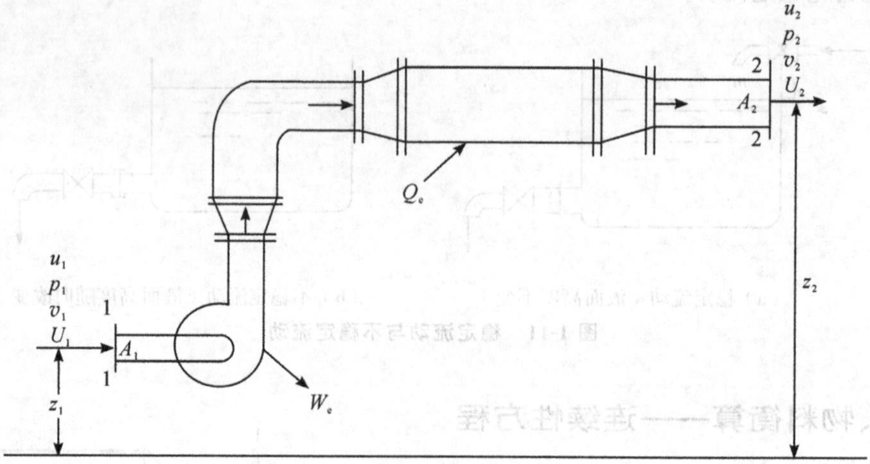

图 1-13 稳定的流体流动系统

此外，能量不依附于流体也可以通过其他途径进、出划定体积。它们是：

(1)热。若管路上连接有加热器或冷却器，流体通过时便吸热或放热。令每单位质量流体通过划定体积的过程中所吸的热为 q_e(单位 J/kg)，则质量为 m 的流体所吸热为 mq_e，规定吸热为正，放热为负。

(2)功。若管路上安装了泵或鼓风机等流体输送机械向流体做功，便有能量从外界输入划定体积内。反之，流体也可以通过水力机械等向外界做功而输出能量。令每单位质量流体通过划定体积的过程中所接受的外功为 W_e(单位 J/kg)，则质量为 m 的流体所接受的功为 mW_e，规定流体接受外功时，W_e为正，流体向外界做功则为负。

若将伴随流体经过截面 1 输入的能量用下标 1 标明，经过截面 2 输出的能量用下标 2 标明，则对图 1-13 所示流动系统所做的总能量衡算便为：

$$mU_1 + mgz_1 + mu_1^2/2 + p_1V_1 + mq_e + mW_e = mU_2 + mgz_2 + mu_2^2/2 + p_2V_2 \tag{1-12}$$

将上式中的每一项除以 m，又令$\frac{V}{m}=v$(代表流体的比容)，则得到以单位质量流体为基准的稳定流动的总能量衡算式(式中各项的单位均为 J/kg)：

$$U_1 + gz_1 + u_1^2/2 + p_1v_1 + q_e + W_e = U_2 + gz_2 + u_2^2/2 + p_2v_2 \tag{1-13}$$

式(1-13)中所包括的能量可分为两类。一类是机械能，包括位能、动能、压力能，功也可以归入此类。此类能量在流体流动过程中可以相互转变，亦可转变为热或流体的内能。另一类包括内能和热，这二者在流动系统内不能直接转变为用于输送流体的机械能。

由于热和内能都不能直接转变为可用于流体输送的机械能，考虑流体输送所需能量及输送过程中能量的转变和消耗时，可以将热和内能撇开而只研究机械能之间的相互转变关系，这就成为机械能衡算。

设流体是不可压缩的，式(1-13)中的 $v_1=v_2=v=\frac{1}{\rho}$；流动系统中无热交换器，式中 $q_e=0$；流体温度不变，则 $U_1=U_2$。

流体在管内流动时要做功以克服流动的阻力，故其机械能有所消耗。消耗了的机械能转化为热。此热不能自动地变回机械能，只是使流体的温度略有升高，即略微增加流体的内能。若按等温流动考虑，则这微量热也可以视为散失到流动系统以外。既然机械能衡算中不计入内能与热，则因克服流动阻力而消耗掉的机械能便应作为散失到划定体积以外的能量而列入输出项中，即于总能量衡算式(1-13)的输出项目中增加 W_f——每单位质量流体通过划定体积的过程中所损失的能量，单位为 J/kg。于是式(1-13)成为：

$$gz_1+\frac{u_1^2}{2}+\frac{p_1}{\rho}+W_e=gz_2+\frac{u_2^2}{2}+\frac{p_2}{\rho}+W_f \tag{1-14}$$

式(1-14)是以单位质量流体为计算基准的公式，各项单位为 J/kg。若将式(1-14)中各项除以重力加速度 g，又令 $h_e=W_e/g$，$h_f=W_f/g$，则式(1-14)可写成：

$$z_1+\frac{u_1^2}{2g}+\frac{p_1}{\rho g}+h_e=z_2+\frac{u_2^2}{2g}+\frac{p_2}{\rho g}+h_f \tag{1-15}$$

式(1-15)是以单位重量流体为计算基准的公式，式中各项单位均为 m。

以上(1-14)、(1-15)两式即为广义(实际)伯努利方程，此方程成立的条件为：①在重力场中，受到地球的吸引；②流体为不可压缩流体，即 $\rho=C$；③流体输送为正常的输送，流体充满整个管道截面。

由于 m 表示一定的高度，故将式(1-15)中 z，$\frac{u^2}{2g}$，$\frac{p}{\rho g}$ 三项分别称为位头(位压头)、速度头(动压头)、压力头(静压头)，三项之和称为总压头。h_e 是流体接受外功所增加的压头，h_f 是流体流经划定体积的压头损失。

讨论：(1)若为理想流体($\mu=0$)或阻力(h_f)可忽略，又 $h_e=0$，则式(1-15)可写为：

$$z_1+\frac{u_1^2}{2g}+\frac{p_1}{\rho g}=z_2+\frac{u_2^2}{2g}+\frac{p_2}{\rho g} \tag{1-16}$$

此即为理想流体的伯努利方程。上式表示在没有外加功时，单位质量流体位能 gz、动能 $\frac{u^2}{2}$ 与静压能 $\frac{p}{\rho}$ 之和为一常数。这些能量之和称为机械能。各项机械能(压头)可以互相转换，但总机械能(总压头)保持为常数。如当流体在管截面积缩小处，流速增大，动能增加，则静压能相应减小，减小的静压能一部分转为动能；反之亦然。

(2)对于没有外功加入的静止流体，$W_e=0$，$u=0$；流体不流动，自然就无机械能损耗，从而 $W_f=0$，则式(1-15)简化为：

$$z_1+\frac{p_1}{\rho g}=z_2+\frac{p_2}{\rho g}$$

此即流体静力平衡的基本方程，可见流体的静力平衡是流体运动的一种特殊形式。

(二)应用

伯努利方程是流体流动中最重要的方程，联合一维稳定连续性方程，可以解决流体流动与输送过程中的许多问题，如计算流量，确定设备的相对位置、输送设备的有效功率，判断流体流动方向、计算管路中的压强以及不稳定流动时的流动时间与液面高度等有关化学工程中的具体问题。

[**解题步骤**]第一步：选取基准面及衡算范围；

第二步：列机械能衡算式

$$z_1+\frac{u_1^2}{2g}+\frac{p_1}{\rho g}+h_e=z_2+\frac{u_2^2}{2g}+\frac{p_2}{\rho g}+h_f$$

第三步：考察已知量及可知量；

第四步：求解未知量；

第五步：其他相关问题的计算。

例 1-4 如图 1-14 所示，水槽内的水经虹吸管流出水槽，试求管内水的流速及截面 A（管内）、B、C 三处的静压力。设管径均一不变，流动阻力不计，大气压力取 1.033×10^5 Pa。

解：(1)管内水的流速

取槽内水面为 1-1′截面，管出口截面为 2-2′，且以 2-2′截面为基准水平面，则伯努利方程 $z_1+\frac{p_1}{\rho g}+\frac{u_1^2}{2g}=z_2+\frac{p_2}{\rho g}+\frac{u_2^2}{2g}$ 中，$z_1=0.7$ m，$z_2=0$，$p_1=p_2=1.033\times10^5$ Pa。因水槽截面很大，故 $u_1\approx0$，代入上式有 $\frac{u_2^2}{2g}=0.7$，解得：$u_2=3.71$(m/s)。

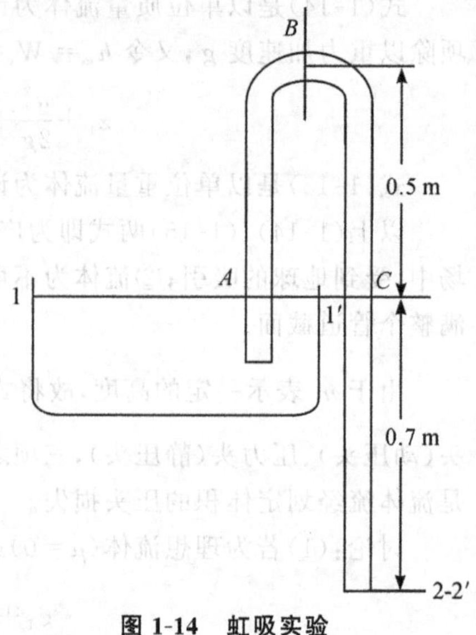

图 1-14 虹吸实验

(2)各截面的压力

系统内无泵，阻力不计，任一截面的总压头：

$$h=z_1+\frac{u_1^2}{2g}+\frac{p_1}{\rho g}=0.7+0+\frac{1.033\times10^5}{1\,000\times9.81}=11.23\ (\text{m})$$

管径均一不变，$u_A=u_B=u_C=3.71$ (m/s)

在截面 A：$\frac{p_A}{\rho g}=h-z_A-\frac{u_A^2}{2g}=11.23-0.7-0.7=9.83$(m)，则 $p_A=9.83\ mH_2O=9.63\times10^4$(Pa)；

在截面 B：$\frac{p_B}{\rho g}=h-z_B-\frac{u_B^2}{2g}=11.23-1.2-0.7=9.33$(m)，则 $p_B=9.33\ mH_2O=9.15\times10^4$(Pa)；

在截面 C：$\frac{p_C}{\rho g}=h-z_C-\frac{u_C^2}{2g}=11.23-0.7-0.7=9.83$(m)，则 $p_C=9.83\ mH_2O=9.63\times10^4$(Pa)。

以上三个截面的压力均小于 1 个标准大气压，处于真空状态。

例 1-5 水平通风管道某处的直径自 300 mm 渐缩到 200 mm，为了粗略估计其中空气的流量，在锥形接头两端各引出一个测压口与 U 形管压差计相连，用水作指示液测得读数为 $R=40$ mm。设空气流过锥形接头的阻力可以忽略。试求空气的体积流量。空气的密度取 1.2 kg/m³。

解：通风管内空气温度不变，压力变化也很小，从而可用不可压缩流体的机械能衡算公式计算，如图 1-15 所示，选取 1-1，2-2 面。因为 $z_1=z_2$，$W_e=0$，$W_f=0$，则实际伯努利方程式可简化为：

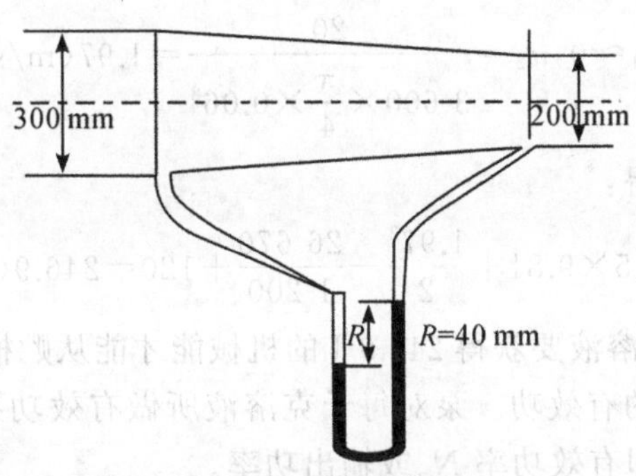

图 1-15　例 1-5 附图

$$\frac{u_1^2}{2}+\frac{p_1}{\rho}=\frac{u_2^2}{2}+\frac{p^2}{\rho}$$

又 $p_1-p_2=\rho_A gR=1\ 000\times9.8\times0.04=392.4$ Pa，所以 $\frac{u_2^2-u_1^2}{2}=\frac{p_1-p_2}{\rho}=\frac{392.4}{1.2}=$ 327。

因而有：

$$u_2^2-u_1^2=654 \tag{a}$$

同时 u_2 与 u_1 又满足一维稳定连续性方程这一条：

$$u_2=u_1\left(\frac{A_1}{A_2}\right)=u_1\left(\frac{d_1}{d_2}\right)^2=u_1\left(\frac{0.3}{0.2}\right)^2=2.25u_1 \tag{b}$$

联立(a)(b)两式，可解得：$u_1=12.7$ m/s，$u_2=28.6$ m/s。

所求空气的体积流量 $V_s=\frac{\pi}{4}d_1^2u_1=\frac{\pi}{4}\times0.3^2\times12.7=0.90\ \text{m}^3/\text{s}$。

例 1-6　如图 1-16 所示，用泵将密度为 1 200 kg/m³ 的溶液送到蒸发器中，贮槽内液面维持恒定，其上方压强为大气压，蒸发器上部蒸发室内操作压强为 200 mmHg(真空度)，蒸发器进口高于贮槽内的液面 15 m，输送管道直径为 $\phi68\times4$ mm，送料量为 20 m³/h，流经全部管道的能量损失为 120 J/kg(不包括出口的能量损失)，求泵的有效功率。

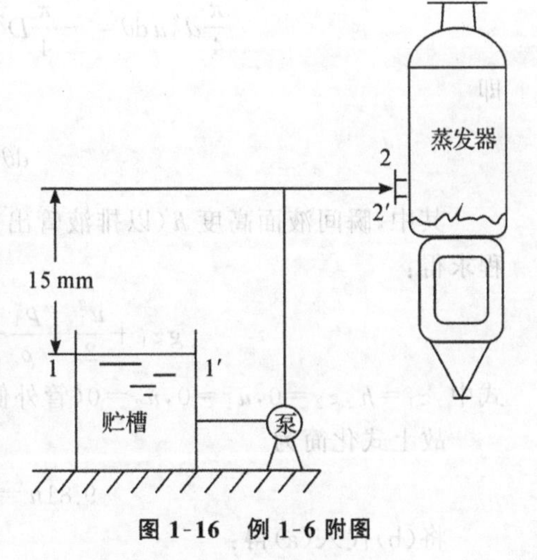

图 1-16　例 1-6 附图

解：以贮槽的液面为 1-1′截面，管路出口内侧为 2-2′截面，并以 1-1′截面为基准水平面，两截面间的伯努利方程为：

$$gz_1+\frac{u_1^2}{2}+\frac{p_1}{\rho}+W_e=gz_2+\frac{u_2^2}{2}+\frac{p_2}{\rho}+W_f$$

$$W_e=(z_2-z_1)g+\frac{u_2^2-u_1^2}{2}+\frac{p_2-p_1}{\rho}+W_f$$

式中，$z_1=0$，$z_2=15$(m)，$p_1=0$(表压)。

$$p_2=-\frac{200}{760}\times1.013\times10^5=-26\ 670(\text{N/m}^2)(\text{表压})$$

$$u_1 \approx 0, u_2 = \frac{20}{3\ 600 \times \frac{\pi}{4} \times 0.06^2} = 1.97(\text{m/s})$$

$W_f = 120$ J/kg，代入得：

$$W_e = 15 \times 9.81 + \frac{1.97^2}{2} - \frac{26\ 670}{1\ 200} + 120 = 246.9(\text{J/kg})$$

此结果表明每千克该溶液要获得 246.9 J 的机械能才能从贮槽到蒸发器。换言之，泵要对每千克溶液做 246.9 J 的有效功。泵对每千克溶液所做有效功乘以水的质量流量(kg/s)便为单位时间的有效功，即有效功率 N_e 或输出功率。

$$N_e = W_e \cdot m_s = W_e \cdot V_s \rho = 246.9 \times \frac{20 \times 1\ 200}{3\ 600} = 1\ 647\ \text{W} \approx 1.65\ \text{kW}$$

例 1-7　如图 1-17 所示，开口贮槽内液面与排液管出口的垂直距离为 $h_1 = 9$ m，贮槽内径 $D = 3$ m，排液管内径 $d_0 = 0.04$ m，液体流过管道时的全部能量损失可按 $W_f = 40u^2$ 计算，式中 u 为流体在管内的流速，试求经过 4 h 后贮槽内液面下降的高度。

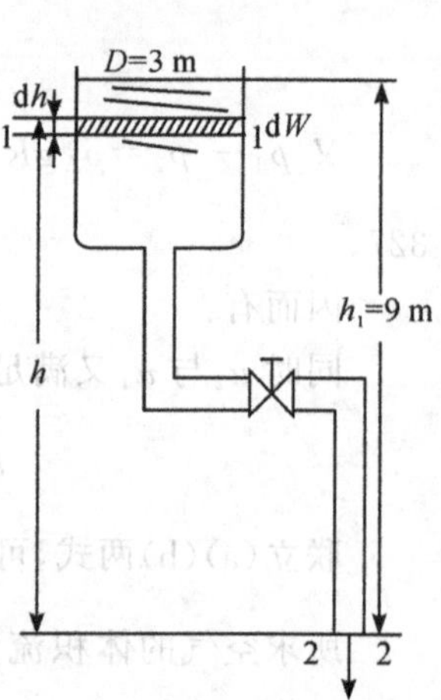

图 1-17　例 1-7 附图

解：本题属于不稳定流动，经 4 h 后贮槽内液面下降的高度可通过微分时间内的物料衡算方程与瞬间伯努利方程求解。在 $d\theta$ 时间内对系统做物料衡算，以某一瞬时时刻 θ（对应液面高度 h）为起点，再变化 $d\theta$ 时间（相应液面高度变化 dh），则在 $d\theta$ 时间内，直接由输出量即为贮槽内液面下降的量得：

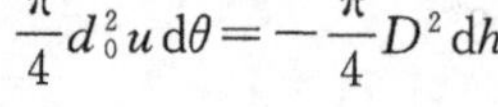

$$\frac{\pi}{4} d_0^2 u \, d\theta = -\frac{\pi}{4} D^2 \, dh$$

即

$$d\theta = -\left(\frac{D}{d_0}\right)^2 \frac{dh}{u} \tag{a}$$

其中，瞬间液面高度 h（以排液管出口为基准）与瞬间流速 u 的关系，可由瞬间伯努利方程求得：

$$g z_1 + \frac{u_1^2}{2} + \frac{p_1}{\rho} + W_e = g z_2 + \frac{u_2^2}{2} + \frac{p_2}{\rho} + W_f$$

式中，$z_1 = h$，$z_2 = 0$，$u_1 = 0$，$u_2 = 0$（管外侧），$p_1 = p_2$，$W_e = 0$，$W_f = 40u^2$。

故上式化简为

$$9.81h = 40u^2, u = 0.495\sqrt{h} \tag{b}$$

将(b)代入(a)得：

$$d\theta = -\left(\frac{D}{d_0}\right)^2 \frac{dh}{0.495\sqrt{h}} = -\left(\frac{3}{0.04}\right)^2 \frac{dh}{0.495\sqrt{h}} = -11\ 364 \frac{dh}{\sqrt{h}}$$

选定积分区间：

$$\theta_1 = 0, h_1 = 9;\ \theta_2 = 4 \times 3\ 600, h_2 = h,\ \int_{\theta_1}^{\theta_2} d\theta = -11\ 364 \int_{h_1}^{h_2} \frac{dh}{\sqrt{h}}$$

$$4 \times 3\ 600 = -2(\sqrt{h_2} - \sqrt{h_1}) = -11\ 364 \times 2(\sqrt{h} - \sqrt{9}), h = 5.62\ (\text{m})$$

所以经过 4 h 后贮槽内液面下降的高度为 9－5.62＝3.38 m。

第三节　流体在管内的流动现象及阻力的计算

从上一节的几个例题可见，对机械能损耗（或压头损失）的数值，不是忽略不计就是做给定处理，以使能量衡算得以进行。实际上流体流动时需要克服一定的流动阻力，消耗能量。本节着重探讨流体阻力产生的原因、影响因素及其计算方法。

一、流动形态

（一）雷诺实验

1. 装置

雷诺（英国物理学家）实验装置见图 1-18，图中有一入口为喇叭状的下管浸没在透明的水槽内，管出口有阀，可用以调节水流速率。水槽上方设置一小瓶，其中的有色液体通过导管及细嘴引出注入管内，于是从有色液体的流动状况即可观察到管内水流中质点的运动状况。

2. 现象及结论

流速小时，管中心的有色液体成一平衡的细线沿管轴通过全管，表明水的质点做平行运动，与旁侧面的流体并无宏观的混合，如图 1-19(a)。这种流动形态称为层流或滞流（laminar flow）。流速加至某一大小后，有色液体便成为波浪形细线，并且不规则地波动；速度再增，细线的波动加剧，并形成漩涡向四周散开，以后可使全管内水的颜色均匀一致，如图 1-19(b)。后一种流动形态称为湍流或紊流（turbulent flow）。在实验中可以观察到湍流流体中不断有漩涡生成、移动、扩大、分裂和消失。

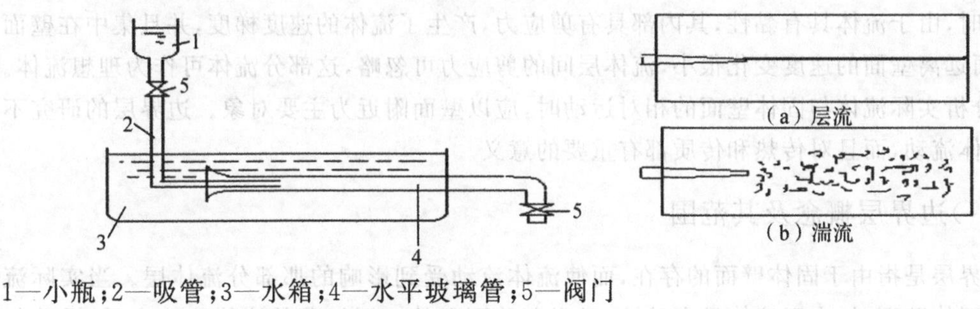

1—小瓶；2—吸管；3—水箱；4—水平玻璃管；5—阀门

图 1-18　雷诺实验装置　　**图 1-19　两种流动形态**

3. 雷诺准数

如果用不同的管径或不同的流体分别进行实验，可以发现流体的流动状况除与流速 u 有关外，还与管径 d、流体的黏度 μ 和密度 ρ 有关。雷诺通过分析，把影响流动状况的因素组合成 $\frac{du\rho}{\mu}$ 的形式，称为雷诺准数，用 Re 来表示，即

$$Re=\frac{du\rho}{\mu} \tag{1-22}$$

其因次：$[Re]=\frac{[d][u][\rho]}{[\mu]}=\frac{(m)(m/s)(kg/m^3)}{N\cdot s/m^2}=m^0kg^0s^0$。

故雷诺准数是一个没有单位、无因次的纯数，通常将几个物理量组合而成的无因次数群称为准数。实验证明：流体在管内的流动，若 $Re\leqslant 2\ 000$，则为层流；$Re\geqslant 4\ 000$，则为湍流；若 Re 在 2 000～4 000 之间，则处于过渡状态，可能是层流也可能是湍流。

雷诺准数的意义：①用以量度流体流动类型的物理量；②表征流体流动的激烈程度；③反映流体流动中惯性力（ρu^2）与黏性力$\left(\mu\frac{u}{d}\right)$的对比关系。若流体的速度大或黏度小，$Re$ 便大，表示惯性力占主导地位；若流体的速度小或黏度大，Re 便小，表示黏性力占主导地位。雷诺准数愈大，湍动程度便愈剧烈。可见，惯性力加剧湍动，黏性力抑制湍动。

（二）层流与湍流

层流和湍流的区别不仅在于 Re 值不同，其本质也不同。

流体在圆直管中作层流时，其质点沿管轴作有规则的平行运动，各质点互不碰撞，互不混合，没有径向运动（脉动），只有轴向运动。

流体在圆管中作湍流时，其质点沿管轴作不规则的杂乱运动，并相互碰撞，产生大大小小的漩涡，由于质点碰撞而产生的附加阻力较黏性所产生的阻力大得多，故碰撞将使流体前进阻力急剧加大。

在湍流中，流体在管道的某一固定截面的质点在沿管轴和管径方向上都有运动，即流体质点不仅有轴向主运动，还有径向运动（脉动）。质点的脉动是湍流运动的基本特点。

二、边界层（boundary layer）

普朗特（Prandtl）1904 年提出的边界层是基于如下一些事实：实际流体与固体壁面做相对运动时，由于流体具有黏性，其内部具有剪应力，产生了流体的速度梯度，并且集中在壁面附近，而远离壁面的速度变化很小，流体层间的剪应力可忽略，这部分流体可作为理想流体。因此，分析实际流体与固体壁面的相对运动时，应以壁面附近为主要对象。边界层的研究不仅对流体流动，而且对传热和传质都有重要的意义。

（一）边界层概念及其范围

边界层是指由于固体壁面的存在，而使流体流动受到影响的那部分流体层。当实际流体流经固体壁面时，由于流体具有黏性，吸附在壁面上的一层极薄的流体流速为零，沿着与流动方向垂直的方向产生了速度梯度，即从壁面到流体主体，流动速度从零开始迅速增加。远离壁面时速度增加很小，称为主流区；在壁面附近存在较大速度梯度的流体层，称为边界层。划分界线为其内速度从零至主体速度的 99%的区域，均属于边界层的范围。

如图 1-20 所示的流体流过一平板，在平板的前缘，流体的流速 u 是均匀的；当流体流到平板壁面时，壁面上将黏附一层停滞不动的流体层，由于流体具有黏性，此静止流体层与其相邻的流体层间将产生摩擦力，而使相邻流体层的速度减慢，这种减速作用由壁面附近的流体层依次向流体的内部传递，从而形成了如图示的速度分布。离开壁面越远，减速作用越小。当离开壁面一定距离后，流体流速已接近未受固体壁面影响时的速度 u（等于 u 的

99%)，这一距离称为边界层厚度 δ。在此距离之外，可认为流体流动不再受壁面的影响，流速受到壁面影响的区域称为流体流动的边界层，而在边界层外，流速不受壁面影响的区域称为流体的主流区或外流区。

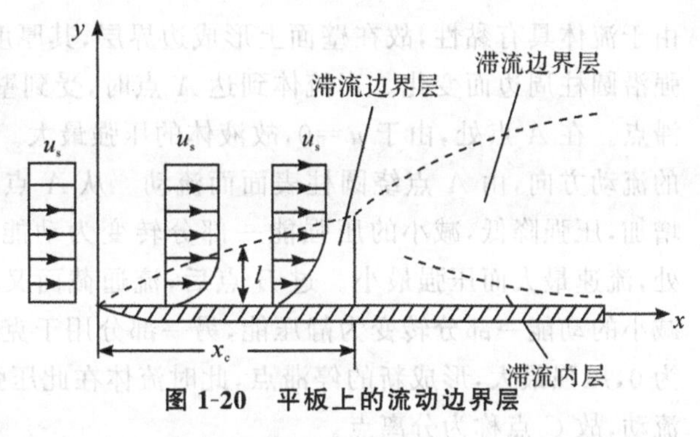

图 1-20　平板上的流动边界层

由于边界层的形成，把沿壁面的流动简化成两个区域，即边界层区与主流区。在边界层区内，垂直于流动方向上存在着显著的速度梯度 du/dy，摩擦应力 $\tau=\mu du/dy$ 很大；在主流区内 $du/dy\approx0$，摩擦应力可忽略不计，则此区域的流体可视为理想流体。这样，应用边界层概念研究实际流体，将使问题得到简化，对研究传热和传质过程都具有重要意义。

当流体在圆管进口段流动时，其边界层的形成、发展如图 1-21 所示。在流体进入圆管的进口处，流体流速是均匀一致的。但一经进入圆管，流体由于具有黏性而形成很薄的边界层。此边界层的厚度随着距入口处的距离增大而增大，因流体在边界层内受到阻碍，边界层内流速减小，而圆管内流体的总流量是维持不变的，这必然使圆管中心部分的流速增加。在距进口 X_e 处的地方，管壁上已经形成的边界层在圆管的中心线上汇合，并从此以后占据着整个圆管的截面，因而其厚度保持不变，然后就存在着完全发展了的流动。在完全发展了的流动开始之时，如果边界层内还是层流，则管内流动保持为层流；若边界层已是湍流，则管内将保持为湍流。流动边界层在圆管中完全发展时与入口的距离 X_e 称为进口段长度。

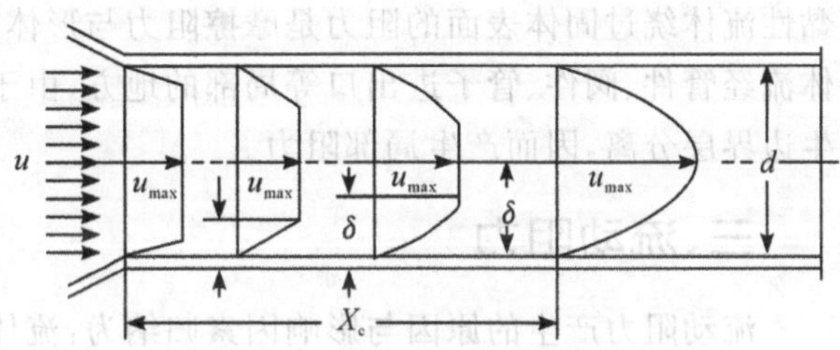

图 1-21　圆管入口处边界层的形成、发展

(二)边界层分离

流体流过平板或在直径相同的直管道内流动时，流体流过的边界层是紧贴在壁面上的。但在某些情况(如弯曲、突然扩大、突然缩小、绕过障碍物等)下，流体内部发生倒流而导致边界层脱离壁面的现象，称为边界层分离。此时，将在脱离处产生漩涡。漩涡加剧流体质点间的相互碰撞，造成流体能量损失。

边界层的一个重要特点是在一定条件下会脱离壁面，流体发生倒流，并在脱离处产生漩涡，加剧流体质点的相互碰撞，造成能量损失。边界层脱离壁面，称为边界层的分离。如图 1-22 所示，流体以均匀的流速垂直流过一无限长的圆柱体表面(以圆柱体上半部为例)。

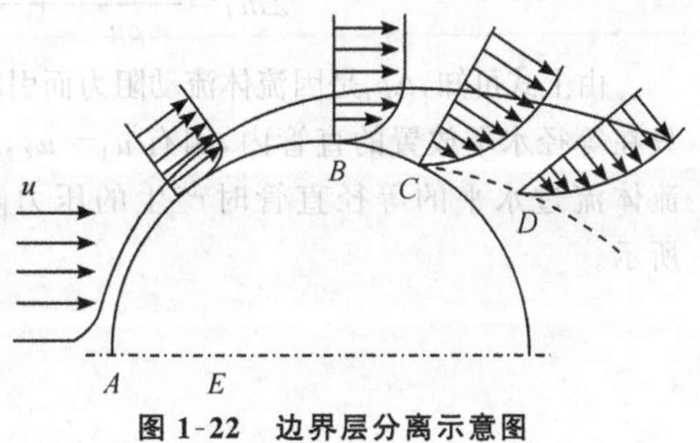

图 1-22　边界层分离示意图

由于流体具有黏性，故在壁面上形成边界层，其厚度随距离的延长而增加。流体的流速与压强沿圆柱周边而变化。当流体到达 A 点时，受到壁面的阻碍，流速为 0，A 点称为驻点或停滞点。在 A 点处，由于 $u=0$，故液体的压强最大。此处流体便在高压作用下被迫改变原来的流动方向，由 A 点绕圆柱表面而流动。从 A 点到 B 点间，因流通截面逐渐减小，故流速增加，压强降低，减小的压强能一部分转变为动能，另一部分用于克服摩擦阻力。在 B 点处，流速最大而压强最小。过 B 点后，流通截面又逐渐加大，流体又处于减速增压的情况，减小的动能一部分转变为静压能，另一部分用于克服摩擦阻力。到 C 点时，动能耗尽，流速为 0，压强最大，形成新的停滞点，此时流体在此压强作用下被迫离开壁面，沿新的流动方向流动，故 C 点称为分离点。

由于边界层自 C 点开始脱离壁面，所以在 C 点下游的壁面附近出现流体的空白区，于是流体便倒流回来填补空白区。CD 曲面是两股正流与倒流的交界面，称为分离面。CD 分离面与壁面之间有流体倒流而产生漩涡，成为涡流区。其中流体质点进行着强烈的碰撞与混合而消耗能量，这是由于固体表面形状造成边界层分离而引起的，称为形体阻力。这说明黏性流体绕过固体表面的阻力是摩擦阻力与形体阻力之和。这两者之和称为局部阻力。流体流经管件、阀件、管子进出口等局部的地方，由于流动方向和流通截面的突然改变，都会发生边界层分离，因而产生局部阻力。

三、流动阻力

流动阻力产生的原因与影响因素归纳为：流体具有黏性，流动时存在着内摩擦，是流动阻力产生的根源；固体的管壁或其他形状固体壁面促使流动的流体内部发生相对运动，为流动阻力的产生提供了条件。所以，流动阻力的大小与流体本身的物理性质、流动状况及壁面的形状等因素有关。

流体在管路中流动的阻力可分为直管阻力和局部阻力。直管阻力是流体流经等径的直管时，由于流体的内摩擦而产生的阻力，又称为摩擦阻力（或表皮阻力），其损失为直管损失（摩擦损失）。而局部阻力是流体流经管路中的管件、阀门及管截面的突然扩大或缩小等局部地方所引起的阻力，其损失为局部损失（又称形体阻力）。

伯努利方程式中的 $\sum h_f$ 项是指管路系统的总能量损失，包括系统中各段直管阻力损失 h_f 和局部阻力损失 h_f'，即

$$\sum h_f = h_f + h_f' \tag{1-23a}$$

总能量损失既可用压头损失 $\sum h_f$ 表示，也可用压力降 Δp_f 表示。

$$\sum h_f = \frac{p_1 - p_2}{\rho g} + \frac{u_1^2 - u_2^2}{2g} + (z_1 - z_2) = \frac{\Delta p_f}{\rho g} \tag{1-23b}$$

由上式可知，Δp_f 是因流体流动阻力而引起的压力降，并不等于两截面间的压力差 $p_1 - p_2$。只在等径水平放置的直管内，因有 $u_1 = u_2$，$z_1 = z_2$，才有 $\Delta p_f = p_1 - p_2 = \rho g \sum h_f$。换言之，流体流过水平的等径直管时产生的压力降是直管摩擦阻力损失的直观表示，如图 1-23 所示。

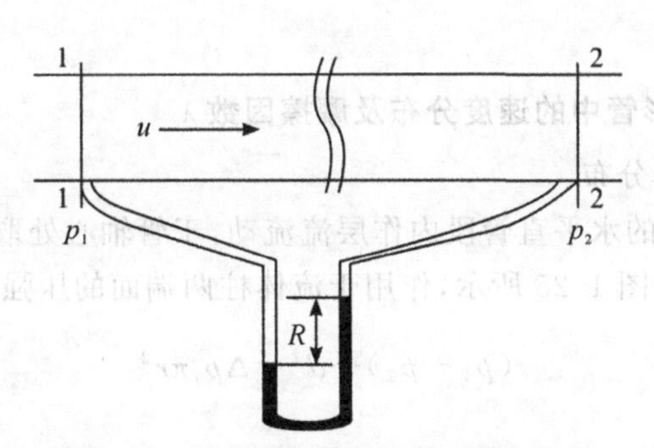

图 1-23　流体流经等径直管时的压力降

(一)流体在直管中的摩擦阻力

1.范宁公式——计算圆形直管阻力的通式

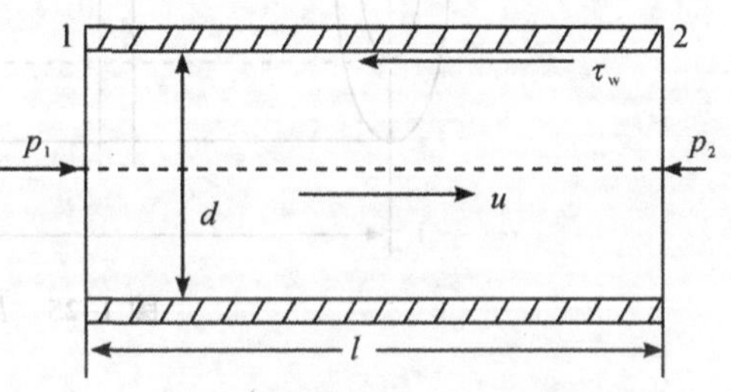

图 1-24　管内流体流动时压力与剪力平衡

为了建立直管摩擦损失的算式,可以从建立压力损失与管壁处剪应力的关系入手。图 1-24 为一直径为 d、长度为 l 的水平直管,流体以速度 u 流过此管。对于整个管内的流体柱,有总压力 p_1 垂直作用于上游截面,总压力 p_2 垂直作用用于下游截面 2,剪刀 F_w 则作用于流体柱四周的表面。在稳定流动条件下,三力达到平衡,故 $p_1-p_2-F_w=0$,而 $p_1-p_2=(p_1-p_2)(\pi d^2/4)=\Delta p_f(\pi d^2/4)$,且 $F_w=\tau_w(\pi dl)$,化简得:

$$\Delta p_f=(4l/d)\tau_w \tag{1-24}$$

式(1-24)表示摩擦损失 Δp_f 与管壁处剪应力 τ_w 的关系。为使此式便于应用,考虑到 Δp_f 与流速 u 的大小密切相关,习惯上将此损失表示成流体动能 $\frac{\rho u^2}{2}$ 的倍数,于是:

$$\Delta p_f=8\frac{\tau_w}{\rho u^2}\cdot\frac{l}{d}\cdot\frac{\rho u^2}{2} \tag{1-25}$$

令 $\lambda=8\tau_w/\rho u^2$(为摩擦因数),代入(1-25)式,得:

压力降 $$\Delta p_f=\lambda\frac{l}{d}\frac{\rho u^2}{2} \tag{1-26a}$$

能量损失 $$W_f=\frac{\Delta p_f}{\rho}=\lambda\frac{l}{d}\frac{u^2}{2} \tag{1-26b}$$

压头损失 $$h_f=\frac{\Delta p_f}{\rho g}=\lambda\frac{l}{d}\frac{u^2}{2g} \tag{1-26c}$$

以上三式称为范宁(Fanning)公式,是计算管内摩擦损失的通式,适用于不可压缩流体的稳定流动,λ 称为摩擦因数,是无因次的。Δp_f 称为压力损失,代表流体因克服摩擦阻力而引起的压力降,其含义是单位体积流体的机械能损耗。Δp_f 除以流体密度 ρ 后就是单位质量流体的机械能损耗 W_f;Δp_f 除以 ρg 即为压头损失 h_f(单位重量流体的能量损耗)。

范宁公式对层流和湍流都适用。只是两种流型在摩擦损失的性质上有所不同,其 λ 的

求法也有所不同。

2.层流时流体在圆形管中的速度分布及摩擦因数 λ

(1)管内层流时速度分布

设流体在半径为 R 的水平直管段内作层流流动，于管轴心处取一半径为 r、长度为 l 的流体柱作为研究对象，如图 1-25 所示，作用于流体柱两端面的压强差为：

$$(p_1-p_2)\frac{\pi}{4}d^2=\Delta p_f \pi r^2$$

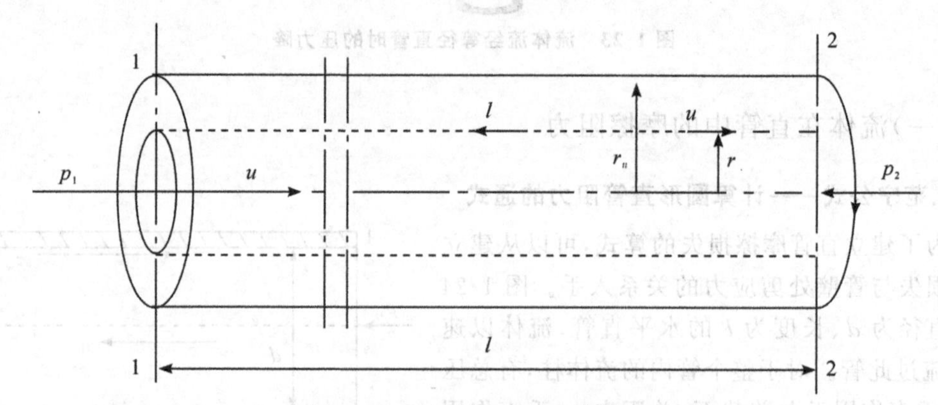

图 1-25　层流时速度分布的推导

设距管中心 r 处的速度为 u_r，$r+\mathrm{d}r$ 处的相邻流体层的速度为 $u_r+\mathrm{d}u_r$，则速度梯度为 $\frac{\mathrm{d}u_r}{\mathrm{d}r}$，此处层流摩擦力为 $\tau_r=-\mu\frac{\mathrm{d}u_r}{\mathrm{d}r}$。作用在流体柱上的阻力为：

$$\tau_r S=-\mu\frac{\mathrm{d}u_r}{\mathrm{d}r}2\pi rl=-2\pi rl\mu\frac{\mathrm{d}u_r}{\mathrm{d}r}$$

流体作等速流动，即二力平衡：

$$\Delta p_f \pi r^2=-2\pi rl\mu\frac{\mathrm{d}u_r}{\mathrm{d}r} \text{或} \ \mathrm{d}u_r=-\frac{\Delta p_f}{2\mu l}r\,\mathrm{d}r$$

取边界条件进行积分：当 $r=r$ 时，$u_r=u_r$；当 $r=R$ 时，$u_r=0$，故

$$\int_0^{u_r}\mathrm{d}u_r=-\frac{\Delta p_f}{2\mu l}\int_R^r r\,\mathrm{d}r, u_r=\frac{\Delta p_f}{4\mu l}(R^2-r^2) \tag{1-27}$$

式(1-27)是流体在圆直管中作层流流动时的速度分布表达式，为抛物线。

当 $r=0$（即处于管中心的位置），$u_{max}=\frac{\Delta p_f}{4\mu l}R^2$。又因为管子的流量 $\mathrm{d}V_s=u_r\mathrm{d}A=u_r 2\pi r\,\mathrm{d}r$，则

$$V_s=\int_0^R 2\pi u_r r\,\mathrm{d}r \tag{1-28}$$

层流时截面的平均速度为：

$$u=\frac{V_s}{A}=\frac{1}{\pi R^2}\int_0^R 2\pi u_r r\,\mathrm{d}r=\frac{2}{R^2}\int_0^R u_r r\,\mathrm{d}r$$

代入得：

$$u=\frac{\Delta p_{\mathrm{f}}}{2\mu l R^{2}}\int_{0}^{R}(R^{2}-r^{2})r\mathrm{d}r=\frac{\Delta p_{\mathrm{f}}}{8\mu l}R^{2}=u_{\max}/2 \tag{1-29}$$

(2)摩擦因数

用 $R=d/2$ 代入式(1-29)得：

$$\Delta p_{\mathrm{f}}=\frac{32\mu l u}{d^{2}} \tag{1-30}$$

式(1-30)为流体圆管内作层流流动时的直管阻力计算式，称为哈根-泊肃叶公式。可见，层流时，Δp_{f}与 u 的一次方成正比。(1-26a)和(1-30)相比较得：

$$\lambda=\frac{64\mu}{du\rho}=\frac{64}{Re} \tag{1-31}$$

3.湍流时流体在圆直管中的速度分布及摩擦因数 λ

(1)管内湍流时速度分布

湍流时，流体质点的强烈分离和混合，使截面上靠管中心部分各点速度彼此扯平，不再呈抛物线形。尼古拉兹(Nigolas)在光滑管中进行了大量的速度分布实验，得出以下关系式：

$$u_{r}=U_{\max}\left(I-\frac{r}{R}\right)^{I/n} \tag{1-32}$$

式中，n 的数值随雷诺准数 Re 而异，如 $Re=4\times10^{3}$，$n=6$；$Re=1.1\times10^{5}$，$n=7$；$Re=2.0\times10^{6}$，$n=10$。

(2)摩擦因数

湍流时流体的摩擦因数除与雷诺准数有关外，还受到管壁粗糙度的影响，即 λ 既是雷诺准数的函数，也是管壁粗糙度的函数。管壁的粗糙度可用绝对粗糙度和相对粗糙度来表示。绝对粗糙度指壁面凹凸部分的平均高度以 e 表示，相对粗糙度 ε 是指绝对粗糙度与管道直径的比值，即 $\varepsilon=\frac{e}{d}$。各种新管材壁面粗糙度的约值见表 1-1。

表 1-1　各种新管材壁面粗糙度的约值

材料	e(mm)	材料	e(mm)
玻璃、塑料、铜、铅	1.50×10^{-3}(可视为零，按光滑管计)	铸铁	0.46
钢或熟铁	0.05～0.20	木板	0.20～0.90
涂沥青的铸铁	0.12	混凝土	0.30～3.00
镀锌铁	0.15	陶	0.45～6.00

由于湍流复杂，很难从理论上推得摩擦因数 λ 的关系式，一般用因次分析法。

所谓因次分析法，就是将一个物理过程的所有变量通过一定的原则组合成若干无因次数群，用这些数群来代替过程中的单各变量，再通过实验定出数群之间的定量关系，得到经验式。因次分析法在化学工程实验研究中应用很广泛。下面通过湍流直管摩擦损失的因次分析过程介绍因次分析法的内容及步骤。

首先根据实验结果及对摩擦损失的内因分析，找到影响摩擦损失的主要因素。

实验中发现，影响湍流摩擦损失的主要因素有管径 d、管长 l、平均速度 u、流体密度 ρ、

黏度 μ 及管壁绝对粗糙度 e，即 $w_f=f(d,l,u,\rho,\mu,e)$。

从因次分析角度出发，假设 w_f 与其影响因素之间可用下列幂函数形式表示：

$$w_f=Kd^a l^b u^c \rho^d \mu^e e^f$$

式中，K 和指数 a、b、c、d、e、f 都待定。

然后，根据因次一致性原则找到无因次数群形式及个数。

因次一致性原则：凡是根据基本物理规律导出的物理量方程，其符号两边不仅数值相等，而且每一项都应具有相同的因次，这就是因次一致性原则。

根据这一原则，可找到上式中的各物理量的因次关系。为此，将上式中各物理量的因次写出：$[w_f]=J/kg=m^2\cdot s^{-2}$

$[d]=[l]=m$

$[u]=m\cdot s^{-1}$

$[\rho]=kg\cdot m^{-3}$

$[\mu]=Pa\cdot s=kg\cdot m^{-1}\cdot s^{-1}$

$[e]=m$

将以上各物理量的因次代入关系式中得因次关系为：

$$m^2s^{-2}=m^a m^b\ (m\cdot s^{-1})^c\ (kg\cdot m^{-3})^d\ (kg\cdot m^{-1}\cdot s^{-1})^e m^f$$
$$=m^{a+b+c-3d-e+f}s^{-c-e}kg^{d+e}$$

根据因次一致性原则，上式等号两边的因次应该相同，于是

$$\begin{cases}a+b+c-3d-e+f=2\\-c-e=-2\\d+e=0\end{cases}$$

此方程组有 6 个未知数，无法求解，但可用其中 3 个表示另外 3 个，例如，用 a、c、d 表示 b、e、f，于是得：$a=-b-e-f$，$c=2-e$，$d=-e$。

将上述 a、c、d 表达式代入上式得：$w_f=Kd^{-b-e-f}l^b u^{2-e}\rho^{-e}\mu^e e^f$。

根据对本问题实验现象的分析，发现雷诺数(Re)、相对粗糙度(e/d)及管子的长径比(l/d)等无因次数群对摩擦损失有较大的影响，故把上式组合成如下形式：

$$\frac{w_f}{u^2}=KRe^{-e}\left(\frac{e}{d}\right)^f\left(\frac{l}{d}\right)^b$$

式中各项均为无因次数群，其中$\frac{w_f}{u^2}=Eu$，称为欧拉(Euler)准数。

通过上述因次分析过程，将原来含有 7 个物理量的式子转变成了只含有 4 个无因次数群的式子。如果以无因次数群为变量进行实验，显然实验工作量将大大减少。应当强调，因次分析必须结合实验才能定出数群之间的确切关系。

将上式与直管摩擦损失计算通式对比可知：

$$b=1,\lambda=2KRe^{-e}\left(\frac{e}{d}\right)^f=\varphi\left(Re,\frac{e}{d}\right)$$

由此可知，λ 是雷诺数 Re、相对粗糙度 e/d 的函数。不同的流型、管壁状况下，Re 和 e/d 对 λ 的影响不同。

若以 Re 为横坐标，λ 为纵坐标，e/d 为参变量，将实验结果标绘在双对数坐标系中，得

到如图 1-26 所示的一簇曲线。该图称为莫狄(Moody)图。

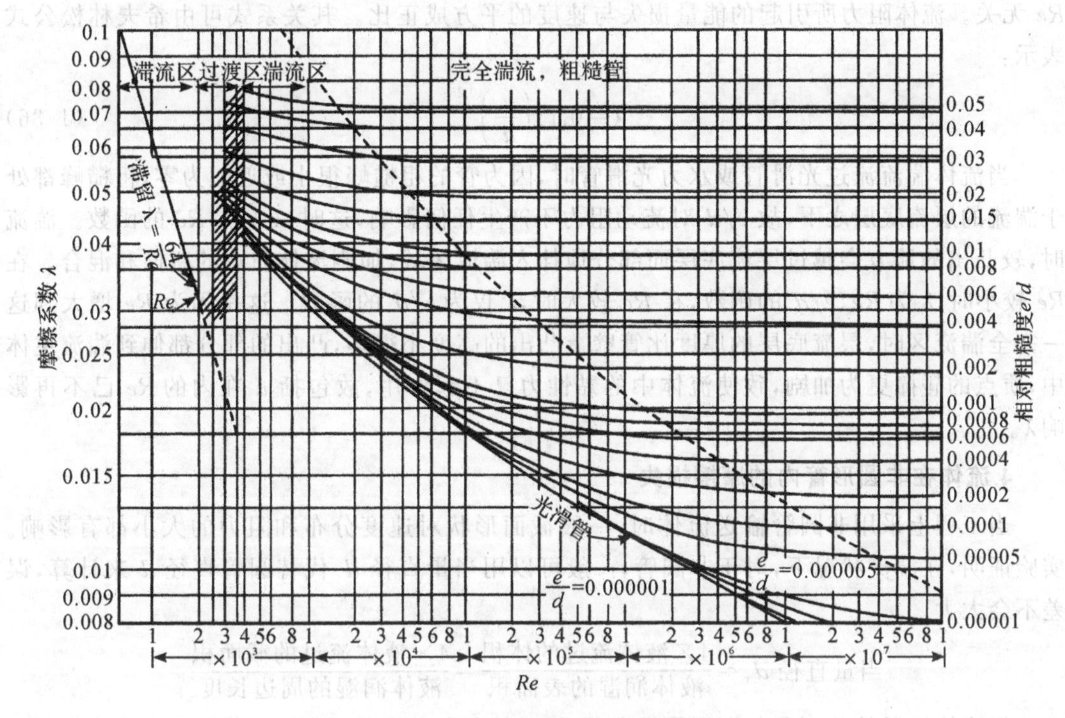

图 1-26 摩擦因数图(莫狄图)

柏拉修斯(Blasius)通过实验，总结出光滑管在湍流时摩擦因数的关系式：

$$\lambda=\frac{0.316\ 4}{Re^{0.25}}(适当范围\ Re=3\times10^{3}\sim1\times10^{5}) \tag{1-33}$$

对于粗糙管，λ、Re、e/d 的关系见图 1-26 所示的摩擦因数图。这样便可根据 Re 与 e/d 值从图中查出 λ 值。由图 1-26 可以看出，有四个不同的区域：

①层流区。$Re<2\ 000$，λ 与管壁粗糙度无关，和 Re 准数成直线关系，见式(1-31)。这是因为流体处于层流流动时，管壁上凹凸不平的粗糙峰被平稳地滑动着的流体层所掩盖，流体在其上流过与在光滑管壁上没有区别，因此，λ 只是 Re 的函数。此时，$\lg\lambda$ 与 $\lg Re$ 为直线关系。

②过渡区。$Re=2\ 000\sim4\ 000$，流体流动可能是层流，也可能是湍流，都可用 λ-Re 曲线。为安全起见，一般将湍流时的曲线延伸，以查取 λ 值，其关系式可用柯列布鲁克(Colebrook)公式表示：

$$\frac{1}{\sqrt{\lambda}}=-2\lg\left(\frac{e}{3.7d}+\frac{2.5I}{Re\sqrt{\lambda}}\right) \tag{1-34}$$

③湍流区。$Re>4000$ 及虚线以下区域。其特点是摩擦因数 λ 与雷诺准数 Re 及相对粗糙度 e/d 都有关，当 e/d 一定时，λ 随 Re 的增大而减小，Re 增至某一数值后 λ 下降缓慢；当 Re 一定时，λ 随 e/d 的增加而增大，其关系式可由尼古拉兹粗糙管公式表示：

$$\lambda=\frac{I}{\left[2\lg\left(3.7\frac{d}{e}\right)\right]^{2}} \tag{1-35}$$

④完全湍流区。虚线以上的区域。λ-Re 曲线趋近于水平线，即 λ 只与 e/d 有关，而与 Re 无关。流体阻力所引起的能量损失与速度的平方成正比。其关系式可由希夫林松公式表示：

$$\lambda=0.11\left(\frac{e}{d}\right)^{0.25} \tag{1-36}$$

当流体湍流流过光滑管或水力光滑管时，因为管的粗糙峰很小或近似为零，粗糙峰都处于湍流的层流底层之下，故 e/d 对流动阻力不产生任何影响，这时，λ 只是 Re 的函数。湍流时，较凸出的地方会越过层流底层而部分地拌入湍流区域，加剧流体质点的碰撞和混合。在 Re 较小时，λ 为 Re、e/d 的函数，在 Re 较大时，λ 仅为 e/d 的函数。这是因为 Re 增大到这一完全湍流区时，层流底层的厚度比管壁上凸出的高度小得多，凸出的部分都伸到湍流主体中，质点的碰撞更为加剧，致使流体中的黏性力已不起作用，故包括 u 在内的 Re 已不再影响 λ。

4.流体在非圆形管内的摩擦损失

当工程上采用非圆管输送流体时，一般截面形状对速度分布和阻力的大小都有影响。实验证明，在湍流状况下，对于非圆管，一般可以用当量直径 d_e 代替圆管直径 d 来计算，误差不会太大。

$$当量直径\ d_e=\frac{4\times 液体流过的体积}{液体润湿的表面积}=\frac{4\times 液体流过的截面积}{液体润湿的周边长度}$$

将流体流过的截面积与润湿周边长度之比定为水力半径，则当量直径是水力半径的4倍。

若管截面为矩形，其长与宽分别为 a 与 b，则矩形管的当量直径 $d_e=\frac{4ab}{2(a+b)}=\frac{2ab}{a+b}$。

若内径为 d_1 的圆管里套入一根外径为 d_2 的圆管，两圆管之间构成一环形通道，则环隙的当量直径 $d_e=\frac{4\pi(d_1^2-d_2^2)/4}{\pi(d_1+d_2)}=d_1-d_2$。

(二)流体在管路上的局部阻力

流体在管路的进口、出口、弯头、阀门、扩大、缩小等局部位置流动时，其速度大小和方向都发生变化，且流体受到干扰和冲击，使涡流现象加剧而消耗能量。计算局部阻力有以下两种方法。

1.阻力系数法

局部阻力所引起的机械能损耗也可以表示成动能的倍数，因而有：

$$\Delta p_f=\xi\rho u^2/2\ 或\ W_f=\xi u^2/2\ 或\ h_f=\xi u^2/2g \tag{1-37}$$

式中，ξ 为局部阻力系数。

(1)突然扩大。如图1-27(a)，对于突然扩大，其阻力系数 $\xi_e=\left(1-\frac{A_1}{A_2}\right)^2$，这是以小管内的速度计算局部阻力损失时的阻力系数，A_1 为小管的截面面积，A_2 为大管的截面面积。

(2)突然缩小。如图1-27(b)，对于突然缩小，其阻力系数 $\xi_e=0.5\left(1-\frac{A_1}{A_2}\right)$，这是以小管

内的速度计算局部阻力损失时的阻力系数，A_1为小管的截面面积，A_2为大管的截面面积。

(3)管子进口。流体自容器进入管内，可看作从很大的截面 A_1 突然进入很小的截面 A_2，即$\frac{A_2}{A_1}\approx 0$，则 $\xi_i=0.5$。

(4)管子出口。流体自管子进入容器可看作从截面 A_1 突然扩大到很大的截面 A_2，即$\frac{A_1}{A_2}\approx 0$，则 $\xi_o=1$。

(5)管件与阀门。常见的管件和阀门的局部阻力系数(见表 1-2)或查管件与阀件的当量长度共线图(图 1-28)。

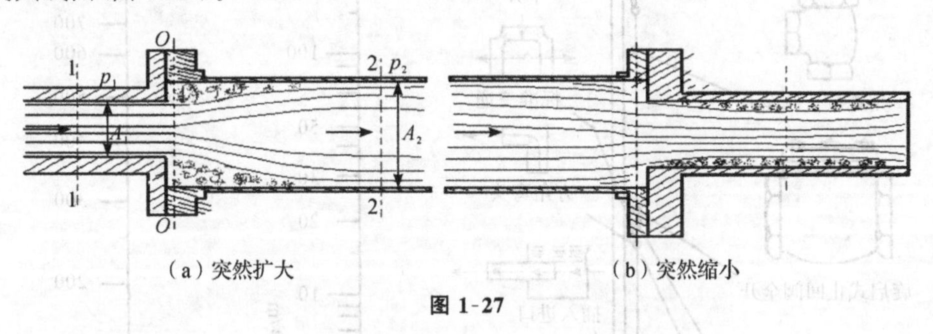

(a)突然扩大　　(b)突然缩小

图 1-27

表 1-2　管件和阀门的阻力系数及当量长度

名称	阻力系数	当量长度与管径之比 l_e/d	名称	阻力系数	当量长度与管径之比 l_e/d
弯头，45°	0.35	17	标准阀		
弯头，90°	0.75	35	全开	6.0	300
三通	1.00	50	半开	9.5	475
回弯头	1.50	75	角阀　全开	2.0	100
管接头	0.04	2	止逆阀		
活接头	0.04	2	球式	70.0	3 500
闸阀			摇板式	2.0	100
全开	0.17	9	水表　盘式	7.0	350
半开	4.50	2.25			

查图方法：先于图左侧的垂直线上找出与所求管件或阀件相应的点，再在图右侧的标尺上定出与管内径相当的一点，两点连线与图中间的标尺相交，交点在标尺上的读数就是所求的当量长度。

2.当量长度法

流体流经管件、阀门等所造成的局部阻力损失可写为：

$$h_f=\lambda\frac{l_e}{d}\frac{u^2}{2g}\quad \Delta p_f=\lambda\frac{l_e}{d}\frac{\rho u^2}{2} \tag{1-38}$$

式中，l_e为当量长度，表示将流体流过某一管件或阀门时的局部阻力，折合成流过一段与其具有相同直径直管阻力的管长，l_e一般由实验确定，数值如图 1-28 所示。

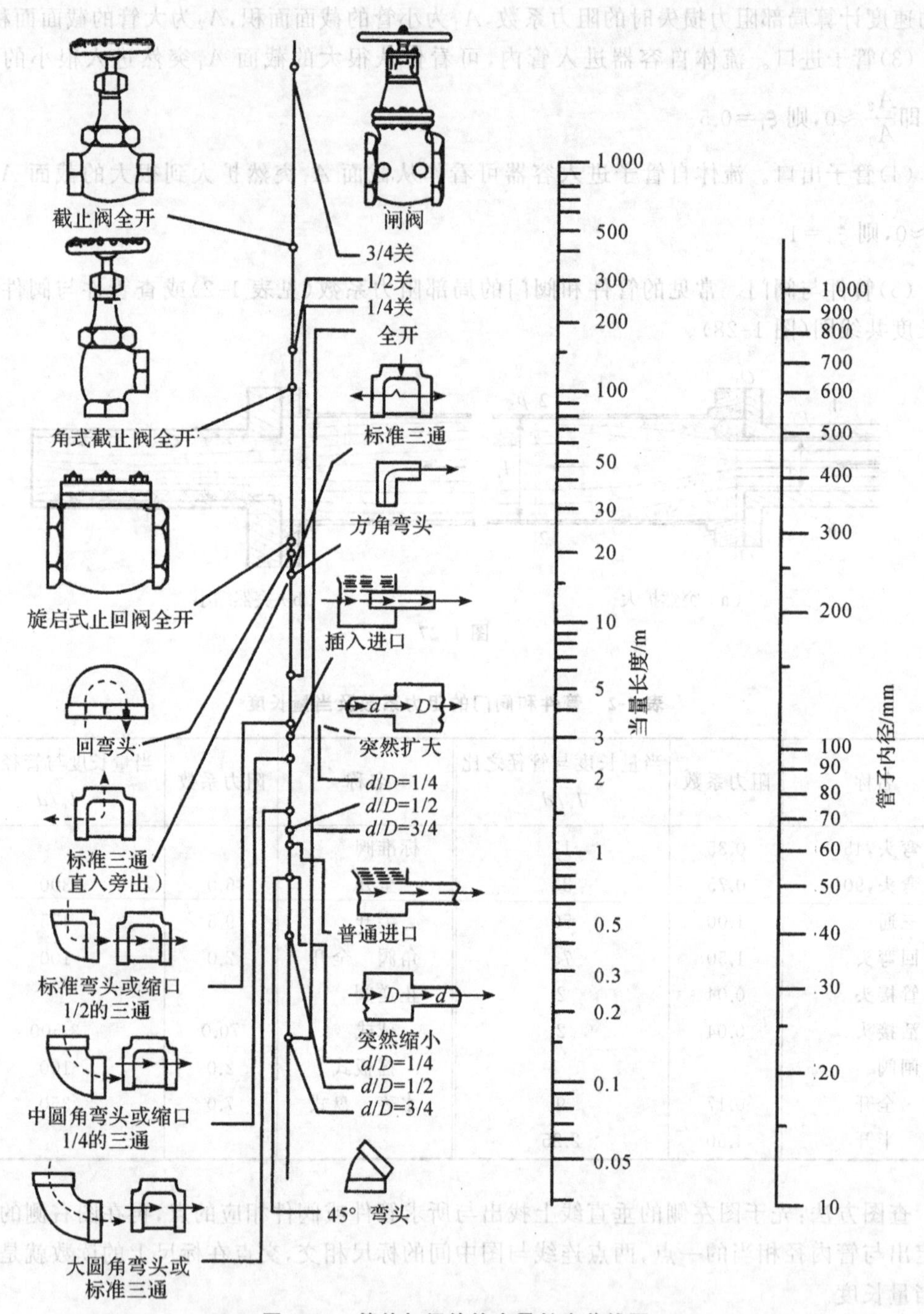

图 1-28　管件与阀件的当量长度共线图

综上，管路总能量损失：

$$\sum h_f=\lambda\frac{l+\sum l_e}{d}\frac{u^2}{2g}\text{或}\sum h_f=\left(\lambda\frac{l}{d}+\sum\xi\right)\frac{u^2}{2g}\tag{1-39}$$

在计算流体直接由管子排放到空间时，截面内外侧的选取对能量损失很重要。若截面在管出口内侧，表示流体未离开管路，截面上仍具有动能，出口损失不应计入系统的总能量损失$\sum h_f$内，即$\xi_o=0$。若截面在管出口外侧，表示流体离开了管路，截面上的动能为零，出口损失应计入系统的总能量损失，即$\xi_o=1$。

第四节　管路计算

管路计算是连续方程式、伯努利方程式与能量损失计算式的具体运用，由于已知量和未知量的情况不同，计算方法亦随之不同。实际生产中常遇到以下几种情况：

(1)已知管径、管长、管件和阀门的设置及流体的流量，求流体通过管路系统的能量损失，以便进一步确定输送设备所加的外功、设备内的压强或相对位置等。

(2)已知管径、管长、管件和阀门的设置及允许的能量损失，求流体的流速或流量。

(3)已知管长、管件和阀门的当量长度及流体的流量和允许的能量损失，求管径。

后两种情况存在共同性的问题，即流速u或管径d为未知，故Re未知，也就不能判断流体的流型，因而摩擦系数λ不能确定，计算时往往要采用试差法。

化学工业生产中的管路依其布设方式，可分为简单管路和复杂管路(包括管网)两类。

一、简单管路

如图1-29，简单管路没有分支或汇合，只有管径及弯曲方向有变化，其特点是：

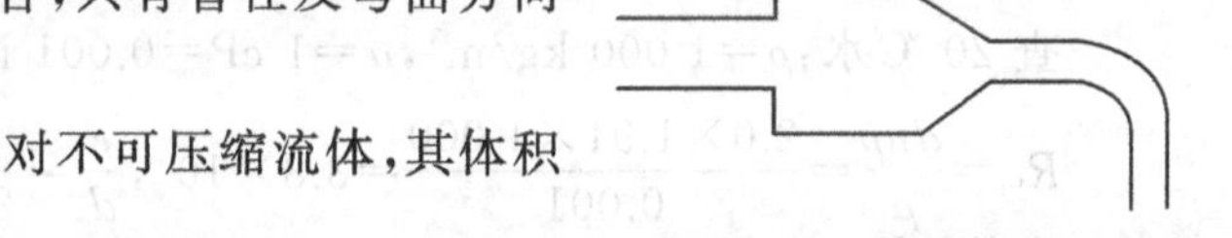

图1-29　简单管路

(1)通过各管段的质量流量不变，则对不可压缩流体，其体积流量也不变(指稳定流动)。

(2)整个管路的阻力损失为各段损失之和。

对于长的管路，局部阻力损失所占的比例小，相反，对于短管路，局部阻力常比直管的为大。为了减少阻力损失，安排管路时要避免不必要的弯路和管件，特别注意有没有“卡脖子”的地方。

例1-8　如图1-30，要敷设一根钢筋混凝土管，长1 600 m，利用重力从污水处理厂将处理后的污水排放到海面以下30 m深处。污水的密度、黏度基本上与清水一样，海水的比重为1.04。若蓄水池的水面超过海平面5 m，所蓄污水就从池边溢出使厂受淹。现拟采用的管内径为2.0 m，问能否保证排放的高峰流量为6 m^3/s？若能保证，则此时的水平面距蓄水池的边沿有几米？管道上装闸阀，管入口阻力系数可取0.3，管壁粗糙度取2 mm。水温取20 ℃。

解：求解本题时，需计算管内流速看其是否能使流量达到6 m^3/s，要用试差法。为避免试差，可计算蓄水池水面需在海平面以上几米才能达6 m^3/s的流量。若此水面高度不到5 m，池内的水便不致溢出。

第一步：以海平面为基准水平面，蓄水池水面为截面1-1，管出口内侧为截面2-2。

第二步：列伯努利方程

$$z_1+\frac{u_1^2}{2g}+\frac{p_1}{\rho g}+h_e=z_2+\frac{u_2^2}{2g}+\frac{p_2}{\rho g}+\sum h_f$$

第三步：考察。

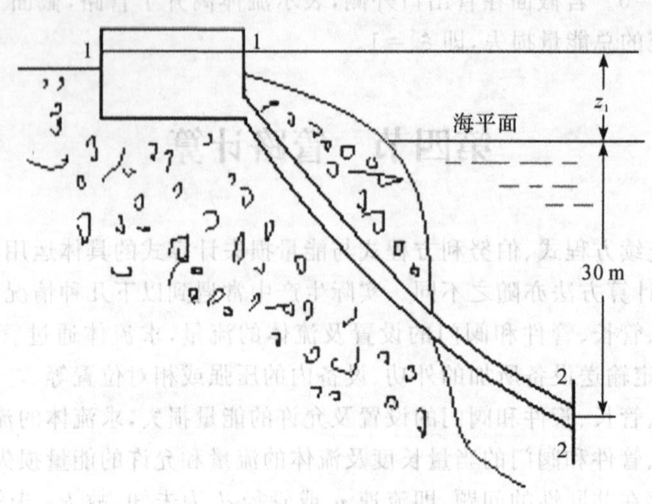

图 1-30　例 1-8 附图

$$h_e=0, z_2=-30\ \text{m}, u_1=0, u_2=\frac{6}{\frac{\pi}{4}\times 2.0^2}=1.19(\text{m/s}), p_1=0(\text{表压})$$

$$p_2=30\times 1.04\times 1\ 000\times 9.81=3.06\times 10^5\ \text{Pa}(\text{表压})$$

查 20 ℃水：$\rho=1\ 000\ \text{kg/m}^3$，$\mu=1\ \text{cP}=0.001\ \text{N}\cdot\text{s/m}^2$

$$Re=\frac{du\rho}{\mu}=\frac{2.0\times 1.91\times 1\ 000}{0.001}=3.8\times 10^6, \frac{e}{d}=\frac{2}{2\ 000}=0.001$$，查图 1-26 得：$\lambda=0.020$。

进口管 $\xi_i=0.3$（题给），闸阀 $\xi_j=0.17$（全开），

$$\sum h_f=\left(\lambda\frac{l}{d}+\xi_i+\xi_j\right)\frac{1.91^2}{2\times 9.81}=(0.020\times\frac{1\ 600}{2}+0.3+0.17)\frac{1.91^2}{2\times 9.81}=3.06(\text{m})$$

将各相应值代入机械能衡算式(1-17a)得：

$$z_1+0+0+0=-30+\frac{1.91^2}{2\times 9.81}+\frac{306\ 000}{1\ 000\times 9.81}+3.06$$

$$z_1=4.44\ \text{m}<5\ \text{m}$$

排放流量达高峰时，池内液面在海平面以上 4.44 m，尚不致从池边溢出，距池边尚有 5−4.44=0.56 m。

例 1-9　10 ℃的水流过一水平钢管，管长为 300 m，要求达到的流量为 500 L/min，有 6 m 的压头可供克服流动阻力，则管径至少应为多少？

解：10 ℃的水：$\rho=1\ 000\ \text{kg/m}^3$，$\mu=0.001\ 31\ \text{kg/ms}$，$h_f=6\ \text{m}$，$V_s=\frac{500}{1\ 000\times 60}=8.333\times 10^{-3}\ \text{m}^3/\text{s}$。

设管径为 d，则 $u=\frac{8.333\times 10^{-3}}{\frac{\pi}{4}d^2}=\frac{0.010\ 61}{d^2}$，由 $h_f=\lambda\frac{l}{d}\frac{u^2}{2g}$ 有：

$$6=\lambda\times\frac{300}{d}\times\frac{0.010\ 61^2}{d^4}\times\frac{1}{2\times 9.81}, \text{即 } d^5=2.869\times 10^{-4}\lambda \tag{a}$$

设$\lambda=0.02$,代入上式得:$d=0.089\ 5$ m。

验算:钢管的e取0.05 mm,则$\frac{e}{d}=\frac{0.05}{1\ 000\times0.089\ 5}=5.6\times10^{-4}$

$$u=\frac{0.010\ 61}{0.089\ 5^2}=1.32(\text{m/s})$$

$$Re=\frac{du\rho}{\mu}=\frac{0.089\ 5\times1.32\times1\ 000}{0.001\ 31}=90\ 200$$

查图1-26得:$\lambda=0.021\ 5$。

此λ值比原设的值略大,将此值代入式(a)重算d,得$d=0.091$ m。

用$d=0.091$再查表求λ,可得λ值与第二次假设之值相等,故$d=0.091$正确。

应用试差法也可设直径、流速,但由于摩擦系数一般在0.02～0.03之间变化,所以在试差中以λ作初值进行试差。

二、复杂管路

典型的复杂管路有分支管路、汇合管路和并联管路,分别如图1-31(a)、(b)、(c)所示。

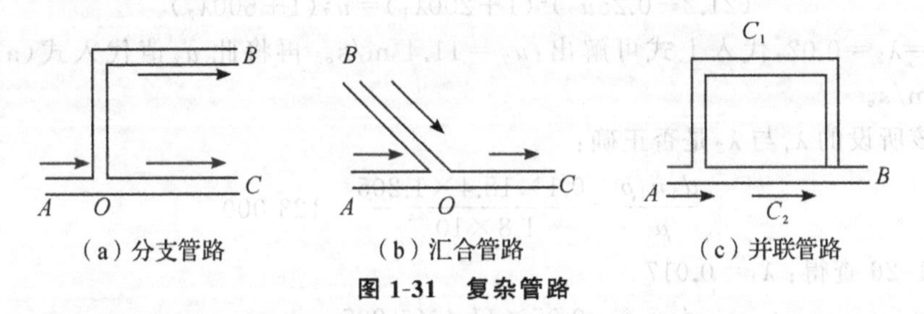

(a)分支管路　(b)汇合管路　(c)并联管路

图1-31　复杂管路

这类管路的特点是:

(1)总管流量等于各支管流量之和。

(2)对任一支管而言,分支前及汇合后的总压头皆相等。

据此可建立支管间的机械能衡算式,从而定出各支管的流量分配。

例如,对于图1-31(a)的分支管路,可列出

$$V_O=V_B+V_C \tag{1-40}$$

$$H_O=h_B+(\sum h_f)_{OB}=h_C+(\sum h_f)_{OC} \tag{1-41a}$$

式中,V_O、V_B、V_C代表截面O、B、C处的流量,h_O、h_B、h_C代表相应位置上的总压头,$(\sum h_f)_{OB}$、$(\sum h_f)_{OC}$分别代表截面O至出口B、C的总压头损失。

对于图1-31(c)的并联管路,式(1-41a)可简化为$(\sum h_f)_{AIB}=(\sum h_f)_{AIIB}$。　(1-41b)

例1-10　设图1-31(a)中的总管与两支管的内径与总长度(包括分支处的当量长度)如下:

	d(mm)	$l+l_e$(m)
总管AO	100	10
支管OB	100	20
支管OC	50	30

各管均为光滑管,管内输送20 ℃的空气,B、C两段都通过大气。总管内的体积流量为

600 m³/h,求各支管内的流量。

解:20 ℃空气的物性:$\rho=1.205\ kg/m^3$,$\mu=0.018\ cP=1.8\times10^{-5}\ N\cdot s/m^2$

设支管 OB 内的流速为 u_1,OC 内的流速 u_2,则由式

$$\frac{600}{3\,600}=\frac{\pi}{4}\times0.1^2u_1+\frac{\pi}{4}\times0.05^2u_2$$

化简得

$$u_1=21.2-0.25u_2 \tag{a}$$

因 B、C 两出口处的 p 相等,且 $\Delta z=0$,故式(1-41a)简化为:

$$\frac{u_1^2}{2g}+(\sum h_f)_1=\frac{u_2^2}{2g}+(\sum h_f)_2$$

即
$$\frac{u_1^2}{2g}+\lambda_1\frac{(l+l_e)_1}{d_1}\frac{u_1^2}{2g}=\frac{u_2^2}{2g}+\lambda_2\frac{(l+l_e)_2}{d_2}\frac{u_2^2}{2g}$$

$$u_1^2(1+\lambda_1\times20/0.1)=u_2^2(1+\lambda_2\times30/0.05)$$

$$u_1^2(1+200\lambda_1)=u_2^2(1+600\lambda_2) \tag{b}$$

将式(a)代入(b):

$$(21.2-0.25u_2)^2(1+200\lambda_1)=u_2^2(1+600\lambda_2) \tag{c}$$

设 $\lambda_1=\lambda_2=0.02$,代入上式可解出:$u_2=11.4\ m/s$。再将此 u_2 值代入式(a)又可得出 $u_1=18.4\ m/s$。

现校核所设的 λ_1 与 λ_2 是否正确:

$$\frac{d_1u_1\rho}{\mu}=\frac{0.1\times18.4\times1.205}{1.8\times10^{-5}}=123\,000$$

由图 1-26 查得:$\lambda_1=0.017$。

$$\frac{d_2u_2\rho}{\mu}=\frac{0.05\times11.4\times1.205}{1.8\times10^{-5}}=38\,200$$

由图 1-26 查得:$\lambda_2=0.022$。

此两个 λ 值与所设相差较大,故将新算出的两个 λ 值重新代入式(c),并与式(a)联立求解,得:$u_2=10.4\ m/s$,$u_1=18.6\ m/s$。

第二次试算所得的两个 u 值与第一次试算的差别并不大,故没有进行第三次试算的必要,可按第二次求得的流速计算两管内的流量。

支管 OB 流量:$\frac{\pi}{4}\times0.1^2\times18.6\times3600=526\ m^3/h$;

支管 OC 流量:$\frac{\pi}{4}\times0.05^2\times10.4\times3600=74\ m^3/h$。

实际生产过程中,流体流动状况常常由于工况的变化而发生变化。变化最为频繁的是管路内阻力的大小,如关小管路上的某个阀门会使管路阻力增大,或接通某一支管会使管路的总阻力减小等。这些变化的影响不仅需要在设计计算中加以考虑,而且在操作中要有十分明确的定性结论。学习这一点,弄清阻力对管内流动的影响,掌握流体作为连续介质的特性是十分重要的。

三、简单管路内阻力对管内流动的影响

如图 1-32 所示,简单管路中有一阀门,阀门的两侧 A、B 点处都连接压强计,高位槽液面

维持不变，管内流体由截面 2-2 流出，假设管路的管径相同，后半部分处于水平状态。现将阀门由全开转为半开，则：(1)阀门的阻力系数增大，即 h_{AB} 增大，由于高位槽的液面维持不变，故流道内流体的流速应减小；(2)管路流速变小将导致截面 1-1 至 A 处的阻力损失 $h_{f1\text{-}A}$ 下降，因为截面 1-1 处的机械能不变，根据伯努利方程进行分析，A 点静压强将上升；(3)根据同样的道理，由于管路流速的变小，导致 B 处到截面 2-2 的阻力损失下降，而截面 2-2 处的机械能不变，所以 B 点的静压强将下降。

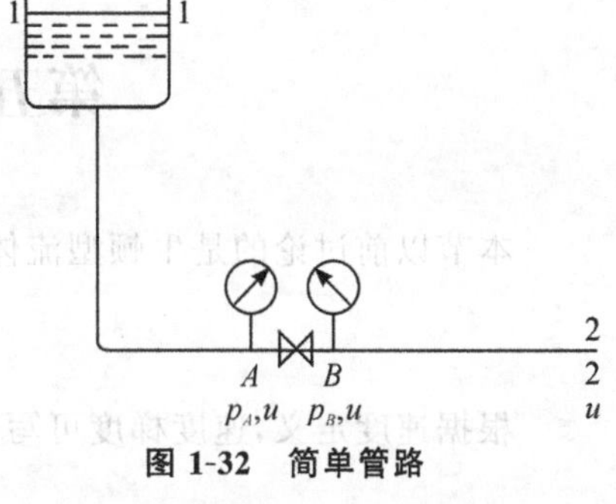

图 1-32 简单管路

通过对简单管路的分析，可得到如下的一般性结论：①任何局部阻力的增大将使管内各处的流速下降；②下游的阻力增大将导致上游的静压强上升；③上游的阻力增大将使下游的静压强下降。

四、分支管路中阻力对管内流动的影响

如图 1-33 所示，假设两根支管上的阀门 A 和 B 原都全开，现将阀门 A 关小，分析各管路流体流动的变化。根据前述简单管路的分析方法，很容易得到如下结论：①阀门 A 关小，阻力系数 ξ_A 增大，支管中流速 u_2 将出现下降的趋势，O 点的静压强将上升；②O 点处静压强的上升将使总流速 u_0 下降；③O 点处静压强的上升使另一支管流速 u_3 出现上升趋势。

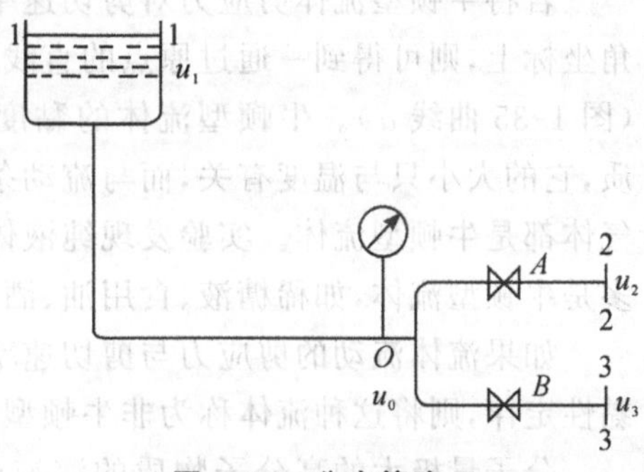

图 1-33 分支管路

总而言之，分支管路中某一支管的阀门关小，其结果是阀门所在支管的流量减少，另一支管的流量增大，而总流量则呈现下降趋势。

下面说明分支管路中的一种极端情况。总管阻力可以忽略不计，支管阻力为主，此时，O 点处的总机械能与截面 1-1 相同，且维持不变。这样，支管的阻力变化(如阀门 A 关小)只会影响该支管的流量变化(流量减少)，而其他支管的工况并不因之发生变化。城市煤气、供水管路系统的情况属于这一类。

五、汇合管路中阻力对管内流动的影响

如图 1-34 所示，分析在下游阀门关小时，流体流动的变化情况。依据前述的分析方法，当下游阀门关小时，上游 O 处的静压强将出现上升的趋势，这样，总管流速下降，各支管流速 u_1、u_2 也下降。由于截面 1-1 的位头大于截面 2-2 的位头，在阀门继续关小时，可能出现这样的情况：O 点处的静压强上升至某一程度，可使得 $u_2=0$，若阀门继续关小，则流体将反向流入低位槽中。

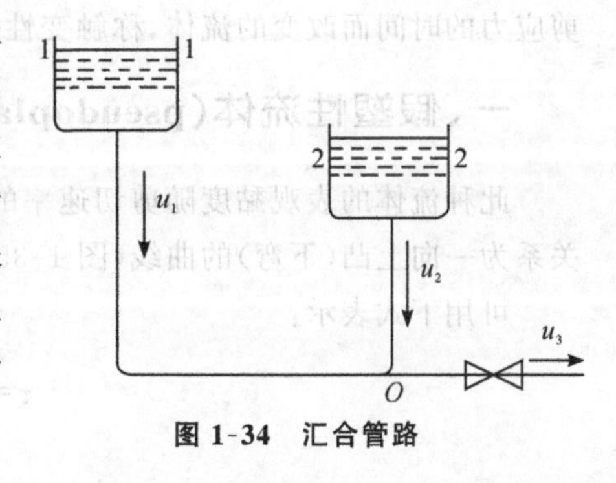

图 1-34 汇合管路

第五节　非牛顿型流体

本节以前讨论的是牛顿型流体，即服从牛顿黏性定律的流体。牛顿黏性定律表达式为：

$$\tau=\mu\ \frac{\mathrm{d}u}{\mathrm{d}y}$$

根据速度定义，速度梯度可写为：

$$\frac{\mathrm{d}u}{\mathrm{d}y}=\frac{\mathrm{d}^2x/\mathrm{d}\theta}{\mathrm{d}y}=\frac{\mathrm{d}^2x/\mathrm{d}y}{\mathrm{d}\theta} \tag{1-42}$$

上式中的 $\mathrm{d}x/\mathrm{d}y$ 表示剪切程度，故 $(\mathrm{d}^2x/\mathrm{d}y)/\mathrm{d}\theta$ 即为剪切速率，以 $\dot{\gamma}$ 表示，于是牛顿型流体的黏度可以表示为剪应力与剪切速率之比：

$$\mu=\frac{\tau}{\dot{\gamma}} \tag{1-43}$$

若将牛顿型流体剪应力对剪切速率的关系描绘在直角坐标上，则可得到一通过原点的直线，其斜率即为黏度（图 1-35 曲线 a）。牛顿型流体的黏度是流体的物理性质，它的大小只与温度有关，而与流动条件无关。所有的气体都是牛顿型流体。实验发现纯液体及简单的溶液大多是牛顿型流体，如稀糖液、食用油、酒、醋、酱油等。

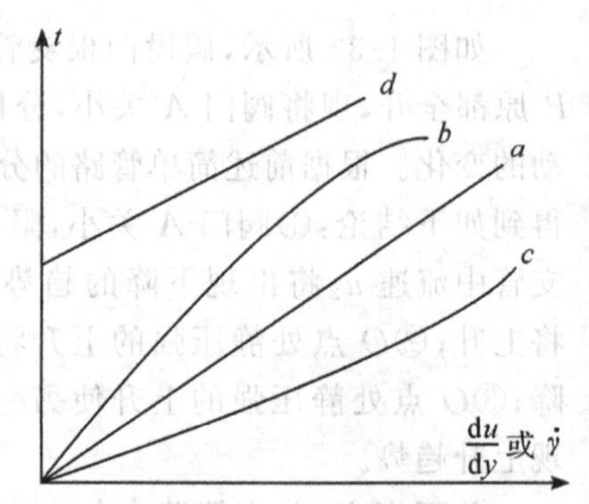

a—牛顿型流体　b—假塑性流体
c—涨塑性流体　d—宾汉塑性流体

图 1-35　非牛顿型流体的剪切图

如果流体流动的剪应力与剪切速率之比不遵循牛顿黏性定律，则将这种流体称为非牛顿型流体。

分子量极大的高分子物质的溶液或混合液，即凡是源于生物系统的液体，如蛋白质或多糖类的溶液或悬浮物，大多属于非牛顿型流体。

对于非牛顿型流体，剪应力与剪切速率之比没有一个确定的数值，因而将这个比值称为表现黏度，它决定于流体的流动条件及流体的性质。

根据剪应力与剪切速率之间的关系，可将非牛顿型流体分为两大类。一类是剪应力与剪切速率间的关系不随流体经受的剪应力的时间而改变的流体，称为非触变性流体，包括宾汉塑性流体、假塑性流体和涨塑性流体；另一类是剪应力与剪切速率间的关系随流体经受的剪应力的时间而改变的流体，称触变性流体，也称时变性流体。

一、假塑性流体(pseudoplastic fluid)

此种流体的表观黏度随剪切速率的加大而减小，流体变稀，剪应力 τ 与剪切速率 $\dot{\gamma}$ 间的关系为一向上凸（下弯）的曲线（图 1-35 曲线 b），其斜率随 $\dot{\gamma}$ 的增大而减小。

可用下式表示：

$$\tau=k\left(\frac{\mathrm{d}u}{\mathrm{d}y}\right)^n,n<1 \tag{1-44}$$

$$\mu_a=\frac{\tau}{\left(\frac{du}{dy}\right)}=k\left(\frac{du}{dy}\right)^{n-1} \tag{1-45}$$

式中，k 称为稠度系数，SI 单位为 $N \cdot s^n/m^2$，n 称为流性指数，无因次。

式(1-45)所表示的关系称为乘方规律，很多非牛顿型流体的性能都符合此规律，它们又称为乘方规律流体。其解释是：此类流体分子在静止时，彼此缠在一些，受剪应力时缠结点解开，分子会沿流动方向排列成线，从而减小了层间流动的剪应力，故表现黏度下降。随着速度梯度的增加，排列愈完善，表现黏度愈下降，这对流体输送和流体传热很重要。血液、某些蜂蜜、番茄酱、果酱以及高分子溶液、高聚物熔融体、油脂、淀粉溶液、油漆等属于假塑性流体。

二、涨塑性流体(dilatant fluid)

与假塑性流体相反，涨塑性流体的表观黏度随剪切速率的增大而增大，流体变稠，剪应力与剪切速率的关系为一向上凹(上弯)的曲线(见图 1-36 曲线 c)，它同样可用式(1-46)表示，只不过 $n>1$。其解释是：此类流体在静态时，固体粒子构成的空隙最小，液体成分只能勉强充满这些间隙，当速度梯度下降时，液体可以充当固体粒子间的滑润剂。这类流体如浓淀粉溶液、蜂蜜、湿沙、含细粉浓度很高的水浆等。

三、宾汉塑性流体(Binham fluid)

这类流体的剪应力与剪切速率的关系是不通过原点的直线(见图 1-36 曲线 d)。其解释是：此类流体在静止时具有三维结构，其刚度足以抵抗一定的剪切力，即有一定的屈服值 τ_0，只有当剪应力超过屈服值 τ_0 之后，才开始流动。这类流体如巧克力浆、干酪以及纸浆、牙膏、肥皂、污泥等。

四、触变性流体(thixotropic fluid)

流变学是研究物体随时间不可逆过程的应力与应变之间关系的一门学科。此类流体的剪应力除取决于剪切速率之外，时间也是一个因素。

触变性流体有两种：一种是搅动时黏性随时间降低的流体，称为摇溶性流体，如某些油漆。其解释是：此类流体在静止时，分散的粒子互相结合而组成凝聚结构的空间网络，贯穿整个系统，机械地把持住流体分子，在流动时，网络破坏，表观黏度下降。另一种是搅动时黏性随时间增大的流体，称为震凝性流体，如石油工业中的一些钻探泥浆。

五、黏弹性流体(viscoelastic fluid)

此类流体既有黏性又有弹性，应力去除后其变形能够部分地恢复。如面团，受挤压通过小孔而成条状后，每条的截面积可以略大于孔面积，即是变形的部分恢复。

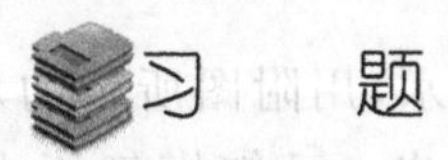
习　题

1.燃烧重油所得的燃烧气，经分析知其中含 CO_2 8.5%，O_2 7.5%，N_2 76%，H_2O 8%(体

积分数)，试求此混合气体在温度 500 ℃、压力 101.3 kPa 时的密度。

2.已知 20 ℃下水和乙醇的密度分别为 998.2 kg/m³ 和 789 kg/m³，试计算 50%(质量分数)乙醇水溶液的密度。又知其实测值为 935 kg/m³，计算相对误差。

3.在大气压力为 101.3 kPa 的地区，某真空蒸馏塔塔顶的真空表读数为 85 kPa。若在大气压力为 90 kPa 的地区，仍使该塔塔顶在相同的绝压下操作，则此时真空表的读数应为多少？

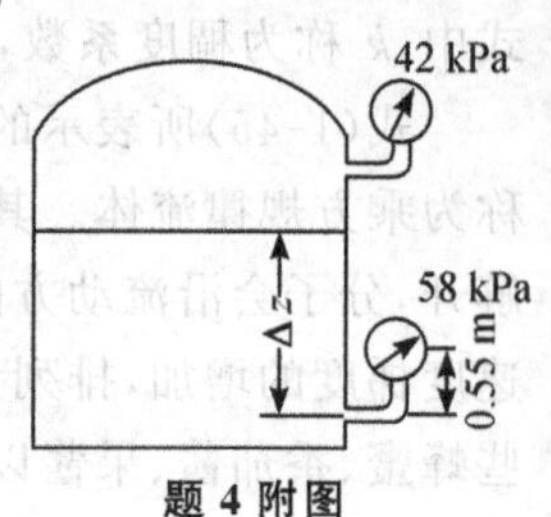

题 4 附图

4.如附图所示，密闭容器中存有密度为 900 kg/m³ 的液体。容器上方的压力表读数为 42 kPa，又在液面下装一压力表，表中心线在测压口以上 0.55 m，其读数为 58 kPa。试计算液面到下方测压口的距离。

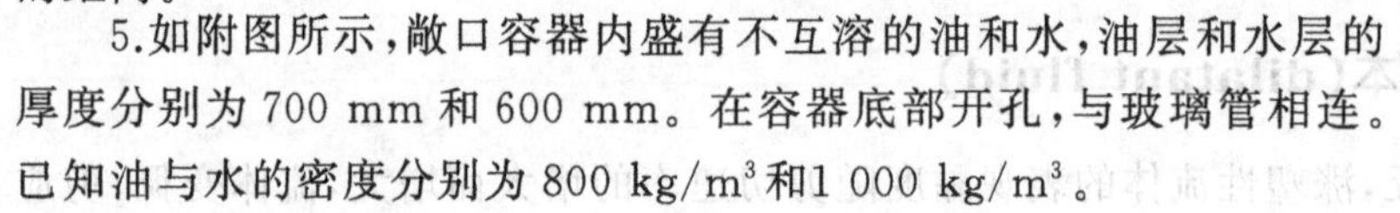

5.如附图所示，敞口容器内盛有不互溶的油和水，油层和水层的厚度分别为 700 mm 和 600 mm。在容器底部开孔，与玻璃管相连。已知油与水的密度分别为 800 kg/m³ 和 1 000 kg/m³。

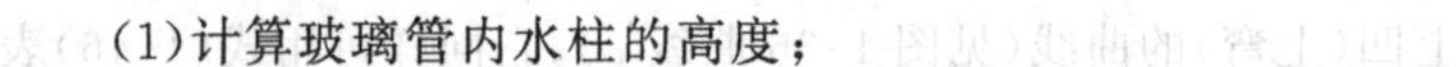

(1)计算玻璃管内水柱的高度；

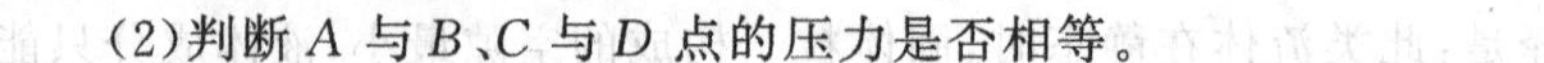

(2)判断 A 与 B、C 与 D 点的压力是否相等。

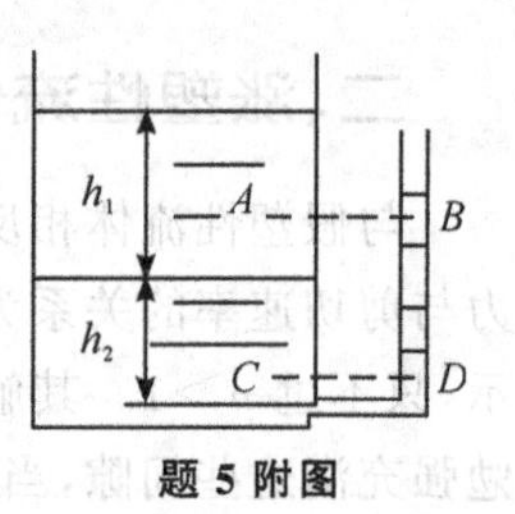

题 5 附图

6.水平管道中两点间连接一 U 形压差计，指示液为汞。已知压差计的读数为 30 mm，试分别计算管内流体为(1)水；(2)压力为 101.3 kPa、温度为 20 ℃的空气时压力差。

7.用一复式 U 压差计测量水流过管路中 A、B 两点的压力差。指示液为汞，两 U 形管之间充满水，已知 $h_1=1.2$ m，$h_2=0.4$ m，$h_3=0.25$ m，$h_4=1.4$ m，试计算 A、B 两点的压力差。

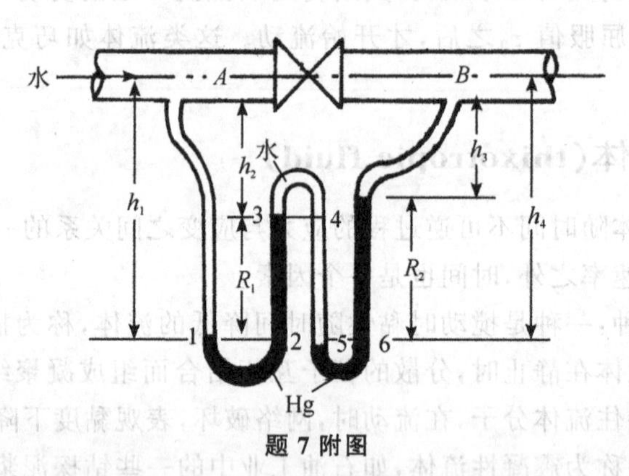

题 7 附图

8.根据附图所示的双液体 U 形管压差计的读数，计算设备中气体的压力，并注明是表压还是绝压。已知压差计中的两种指示液为油和水，其密度分别为 920 kg/m³ 和 998 kg/m³，压差计的读数 $R=300$ mm。两扩大室的内径 D 为 60 mm，U 形管的内径 d 为 6 mm。

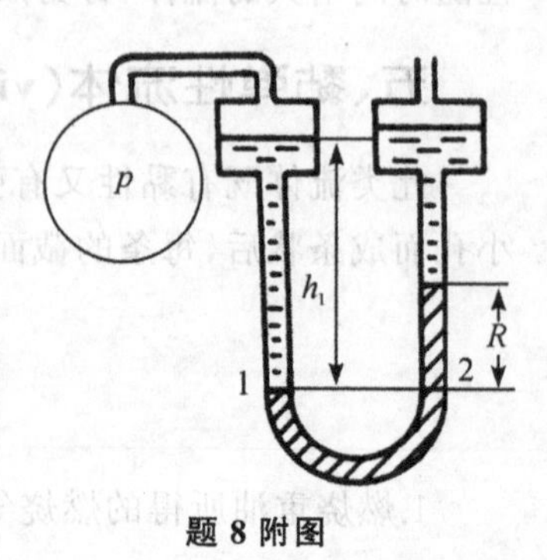

题 8 附图

9.为了排出煤气管中的少量积水，用附图所示的水封装置，水由煤气管道中的垂直支管排出。已知煤气压力为 10 kPa(表压)，试求水封管插入液面下的深度 h。

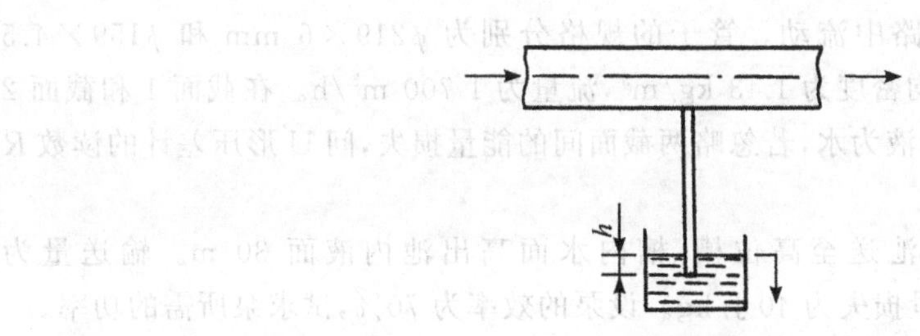

题 9 附图

10.为测定贮罐中油品的贮存量，采用图 1-8 所示的远距离液位测量装置。已知贮罐为圆筒形，其直径为 1.6 m，吹气管底部与贮罐底的距离为 0.3 m，油品的密度为 850 kg/m^3。若测得 U 形压差计读数 R 为 150 mmHg，试确定贮罐中油品的贮存量，分别以体积及质量表示。

11.绝对压力为 540 kPa、温度为 30 ℃的空气，在 ϕ108×4 mm 的钢管内流动，流量为 1 500 m^3/h(标准状况)。试求空气在管内的流速、质量流量和质量流速。

12.硫酸流经由大小管组成的串联管路，其尺寸分别为 ϕ76×4 mm 和 ϕ57×3.5 mm。已知硫酸的密度为 1 831 kg/m^3，体积流量为 9 m^3/h，试分别计算硫酸在大管和小管中的(1)质量流量；(2)平均流速；(3)质量流速。

13.如附图所示，用虹吸管从高位槽向反应器加料，高位槽与反应器均与大气相通，且高位槽中液面恒定。现要求料液以 1 m/s 的流速在管内流动，设料液在管内流动时的能量损失为 20 J/kg(不包括出口)，试确定高位槽中的液面应比虹吸管的出口高出的距离。

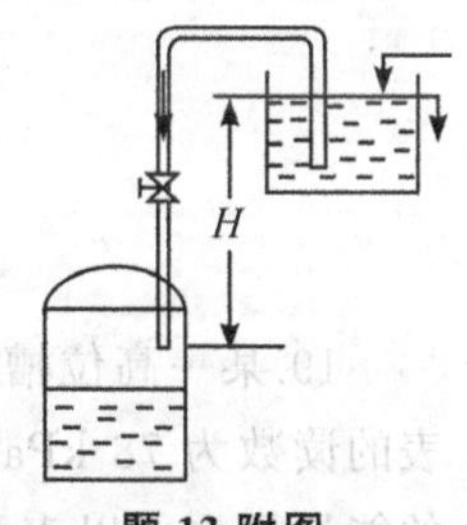

题 13 附图

14.用压缩空气将密闭容器(酸蛋)中的硫酸压送至敞口高位槽，如附图所示。输送量为 0.1 m^3/min，输送管路为 ϕ38×3 mm 的无缝钢管。酸蛋中的液面离压出管口的位差为 10 m，且在压送过程中不变。设管路的总压头损失为 3.5 m(不包括出口)，硫酸的密度为1 830 kg/m^3，问酸蛋中应保持多大的压力？

15.如附图所示，某鼓风机吸入管内径为 200 mm，在喇叭形进口处测得 U 形压差计读数 R=15 mm(指示液为水)，空气的密度为 1.2 kg/m^3，忽略能量损失。试求管道内空气的流量。

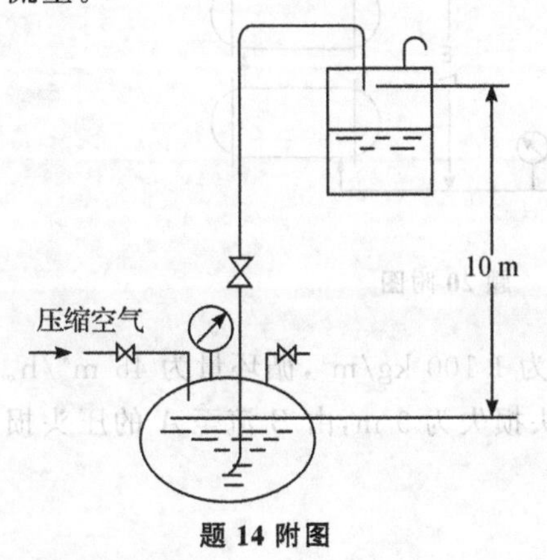

题 14 附图

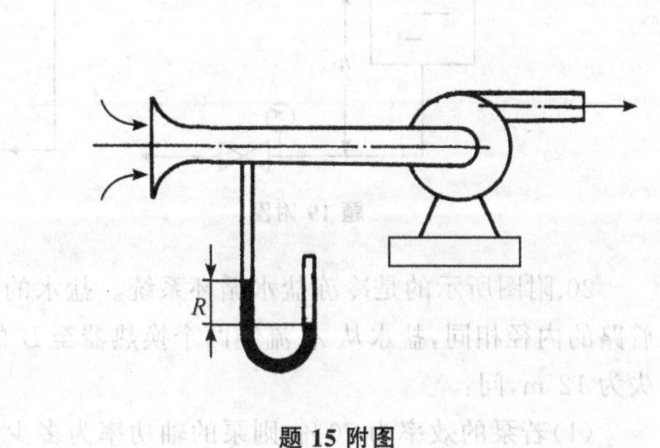

题 15 附图

16.甲烷在附图所示的管路中流动。管子的规格分别为 $\phi219\times6$ mm 和 $\phi159\times4.5$ mm,在操作条件下甲烷的平均密度为 1.43 kg/m³,流量为 1 700 m³/h。在截面 1 和截面 2 之间连接一 U 形压差计,指示液为水,若忽略两截面间的能量损失,问 U 形压差计的读数 R 为多少?

17.用泵将 20 ℃水从水池送至高位槽,槽内水面高出池内液面 30 m。输送量为 30 m³/h,此时管路的全部能量损失为 40 J/kg。设泵的效率为 70%,试求泵所需的功率。

18.附图所示的是丙烯精馏塔的回流系统,丙烯由贮槽回流至塔顶。丙烯贮槽液面恒定,其液面上方的压力为 2.0 MPa(表压),精馏塔内操作压力为 1.3 MPa(表压)。塔内丙烯管出口处高出贮槽内液面 30 m,管内径为 140 mm,丙烯密度为 600 kg/m³。现要求输送量为 4×10^4 kg/h,管路的全部能量损失为 150 J/kg(不包括出口能量损失),试核算该过程是否需要泵。

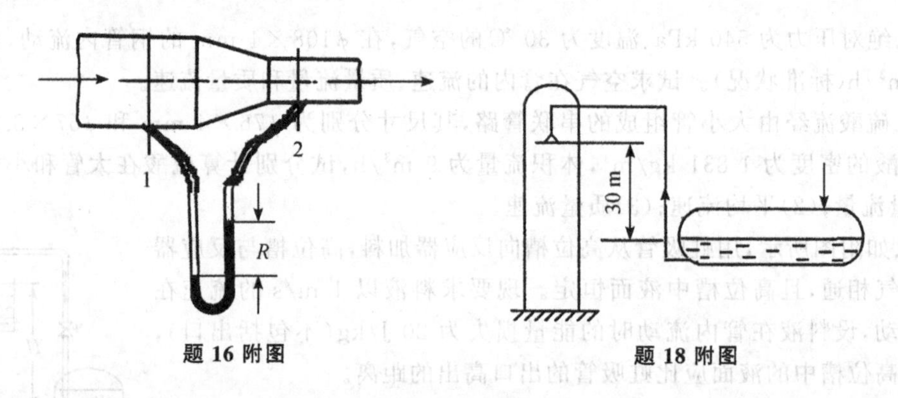

题 16 附图　　　　题 18 附图

19.某一高位槽供水系统如附图所示,管子规格为 $\phi45\times2.5$ mm。当阀门全关时,压力表的读数为 78 kPa。当阀门全开时,压力表的读数为 75 kPa,且此时水槽液面至压力表处的能量损失可以表示为 $\sum W_f=u^2$ J/kg(u 为水在管内的流速)。试求:

(1)高位槽的液面高度;

(2)阀门全开时水在管内的流量(m³/h)。

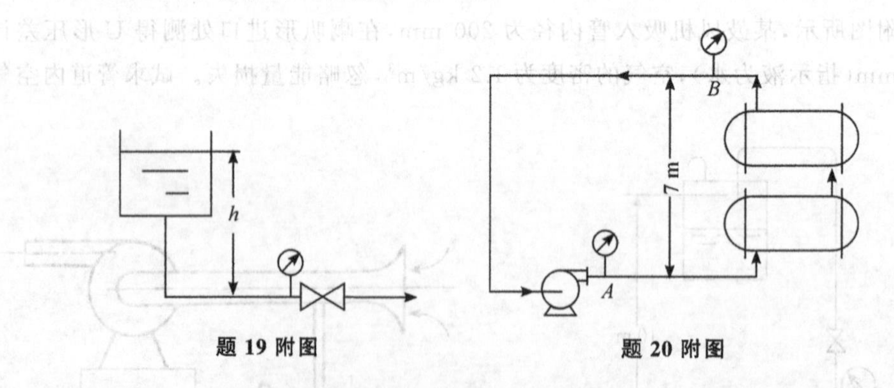

题 19 附图　　　　题 20 附图

20.附图所示的是冷冻盐水循环系统。盐水的密度为 1 100 kg/m³,循环量为 45 m³/h。管路的内径相同,盐水从 A 流经两个换热器至 B 的压头损失为 9 m,由 B 流至 A 的压头损失为 12 m,问:

(1)若泵的效率为 70%,则泵的轴功率为多少?

(2)若 A 处压力表的读数为 153 kPa,则 B 处压力表的读数为多少?

21.25 ℃水在 $\phi60\times3$ mm 的管道中流动,流量为 20 m^3/h,试判断流型。

22.运动黏度为 3.2×10^{-5} m^2/s 的有机液体在 $\phi76\times3.5$ mm 的管内流动,试确定保持管内层流流动的最大流量。

23.计算 10 ℃水以 2.7×10^{-3} m^3/s 的流量流过 $\phi57\times3.5$ mm、长 20 m 水平钢管的能量损失、压头损失及压力损失。(设管壁的粗糙度为 0.5 mm)

24.如附图所示,用泵将贮槽中的某油品以 40 m^3/h 的流量输送至高位槽。两槽的液位恒定,且相差 20 m,输送管内径为 100 mm,管子总长为 45 m(包括所有局部阻力的当量长度)。已知油品的密度为 890 kg/m^3,黏度为 0.487 Pa·s,试计算泵所需的有效功率。

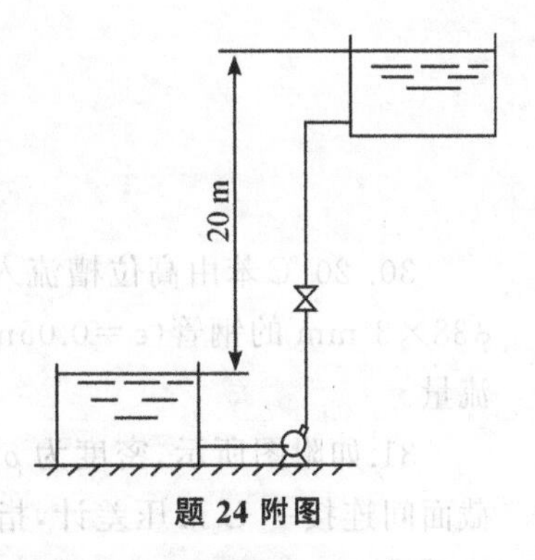

题 24 附图

25.一列管式换热器,壳内径为 500 mm,内装 174 根 $\phi25\times2.5$ mm的钢管,试求壳体与管外空间的当量直径。

26.求常压下 35 ℃的空气以 12 m/s 的速度流经 120 m 长的水平通风管的能量损失和压力损失。管道截面为长方形,长为 300 mm,宽为 200 mm。(设 $e/d=0.0005$)

27.如附图所示,密度为 800 kg/m^3、黏度为 1.5 mPa·s 的液体,由敞口高位槽经 $\phi114\times4$ mm 的钢管流入一密闭容器中,其压力为 0.16 MPa(表压),两槽的液位恒定。液体在管内的流速为 1.5 m/s,管路中闸阀为半开,管壁的相对粗糙度 $e/d=0.002$,试计算两槽液面的垂直距离 Δz。

28.从设备排出的废气在放空前通过一个洗涤塔,以除去其中的有害物质,流程如附图所示。气体流量为 3 600 m^3/h,废气的物理性质与 50 ℃的空气相近,在鼓风机吸入管路上装有 U 形压差计,指示液为水,其读数为 60 mm。输气管与放空管的内径均为 250 mm,管长与管件、阀门的当量长度之和为 55 m(不包括进、出塔及管出口阻力),放空口与鼓风机进口管水平面的垂直距离为 15 m,已估计气体通过洗涤塔填料层的压力降为 2.45 kPa。管壁的绝对粗糙度取为 0.15 mm,大气压力为 101.3 kPa。试求鼓风机的有效功率。

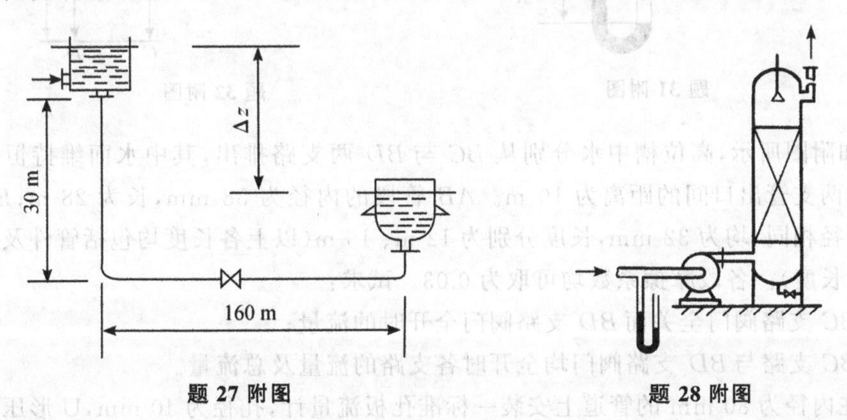

题 27 附图　　题 28 附图

29.如附图所示,用离心泵将某油品输送至一密闭容器中。A、B 处压力表的读数分别为 1.47 MPa、1.43 MPa,管路尺寸为 $\phi89\times4$ mm,A、B 两点间的直管长度为 40 m,中间有 6 个 90°标准弯头。已知油品的密度为 820 kg/m^3,黏度为 121 mPa·s,试求油在管路中的流量。

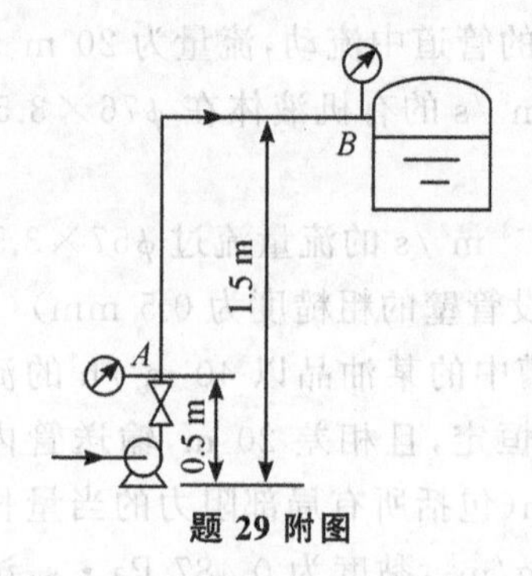

题 29 附图

30. 20 ℃苯由高位槽流入贮槽中，两槽均为敞口，两槽液面恒定且相差 5 m。输送管为 $\phi 38\times 3$ mm 的钢管($\varepsilon=0.05$mm)，总长为 100 m(包括所有局部阻力的当量长度)，求苯的流量。

31.如附图所示，密度为 ρ 的流体以一定的流量在一等径倾斜管道中流过。在 A、B 两截面间连接一 U 形压差计，指示液的密度为 ρ_0，读数为 R。已知 A、B 两截面间的位差为 h，试求：

(1)A、B 间的压力差及能量损失；

(2) 若将管路水平放置而流量保持不变，则压差计读数及 A、B 间的压力差为多少？

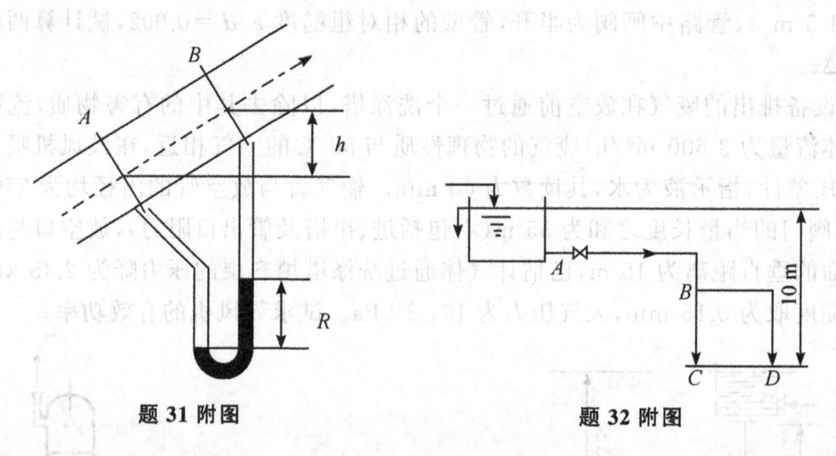

题 31 附图　　题 32 附图

32.如附图所示，高位槽中水分别从 BC 与 BD 两支路排出，其中水面维持恒定。高位槽液面与两支管出口间的距离为 10 m。AB 管段的内径为 38 mm，长为 28 m；BC 与 BD 支管的内径相同，均为 32 mm，长度分别为 12 m、15 m(以上各长度均包括管件及阀门全开时的当量长度)。各段摩擦系数均可取为 0.03。试求：

(1)BC 支路阀门全关而 BD 支路阀门全开时的流量；

(2)BC 支路与 BD 支路阀门均全开时各支路的流量及总流量。

33.在内径为 80 mm 的管道上安装一标准孔板流量计，孔径为 40 mm，U 形压差计的读数为 350 mmHg。管内液体的密度为 1 050 kg/m³，黏度为 0.5 cP，试计算液体的体积流量。

34.用离心泵将 20 ℃水从水池送至敞口高位槽中，流程如附图所示，两槽液面差为 12 m。输送管为 $\phi 57\times 3.5$ mm 的钢管，总长为 220 m(包括所有局部阻力的当量长度)。用孔

板流量计测量水流量，孔径为 20 mm，流量系数为 0.61，U 形压差计的读数为 400 mmHg。摩擦系数可取为 0.02。试求：

(1)水流量(m^3/h)；

(2)每千克水经过泵所获得的机械能。

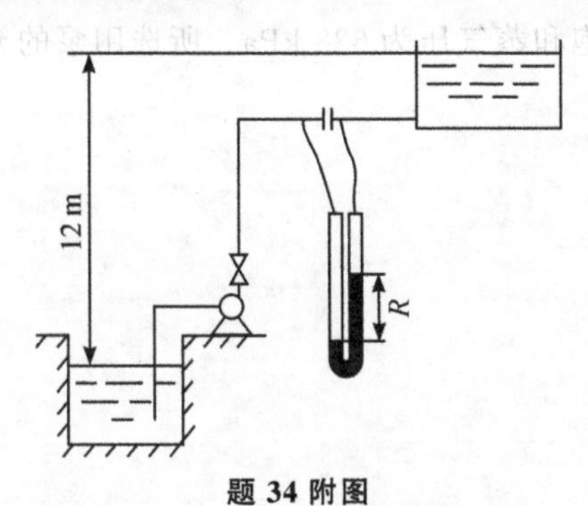

题 34 附图

35.以水标定的转子流量计用来测量酒精的流量。已知转子的密度为 7 700 kg/m^3，酒精的密度为 790 kg/m^3，当转子的刻度相同时，酒精的流量比水的流量是大还是小？试计算刻度校正系数。

36.在一定转速下测定某离心泵的性能，吸入管与压出管的内径分别为 70 mm 和 50 mm。当流量为 30 m^3/h 时，泵入口处真空表与出口处压力表的读数分别为 40 kPa 和 215 kPa，两测压口间的垂直距离为 0.4 m，轴功率为 3.45 kW。试计算泵的压头与效率。

37.在一化工生产车间，要求用离心泵将冷却水从贮水池经换热器送到一敞口高位槽中。已知高位槽中液面比贮水池中液面高出 10 m，管路总长为 400 m(包括所有局部阻力的当量长度)。管内径为 75 mm，换热器的压头损失为 $32\frac{u^2}{2g}$，摩擦系数可取为 0.03。此离心泵在转速为 2 900 r/min 时的性能如下表所示：

$Q/(m^3\cdot s^{-1})$	0	0.001	0.002	0.003	0.004	0.005	0.006	0.007	0.008
H/m	26	25.5	24.5	23	21	18.5	15.5	12	8.5

试求：(1)管路特性方程；

(2)泵工作点的流量与压头。

38.用离心泵将水从贮槽输送至高位槽中，两槽均为敞口，且液面恒定。现改为输送密度为 1 200 kg/m^3 的某水溶液，其他物性与水相近。若管路状况不变，试说明：

(1)输送量有无变化？

(2)压头有无变化？

(3)泵的轴功率有无变化？

(4)泵出口处压力有无变化？

39.用离心泵向设备送水。已知泵特性方程为 $H=40-0.01Q^2$，管路特性方程为 $H_e=25+0.03Q^2$，两式中 Q 的单位均为 m^3/h，H 的单位为 m。

(1)试求泵的输送量；

(2)若有两台相同的泵串联操作，则泵的输送量又为多少？

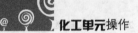

40.用型号为 IS65-50-125 的离心泵将敞口贮槽中 80 ℃的水送出，吸入管路的压头损失为 4 m，当地大气压为 98 kPa。试确定此泵的安装高度。

41.用油泵从贮槽向反应器输送 44 ℃的异丁烷，贮槽中异丁烷液面恒定，其上方绝对压力为 652 kPa。泵位于贮槽液面以下 1.5 m 处，吸入管路全部压头损失为 1.6 m。44 ℃时异丁烷的密度为 530 kg/m^3，饱和蒸气压为 638 kPa。所选用泵的允许汽蚀余量为 3.5 m，问此泵能否正常操作？

第二章 气液输送机械

流体输送在化工生产过程中起着重要作用,经常需要把流体从一处送到另一处,这就要用流体输送机械来完成。输送液体的动力机械称为泵,输送气体的动力机械称为风机及压缩机。就流体输送设备的工作原理而言,大致可分为四类:离心式、往复式、旋转式、流体动力作用式。

第一节 液体输送设备

液体输送的动力机械种类很多,但可归为两大类:离心泵和正位移泵。离心泵利用高速旋转的叶轮所产生的离心力向液体传送机械能,进而通过泵壳转变为液体的压力能;正位移泵利用活塞或转子挤压液体使其压力升高并向前推进(又包括往复泵、旋转泵等)。

一、离心泵

(一)离心泵的基本部件及操作原理

1.离心泵的基本部件

离心泵最基本的部件包括旋转的叶轮和固定的泵壳。此外,还有轴封装置、导轮、平衡孔等。

(1)叶轮。叶轮是离心泵的心脏部件,其作用是将原动机的能量传给液体,使液体静压能和动能均有所提高。离心泵的叶轮可分为闭式、半闭式与开式三种,如图 2-1 所示。一般叶轮有 6~12 片叶片。图 2-1(c)为闭式叶轮,前后两侧面有盖板,液体从叶轮中央的入口进入,经两盖板与叶片之间的流道而流向叶轮外缘,这样液体从旋转叶轮获得了能量,且由于叶片间流道的逐渐扩大,故也有一部分动能转变为静压能。图(b)为半闭式叶轮,吸入口侧面无前盖板。图(a)为开式叶轮,前后侧面均没有盖板。半闭式与开式叶轮可用于输送浆料或含有固体悬浮物的液体,因没有盖板,叶轮流道不容易堵塞。但液体在叶片间运动时容易产生倒流,故效率较低。

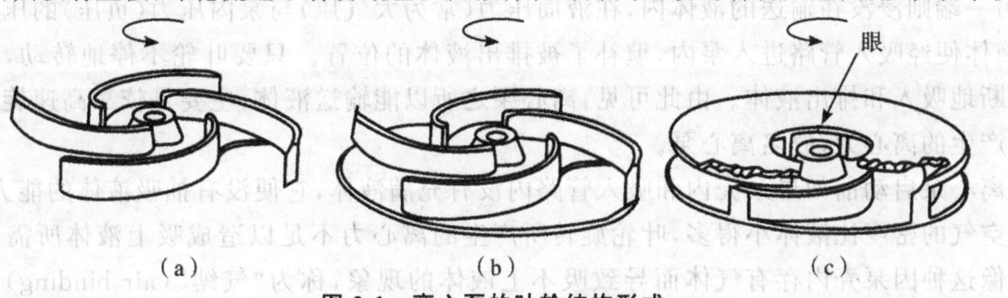

图 2-1 离心泵的叶轮结构形式

闭式与半闭式的后盖板上钻有平衡孔,因为叶轮工作时离开叶轮周边的液体压力已增大,有一部分渗到叶轮后侧,而叶轮前侧液体入口处为低压,故液体作用于叶轮前后两侧面的压力不等,产生了轴向力,将叶轮推向入口处,引起叶轮与泵壳接触处磨损,严重时造成泵的振动。平衡孔能使一部分高压液体泄漏到低压区,以减小叶轮两侧的压力差,从而起到平衡轴向力的作用,但也会降低泵的效率。

(2)泵壳。离心泵的泵壳又称蜗壳,这是因为壳内有一个截面逐渐扩大的蜗牛壳形通道,如图 2-2 所示。叶轮在壳内顺着蜗形通道逐渐扩大的方向旋转,愈接近液体出口,通道截面愈大。以高速从叶轮外缘抛出的液体在通道内逐渐减小速度,把一部分动能转变为静压能,即提高出口压力。所以,泵壳不仅是汇集液体的部件,也是一个换能装置。

有些泵在叶轮外缘装有导轮,导轮叶片与叶轮叶片弯曲方向相反。导轮具有很多逐渐转向的流道,使高速液体流过时均匀而缓和地把动能转为静能,以减小能量损失。

(3)轴封装置。泵轴与泵壳之间的密封称为轴封,轴封的作用是防止高压液体从泵壳内沿轴漏出,或外界空气进入泵壳内。常用的轴封装置有填料密封和机械密封。

填料密封简单但磨损大,而机械密封更可靠但加工复杂。

2.离心泵的操作原理

图 2-2 为离心泵的简图。泵轴 A 上装叶轮[见图 2-2(b)],叶轮上有若干弯曲的叶片 B[见图 2-2(a)]。泵轴由外界的动力带动时,叶轮便在泵壳 C 内旋转。液体由入口 D 沿轴向垂直地进入叶轮中央,在叶片之间通过而进入泵壳,最后从泵的切线出口 E 排出。

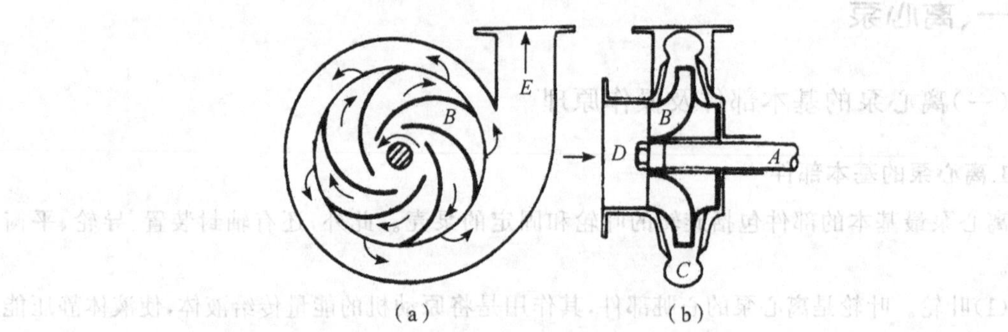

图 2-2　离心泵的简图

离心泵在开启前,先要灌满所输送的液体。开动后,叶轮旋转,产生离心力,液体因而从叶轮中心被抛向叶轮外周,压力增大,并以很高的速度(15～25 m/s)流入泵壳,在壳内减速,使大部分动能转换为压力能,然后从排出口进入排出管路。

叶轮内的液体被抛出后,叶轮中心处形成真空。泵的吸入管路一端与由叶轮中心处相通,另一端则浸没在输送的液体内,在液面压力(常为大气压)与泵内压力(负压)的压差作用下,液体便经吸入管路进入泵内,填补了被排出液体的位置。只要叶轮不停地转动,离心泵便不断地吸入和排出液体。由此可见,离心泵之所以能输送液体,主要是依靠高速旋转的叶轮所产生的离心力,故名离心泵。

离心泵启动前如果泵壳内和吸入管路内没有充满液体,它便没有抽吸液体的能力,这是因为空气的密度比液体小得多,叶轮旋转所产生的离心力不足以造成吸上液体所需的真空度。像这种因泵壳内存有气体而导致吸不上液体的现象,称为“气缚”(air binding)。为了使泵在启动前充满液体，往往在吸入管道底部装有止逆阀(单向阀)。而在离心泵的出口管路上也装有阀门，用于调节泵的流量。

(二)离心泵的基本方程

1.离心泵基本方程式的推导

从离心泵的工作原理知，液体从离心泵的叶轮获得能量而提高了压力。单位重量的液体从旋转的叶轮获得多少能量以及影响获得能量的因素，可由其基本方程来说明。

由于液体在叶轮内的运动比较复杂，先设想一种理想情况：(1)叶轮内叶片数目无限多，故叶片厚度无限薄，液体质点完全沿着叶片弯曲表面流动；(2)输送的是理想流体，因而在叶轮内的流动阻力可以忽略。满足上述条件的离心泵对单位重量的理想流体所提供的能量称为泵的理论压头或理论扬程，以 H_{∞} 表示，单位为 m。下面分析 H_{∞} 与泵构造、尺寸、转速之间的关系，以便用来估计泵压头的大小，分析在条件改变时泵压头的变化。

液体从叶轮中央入口沿着叶片流到叶轮周边的流动情况，如图 2-3 所示。图中 A 为叶轮上的一片叶片，液体沿垂直于纸面的方向从泵入口进入叶轮中央。考虑到该叶片根部点 1 的某一液体微团，此后该微团的运动方向变为与纸面平行，其运动速度是由两个分速度合成的。其一是沿着叶片而运动的相对速度 w_1，在点 1 处与叶片相切；其二是液体沿叶片运动的同时还被叶轮带着旋转，故又有一圆周速度 u_1，在点 1 处与旋转圆周相切。二者的合速度 c_1 即为流体在点 1 处的绝对速度。同理，液体微团到达叶片尖端点 2 处的相对速度为 w_2、圆周速度为 u_2，以及其合速度为 c_2(亦即液体微团在点 2 处的绝对速度)。为了推导离心泵理论压头的表达式，在叶轮进口与出口之间列伯努利方程：

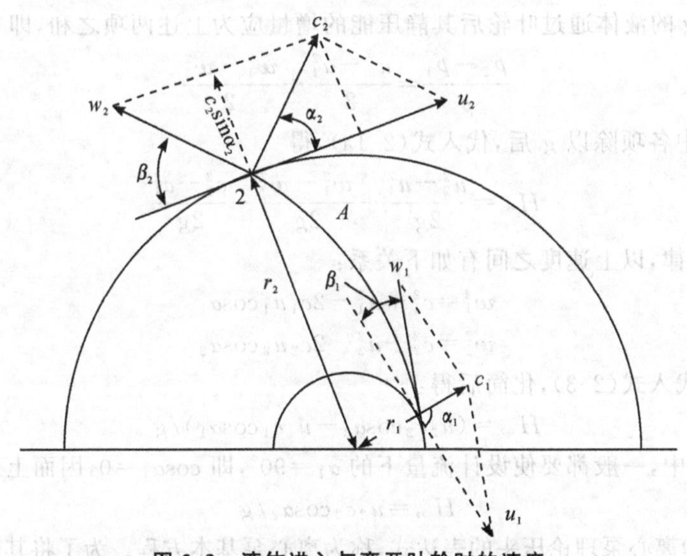

图 2-3　液体进入与离开叶轮时的速度

$$\frac{p_1}{\rho g}+\frac{c_1^2}{2g}+H_{\infty}=\frac{p_2}{\rho g}+\frac{c_2^2}{2g} \tag{2-1}$$

即

$$H_{\infty}=\frac{p_2-p_1}{\rho g}+\frac{c_2^2-c_1^2}{2g} \tag{2-1a}$$

式中，H_{∞}——叶轮对液体所加的压头，m；

g——重力加速度，9.81 m/s^2；

p_1、p_2——液体在1、2两点处的压力，Pa；

ρ——液体的密度，kg/m^3；

c_1、c_2——液体在1、2两点处的绝对速度，m/s。

上式没有考虑1、2两点高度不同，因叶轮每转一周，1、2两点的高低互换两次，按时均计此高差可视为零。

液体从点1运动到点2，静压头之所以增加$(p_2-p_1)/\rho g$之值，其原因有二。

(1)液体在叶轮内受到离心力作用，接受了外功。质量为m的液体微团在旋转时受到的离心力为：

$$F_c=mr\omega^2$$

式中，F_c——液体所受离心力，N；

m——液体的质量，kg；

r——旋转半径，m；

ω——旋转的角速度，rad/s。

总质量$m=1$ kg的液体微团从点1运动到点2时，因受离心力作用而接受的外功为：

$$\int_{r_1}^{r_2}F_c\mathrm{d}r=\int_{r_1}^{r_2}1\cdot r\cdot\omega^2\mathrm{d}r=\frac{\omega^2}{2}(r_2^2-r_1^2)=\frac{u_2^2-u_1^2}{2}$$

(2)相邻两叶片所构成的通道的截面积自内而外逐渐扩大，液体通过时的速度逐渐变小，一部分动能转变为静压能。

每1 kg液体静压能增加的量等于其动能减小的量：$(w_1^2-w_2^2)/2$。

质量为1 kg的液体通过叶轮后其静压能的增量应为上述两项之和，即

$$\frac{p_2-p_1}{\rho}=\frac{u_2^2-u_1^2}{2}+\frac{w_1^2-w_2^2}{2} \tag{2-2}$$

将式(2-2)中各项除以g后，代入式(2-1a)，得

$$H_{\infty}=\frac{u_2^2-u_1^2}{2g}+\frac{w_1^2-w_2^2}{2g}+\frac{c_2^2-c_1^2}{2g} \tag{2-3}$$

根据余弦定律，以上速度之间有如下关系：

$$w_1^2=c_1^2+u_1^2-2c_1u_1\cos\alpha_1 \tag{2-4a}$$

$$w_2^2=c_2^2+u_2^2-2c_2u_2\cos\alpha_2 \tag{2-4b}$$

将式(2-4)代入式(2-3)，化简后得：

$$H_{\infty}=(u_2c_2\cos\alpha_2-u_1c_1\cos\alpha_1)/g \tag{2-5}$$

离心泵设计中，一般都要使设计流量下的$\alpha_1=90°$，即$\cos\alpha_1=0$，因而上式化为：

$$H_{\infty}=u_2c_2\cos\alpha_2/g \tag{2-6}$$

式(2-6)即为离心泵理论压头的表达式，称为离心泵基本方程。为了将其改写成理论压头H_{∞}与理论流量Q_T的关系，先将流量用液体在叶轮出口处的径向速度与周边面积之积表示：

$$Q_T=2\pi r_2b_2c_2\sin\alpha_2=\pi D_2b_2c_2\sin\alpha_2 \tag{2-7}$$

式中，Q_T为离心泵的理论流量，m^3/s；

r_2、D_2——叶轮的半径、直径，m；

b_2——叶轮周边的宽度，m。

由式(2-6)：

$$H_\infty = u_2 c_2 \cos\alpha_2 / g = u_2 (u_2 - c_2 \sin\alpha_2 \cot\beta_2) / g \tag{2-8}$$

式中，β_2——叶片的装置角(图 2-3)。

将式(2-7)代入式(2-8)，得：

$$H_\infty = \frac{1}{g}\left(u_2^2 - \frac{u_2 Q_T \cot\beta_2}{2\pi r_2 b_2}\right) \tag{2-9}$$

因为 ω 为叶轮旋转的角速度，故 $u_2 = r_2\omega$，代入上式后，化简得：

$$H_\infty = \frac{1}{g}(r_2\omega)^2 - \frac{Q_T \omega}{2\pi b_2 g}\cot\beta_2 \tag{2-10}$$

式(2-10)表明了离心泵理论压头 H_∞ 与流量 Q_T、速度 ω、叶轮构造及尺寸(β_2、r_2、b_2)之间的关系。

2.离心泵基本方程的讨论

(1)离心泵的理论压头与叶轮的转速和直径的关系

由式(2-9)可知，当叶片几何尺寸(b_2，β_2)与理论流量一定时，离心泵的理论压头随叶轮的转速或直径的增加而加大。

(2)离心泵的理论压头与叶轮的几何形状的关系

由式(2-9)知，当叶轮转速与直径叶片的宽度、理论流量一定时，离心泵的理论压头随叶片的形状而改变。

后弯叶片(指与运动方向相反)：$\beta_2 < 90°$，$\cot\beta_2 > 0$，$H_\infty < \frac{u_2^2}{g}$，见图[2-4(a)]。

径向叶片：$\beta_2 = 90°$，$\cot\beta_2 = 0$，$H_\infty = \frac{u_2^2}{g}$，见图[2-4(b)]。

前弯叶片(指与运动方向相同)：$\beta_2 > 90°$，$\cot\beta_2 < 0$，$H_\infty > \frac{u_2^2}{g}$，见图[2-4(c)]。

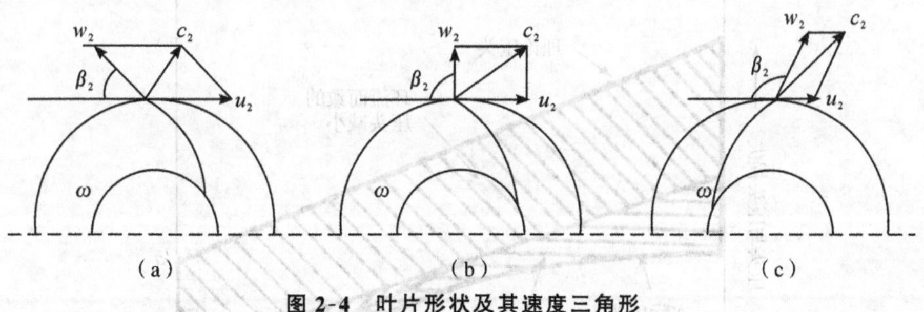

图 2-4　叶片形状及其速度三角形

由上可知，前弯叶片产生的理论压头最大，似乎装置角 β_2 选前弯最有利，但这类叶片并不是最佳形式。从式(2-3)可知，液体从叶轮获得能量包括静压头的增加$\left(\frac{u_2^2 - u_1^2}{2g} + \frac{w_1^2 - w_2^2}{2g}\right)$和动压头的增加$\left(\frac{c_2^2 - c_1^2}{2g}\right)$两部分。对离心泵来说，希望得到的是静压头，而不是动压头。对于前弯叶片，其中动能占的比例颇大，在转化为静压能的实际过程中，会有大量机械能损失，使泵的效率降低。因而，一般在实际设计中，为了提高能量的利用率，达到实际生产的要求，离心泵总是采用后弯叶片（$\beta_2 \approx$ 25°～30°）。

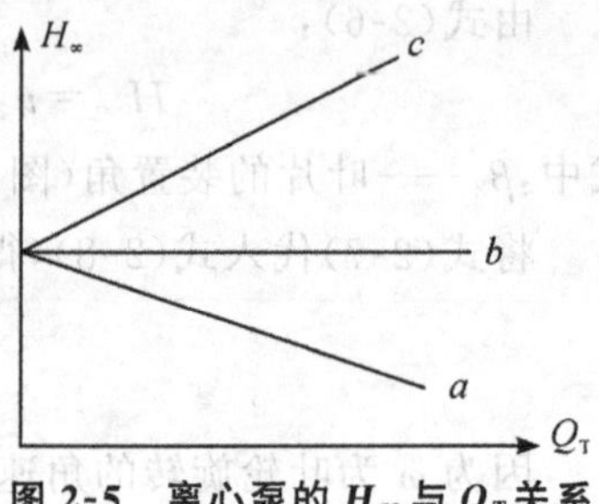

图 2-5 离心泵的 H_∞ 与 Q_T 关系

（3）离心泵的理论压头与理论流量的关系

当离心泵的几何尺寸与转速一定时，H_∞ 随 Q_T 而变化并呈直线关系，斜率由 β_2 决定。$\beta_2 < 90°$ 时，$\cot\beta_2 > 0$，H_∞ 随 Q_T 增加而减小，见图 2-5 中 a 线；$\beta_2 = 90°$ 时，$\cot\beta_2 = 0$，H_∞ 与 Q_T 无关，见图 2-5 中 b 线；$\beta_2 > 90°$ 时，$\cot\beta_2 < 0$，H_∞ 随 Q_T 增加而增大，见图 2-5 中 c 线。

3.泵的实际压头

离心泵的实际压头应比理论压头小，这是因为实际流体有黏性，并且叶轮的叶片数目并不是无限多，流体通过离心泵的过程中，存在各种各样造成压头损失的因素。

（1）叶片间的环流。由于叶片数目并非无限多，液体不是严格按叶片的轨道流动，而是有环流出现，产生涡流损失，此损失只与叶数、液体黏度等有关，与流量几乎无关。考虑这一因素后，压头与流量的关系线为图 2-6 中 b 线。

（2）阻力损失。实际流体从泵的进口到出口有阻力损失，它约与流速平方成正比，亦即约与流量的平方成正比。再考虑这项损失，压头与流量的关系线应为图 2-6 中 c 线。

（3）冲击损失。液体以绝对速度 c_2 突然离开叶轮周边冲入沿涡壳四周流动的液流中，产生涡流。由于叶片尖端的弯曲角度 β_2 是根据额定的流量设计以使所造成的冲击最小（图 2-6 中 P 点所示）。若操作时的流量偏离设计值，则相对速度 w_2 就改变，从而 c_2 亦变，冲击便加剧；c_1 与 u_2 之间的夹角亦会偏离 90°，加大冲击。故实际流量与设计值的偏离愈大，冲击损失便愈大。考虑这项损失后，压头与流量的关系线应为图 2-6 中 d 线，这是实际压头与流量之间的大致关系。

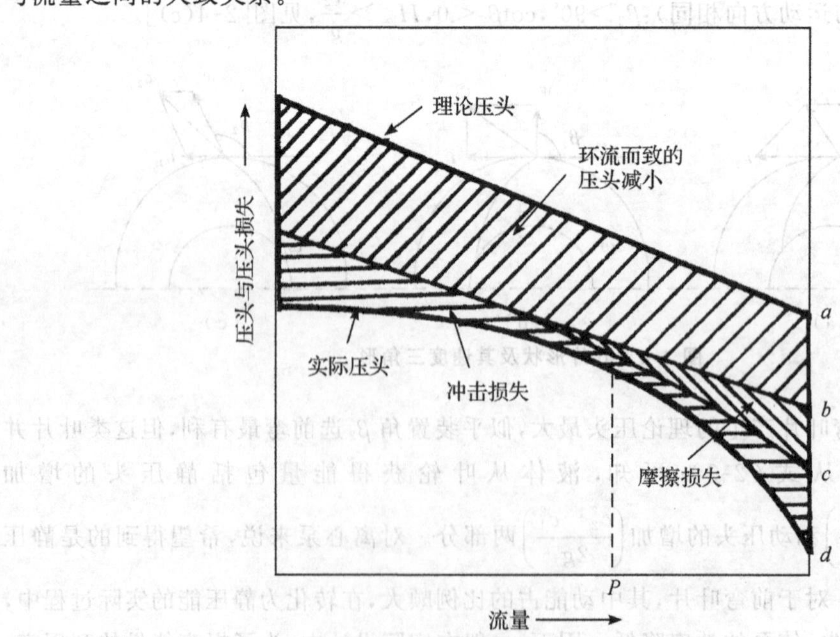

图 2-6 离心泵的理论压头与实际压头

(三)离心泵的主要性能参数

要正确选择和使用离心泵,就必须了解泵的性能。表征离心泵性能的主要参数包括流量、压头(扬程)、效率和功率等,这些一般在泵铭牌上都加以标明。

1.流量

离心泵的流量是指单位时间里排到管路系统中的液体体积,又称泵的输送能力,以 Q 表示,单位为 m^3/s、L/s 或 m^3/h。离心泵的流量取决于泵的结构尺寸(包括叶轮半径、叶片的弯曲情况、叶轮宽度等)和转速。

2. 压头

离心泵的压头是指泵对单位重量的液体所提供的有效能量,又称扬程,以 H 表示,单位为 m。离心泵的压头取决于泵的结构、转速和流量。对于转速一定的泵,压头与流量具有一定关系。

3. 效率

泵轴转动所做的功并非全部转换为液体的能量,没有转换的能量损失掉了,损失的能量包括容积损失、水力损失和机械损失。

容积损失是由于泵的泄漏造成的。泵壳与叶轮间有间隙,液体会从叶轮边缘倒流至低压区,造成泄漏。

水力损失是由于黏性液体流过叶轮和泵壳时有流动阻力并产生冲击而损失的能量。

机械损失是泵运转时,泵轴与轴承、泵轴与填料密封中的填料之间的摩擦及叶轮盖与液体之间的摩擦引起的能量损失。

上述三种损失的总和,用泵的效率 η 来反映。小型水泵一般都在 50%～70%,大型泵在 90%左右。油泵、耐腐蚀泵的效率比水泵低,杂质泵的效率更低。

4.功率

轴功率是离心泵的泵轴所需的功率,也就是泵由电动机直接带动时,电动机传给泵轴的功率,以 N 表示,单位为 J/s、W 或 kW。

有效功率是经泵排到管道的液体从叶轮所获得的功率,用 N_e 表示,单位与 N 相同,有效功率与轴功率之比为泵的效率。关系式有:

$$\eta=\frac{N_e}{N} \tag{2-11}$$

$$N_e=QH\rho g\,(\mathrm{W})\ \text{或}\ N_e=\frac{QH\rho}{102}\,(\mathrm{kW}) \tag{2-12}$$

式中,Q 为流量(m^3/s),H 为压头(m),ρ 为液体密度(kg/m^3),g 为重力加速度(m/s^2)。

(四)离心泵的特性曲线

离心泵的生产部门将其产品的基本性能参数间的关系用曲线来表示,称为离心泵特性曲线,以便于设计、使用部门选择和操作时参考。

测定特定曲线的装置见图 2-7,可以直接测出离心泵的压头、功率及其与流量的关系。泵入口管线上的截面 b 处装真空表,出口管线上的截面 c 处装压力表。b 与 c 间的垂直距

离为 h，在某个固定的转速 n 下进行测定。先在出口阀关闭时启动泵，测得流量为零时的压头；然后开启出口阀，维持某一流量 Q，测定其相应的压头 H，同时可测得输入泵的轴功率 N。改变流量进行多次测定即可得到转速 n 下一系列 Q、H 与 N 值。

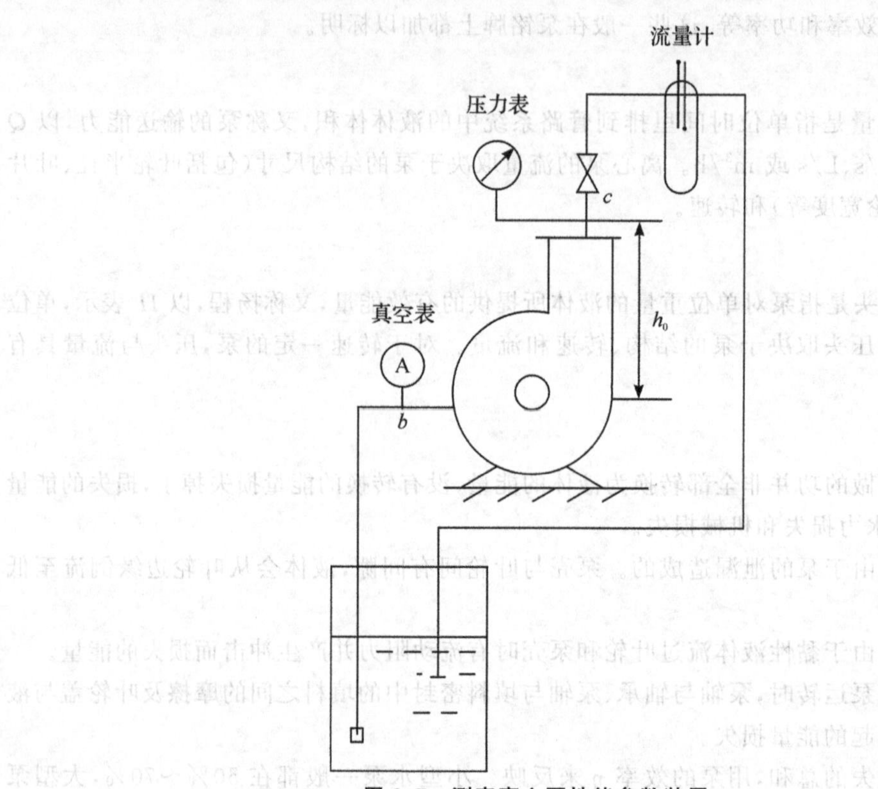

图 2-7 测定离心泵性能参数装置

H 的计算可根据 b、c 两截面间的伯努利方程：

$$\frac{p_b}{\rho g}+\frac{u_b^2}{2g}+H=h_0+\frac{p_c}{\rho g}+\frac{u_c^2}{2g}+h_{f(b-c)}$$

即

$$H=h_0+\frac{p_c-p_b}{\rho g}+\frac{u_c^2-u_b^2}{2g}+h_{f(b-c)} \tag{2-13}$$

由于两截面间的管长很短，其阻力损失 $h_{f(b-c)}$ 通常可忽略，两截面间的动压头之差一般也可略去，于是式(2-13)可简化成：

$$H=h_0+\frac{p_c-p_b}{\rho g} \tag{2-13a}$$

图 2-8 为 4B20 型离心泵在 $n=2\ 900$ r/min 时的特性曲线，包括 H-Q、N-Q、η-Q 三条线。

(1)H-Q 曲线：一般是离心泵的压头随流量的增大而下降(在流量很小时可能有例外)。

(2)N-Q 曲线：一般是离心泵的轴功率随流量的增大而上升，流量为零时功率最小。因此，离心泵启动时，应关闭出口阀，以使启动电流减小，保护电机，同时也避免出口管线的水力冲击。

(3)η-Q 曲线：一般是离心泵的效率首先随流量的增大而上升；随着流量增大到一定值时，泵的效率达到一最大值；之后流量再增大，效率便下降。说明离心泵在一定转速下有一个最高效率点。

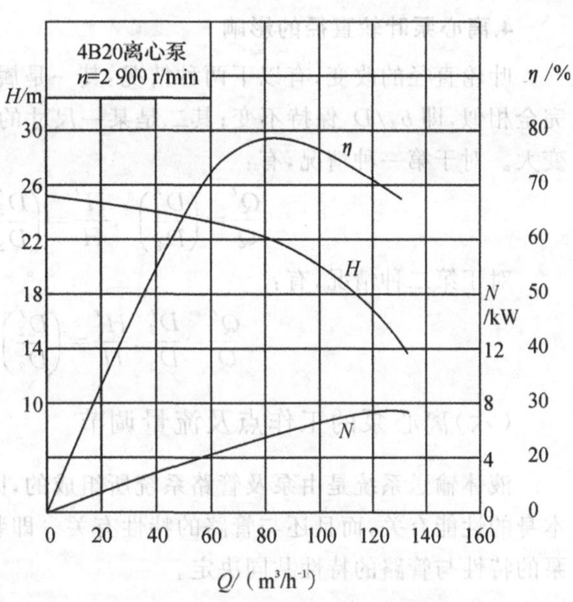

图 2-8　4B20 型离心泵的特性曲线

根据生产任务选用离心泵时，一般应使离心泵在最高效率点附近操作。

有了 H-Q，可以预测在一定的管子系统中，这台离心泵的实际送液能力有多大，能否满足要求；有了 N-Q，可以预测这种类型离心泵在某一送液能力下运行时，拖动它要消耗多少能量，这样可配置大小合适的动力设备；有了 η-Q，可以预测这台离心泵在某一送液能力下运行时效率的高低，使离心泵能够在适宜的条件下运行，以发挥其最大效率；有了 H_s-Q，可以找到离心泵安装高度的限制。

(五)离心泵性能参数影响因素分析

泵的生产部门所提供的特性曲线一般是在一定转速和常压下，以常温的清水为工质做实验测得的。在化工生产中，往往输送的是各种液体，这样对同一台离心泵，泵的性能发生改变。若改变叶轮的转速或直径，泵的性能参数也会发生变化，因此需重新换算。

1.密度的影响

由离心泵的基本方程知，离心泵的压头、流量与液体的密度无关，则泵的效率不随液体的密度而改变。故 H-Q，η-Q 曲线不改变，但是泵的轴功率随液体密度而改变。因此被输送的液体的密度与水的密度不同时，泵的轴功率应按下式计算：

$$N=\frac{QH\rho'}{102\eta}(\text{kW})\ (\rho'\text{为被输送液体的密度}) \quad (2\text{-}14)$$

2.黏度的影响

离心泵所输送的液体黏度若大于常温下清水的黏度，则泵体内的能量损失增大，泵的压头、流量都要减小，效率下降，轴功率增大，故泵的特性曲线发生改变，具体请参看相关文献。

3.离心泵转速的影响

前面指出离心泵的特性曲线是在一定转速下测定的，在化工生产中常常要改变转速，压头、流量、效率及轴功率这些主要性能参数也将随之变化，若效率不变或变化不大(变化小于20%时)，比例定律为：

$$\frac{Q'}{Q}=\frac{n'}{n},\frac{H'}{H}=\left(\frac{n'}{n}\right)^2,\frac{N'}{N}=\left(\frac{n'}{n}\right)^3 \quad (2\text{-}15)$$

4.离心泵叶轮直径的影响

叶轮直径的改变,有以下两种情况:其一是属于同一系列而尺寸不同的泵,其几何形状完全相似,即 b_2/D_2保持不变;其二是某一尺寸的叶轮外周经过切削而使 D_2变小,则 b_2/D_2变大。对于第一种情况,有:

$$\frac{Q'}{Q}=\left(\frac{D_2'}{D_2}\right)^3,\frac{H'}{H}=\left(\frac{D_2'}{D_2}\right)^2,\frac{N'}{N}=\left(\frac{D_2'}{D_2}\right)^5 \tag{2-16}$$

对于第二种情况,有:

$$\frac{Q'}{Q}=\frac{D_2'}{D_2},\frac{H'}{H}=\left(\frac{D_2'}{D_2}\right)^2,\frac{N'}{N}=\left(\frac{D_2'}{D_2}\right)^3 \tag{2-17}$$

(六)离心泵的工作点及流量调节

液体输送系统是由泵及管路系统所组成的,因此,在实际工作时的压头和流量不仅与泵本身的性能有关,而且还与管路的特性有关。即装在某特定的管路上的泵,其实际输送量由泵的特性与管路的特性共同决定。

1.管路特性曲线

通过某一特定管路的流量与所需压头之间的关系,称为其管路的特性。取图 2-7 的管路来考虑,驱使流体通过该管路所需的压头为:

$$h_e=\Delta z+\frac{\Delta p}{\rho g}+\frac{\Delta u^2}{2g}+\sum h_f \tag{2-18}$$

其中

$$\sum h_f=\lambda\frac{l+\sum l_e}{d}\cdot\frac{u^2}{2g}=\lambda\frac{l+\sum l_e}{d}\left(\frac{Q}{\pi d^2/4}\right)^2\cdot\frac{1}{2g}=\frac{8}{\pi^2 g}\cdot\lambda\cdot\frac{l+\sum l_e}{d^5}\cdot Q^2 \tag{2-19}$$

对于某一特定管路,式(2-19)中的各数除 λ、Q 外,其他都是固定的,且对给定的输送液体,λ 也只是 Q 的函数,从而可将 $\Delta u^2/2g+\sum h_f$用 Q 的函数关系式表示:

$$\frac{\Delta u^2}{2g}+\sum h_f=f(Q) \tag{2-20}$$

将式(2-20)代入式(2-18),得:

$$h_e=\Delta z+\frac{\Delta p}{\rho g}+f(Q) \tag{2-21}$$

式(2-21)为管路特性的方程,式中的 Δz 与 $\Delta p/\rho g$ 则都不随流量而变。按此式绘出的曲线称为管路特性曲线,如图 2-9 的曲线Ⅰ所示。当 $Q=0$ 时,$f(Q)=0$,$h_e=\Delta z+\Delta p/\rho g$,这就是曲线Ⅰ在纵轴上的截距 OB。

2.离心泵的工作点

图 2-9 上还绘出了离心泵的特性曲线,即曲线Ⅱ。曲线Ⅰ与曲线Ⅱ的交点 A 所代表的流量,就是将液体送过管路所需的压头与泵对液体所提供的压头正好对等时的流量。点 A 称为泵在管路上的工作点。它表示某一特定的泵安装在某一特定的管中上时实际输送的流量

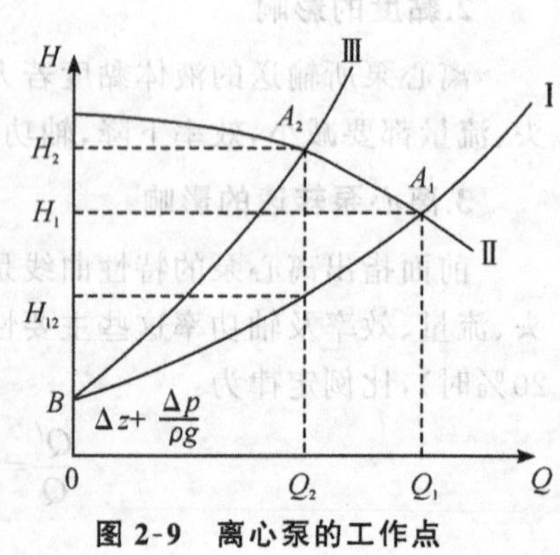

图 2-9　离心泵的工作点

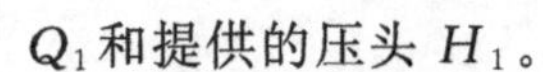
Q_1和提供的压头 H_1。

3.离心泵的流量调节

离心泵在固定的管路上工作，往往根据生产要求改变泵的工作量，而工作点又是由管路特性和泵的特性决定的，这就必须进行流量调节，一般的流量调节有改变阀门的开度和改变泵的转速两种方法。

(1)改变阀门开度的流量调节，实质上是改变了管路特性曲线。这是最简单的措施。管路在离心泵出口处都装有调节流量用的阀门。管路特性曲线所表示的是阀门在某一开启程度(例如全开)下的 H-Q 关系。这是因为$\sum h_f$的表达式(2-19)中的$\sum h_f$与阀门的开启程度有关。阀门开大或关小，$\sum h_f$和液体通过管路所需的压头改变，因而管路特性曲线的位置也就随之改变。设图 2-9 上的曲线Ⅰ为管路在调节阀全开时的特性曲线，将调节阀门关小到某一程度，新的管路曲线应移到Ⅰ上方，如图 2-9 线Ⅲ所示。于是工作点便由 A_1 移至 A_2，表明流量由 Q_1降到 Q_2。这是由于管路阻力增大了(H_2-H_{e2})，所需的压头由 h_{e2} 增至 H_2，和泵能提供的正好相等。关小阀门来调节流量，实质上是人为地增大管路阻力来适应离心泵的特性，以减小流量，其结果是比实际需要多耗动力，并可能使泵在低效率区工作。其优点是迅速、方便，并可在某一最大流量与零之间随意变动。

(2)改变离心泵的转速，实质上是改变泵了的特性曲线。如图 2-10，Ⅰ为管路特性曲线，Ⅱ为离心泵的转速等于 n_1时的特性曲线，两线的交点 A_1 为工作点。若将泵的转速降到 n_2，则此泵的特性曲线便变为曲线Ⅳ，A_2就成为新的工作点。此时流量由 Q_1降到 Q_2，压头亦由 H_1降至 H_2。显然，所耗动力也相应下降，看起来经济，但转速调节不便，不常采用。

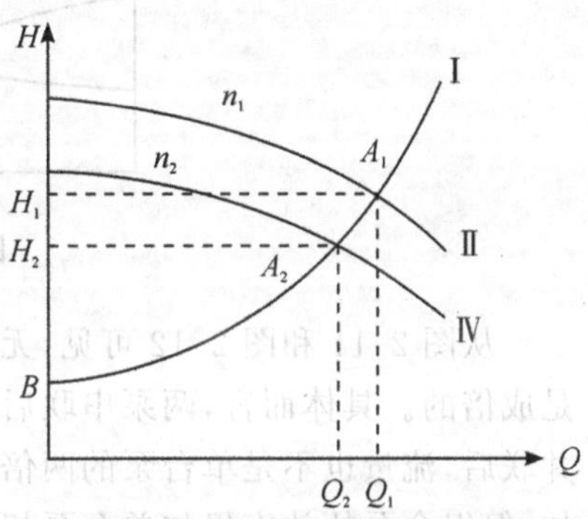

图 2-10 泵转速改变时工作点变化

(七)离心泵串并联

生产中，若单台泵的流量或压头不能满足输送任务的要求，而一时又找不到其他合适型号的泵时，可以采取两台或多台相同型号的泵组合安装的方法。

1.两泵串联

如图 2-11 所示。两台相同型号的离心泵串联操作时，每台泵的流量和压头均相同。在同样流量下，串联后的总压头为单台泵的两倍。根据这一特征，在 H-Q 图上，可由单台泵的特性曲线Ⅰ得到串联后的特性曲线Ⅱ，再由管路特性曲线Ⅲ便可确定单台泵的工作点 A 和串联泵的工作点 B。

2.两泵并联

两台相同型号的泵并联操作时，若各自吸入管路相同，则两台泵的流量和压头必相同。在同样压头下，并联泵的流量应为单台泵的两倍，依此，在 H-Q 图上，可由单台泵的特性曲线Ⅰ得到并联泵的特性曲线Ⅱ，再由管路特性曲线Ⅲ便可确定单台泵的工作点 A 和并联泵的工作点 C。如图 2-12 所示。

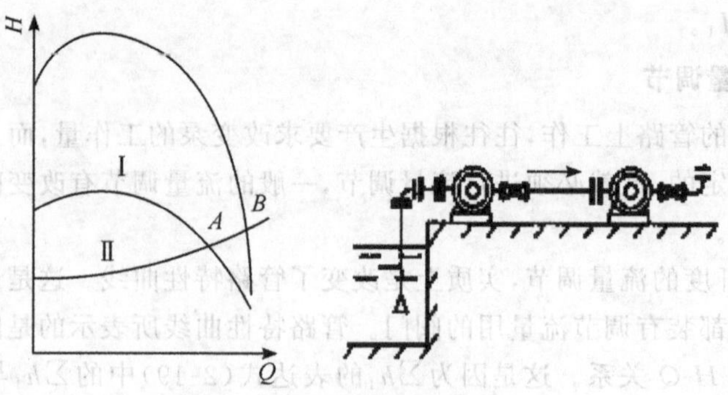

图 2-11　离心泵的串联操作

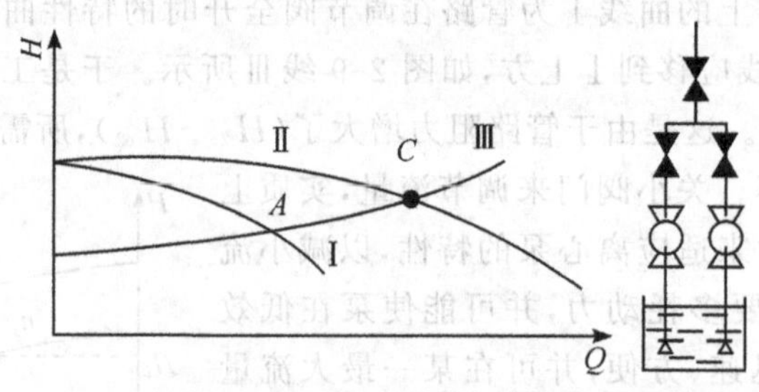

图 2-12　离心泵的并联操作

从图 2-11 和图 2-12 可见，无论串联还是并联，都可以同时增加流量和压头，但增加不是成倍的。具体而言，两泵串联后，扬程的增加不是成倍的，因为串联后流量有所增加；两泵并联后，流量也不是单台泵的两倍，因为管路系统有阻力。虽然组合后，流量和压头都会增加，但组合泵的效率仍与单台泵相同。

两泵串联和两泵并联这两种组合操作方式，虽都能增加流量和压头，但在不同的管路系统所表现的特点是不同的。图 2-13 是在 a、b 两种管路上，两泵串联和并联时工作点的分布情况，a 是低阻力管路，b 是高阻力管路。从图上可见，当管路的 H_e 大于单台泵的最大扬程 H 时，必须采用串联操作。当以提高输送量为目的时，对低阻管路 a，并联流量大于串联流量；对高阻管路 b，则串联流量大于并联流量。因此，低阻管路时，并联优于串联；高阻管路时，串联优于并联。实际中，当需要采用泵的组合操作时，应在 H-Q 图上，按串联和并联分别作出图 2-11 和图 2-12，依工作点参数必须满足实际需要的原则来选择泵的组合方式。

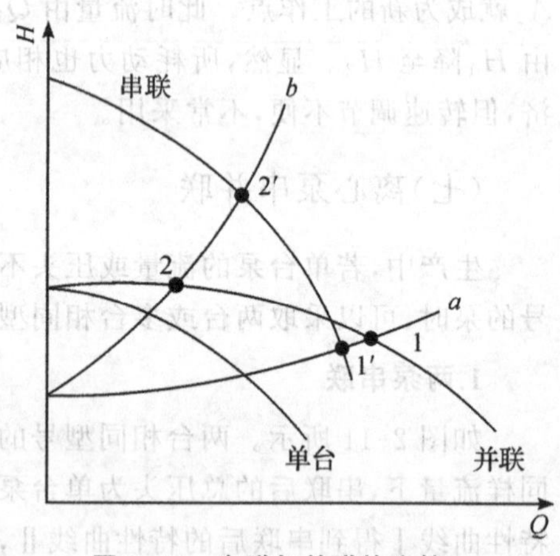

图 2-13　串联与并联的比较

(八)离心泵的安装高度(吸上高度)

1.汽蚀现象

由离心泵的工作原理知，液体在泵内的压力由于离心力作用而发生变化，随着从泵的吸入口向叶轮入口而下降，在叶轮入口附近的液体压力为最低，之后又由于叶片把功传给液体，压力很快又上升。当叶片入口附近的最低压力小于或等于输送温度下液体的饱和蒸气压时，液体就在该处发生汽化并产生气泡，随同液体从低压区流向高压区，气泡在高压作用下，迅速凝结或破裂，周围液体以极大速度冲向原气泡所占的空间，产生极大的冲击压力，冲击频率可高达每秒几万次之多，这种现象称为汽蚀(cavitation)。汽蚀时的冲击力加之液体中微量溶解的氧对金属化学腐蚀的共同作用，在一定时间后，可使其表面出现斑痕及裂缝，甚至呈海绵状逐步脱落。发生汽蚀时，还会发出噪音，进而使泵体振动，同时蒸气的生成使得液体的表观密度减小，于是液体实际流量、出口压力和效率都下降，严重时可至完全不能输出液体。

2.泵的安装高度 z_s 及汽蚀现象的表征

为了避免发生汽蚀，就要求泵的安装高度不超过某一定值，这一特定的值称为泵的允许安装高度，它是指泵吸入口与吸入贮槽液面间可允许达到的最大垂直距离，以 $z_{s,允许}$ 表示，如图 2-14 所示。p_k 应高于液体的饱和蒸气压 p_v，但 p_k 很难测出，易于测定的是泵入口接管 e 处的压力 p_e。显然，$p_e > p_k$，由于 p_e 比大气压低，常以真空度表示。在压力 p_e 可允许达到的最大真空度称为允许吸上真空度，表示为：

$$H_s = \frac{p_a - p_e}{\rho g} \quad (2\text{-}22)$$

式中，p_a 为大气压力，N/m^2；ρ 为被输送液体的密度，kg/m^3；H_s 为离心泵的允许吸上真空度，m 液体。

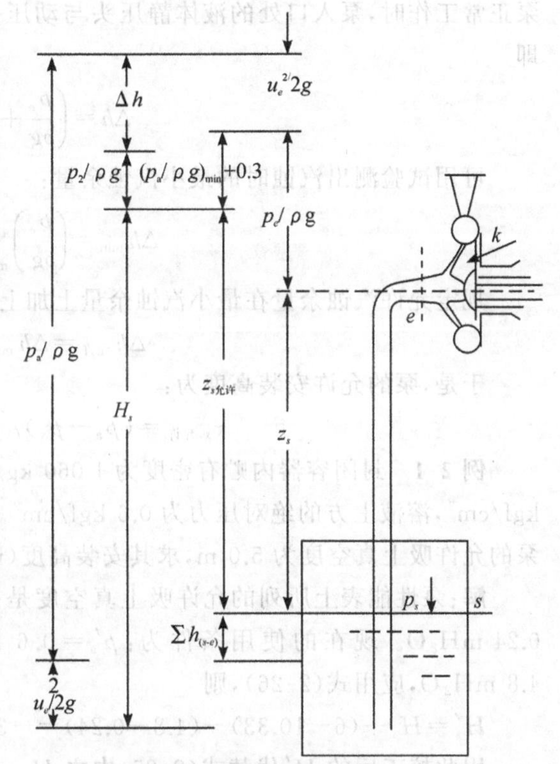

图 2-14　离心泵的安装高度

以贮槽液面 s 为基准水平面，在液面 s 与截面 e 之间列伯努利方程，则：

$$\frac{p_s}{\rho g} = z_s + \frac{p_e}{\rho g} + \frac{u_e^2}{2g} + \sum h_{f(s-e)} \quad (2\text{-}23)$$

或

$$z_s = \frac{p_s}{\rho g} - \left(\frac{p_e}{\rho g} + \frac{u_e^2}{2g}\right) - \sum h_{f(s-e)} \quad (2\text{-}24)$$

式中，p_s 为液面处压力，Pa；z_s 为安装高度，m；p_e 为泵入口压力，Pa；u_e 为泵入口管的液体流速，m/s；$\sum h_{f(s-e)}$ 为吸入管线由 s 至 e 的压头损失，m。

通常贮槽液面 $p_s = p_a$，从而有：

$$z_s = H_s - \frac{u_e^2}{2g} - \sum h_{f(s-e)} \quad (2\text{-}25)$$

H_s 与液体的物理性质、当地大气压力、泵的结构、流量等有关。离心泵生产厂通常在泵出厂前，通过试验测出 H_s，标在离心泵说明书中。试验一般在 1 个标准大气压下，以 20 ℃ 的清水为工质进行，测出发生汽蚀时，泵入口处的最小压头 $\left(\frac{p_e}{\rho g}\right)_{min}$ 后，可令泵的最大吸上真

空度 $H_{s,max}=\frac{p_a}{\rho g}-\left(\frac{p_e}{\rho g}\right)_{min}$，为了留有一定余量，通常规定允许吸上真空度 $H_{s,允许}=H_{s,max}-0.3$(m)。

若输送的是与试验条件不同的液体，则实际操作条件下的允许吸上真空度修正为：

$$H_s'=[H_s+(H_a'-10.33)-(H_v'-0.24)]\rho_w/\rho \tag{2-26}$$

式中，H_a'为泵安装地区的大气压，mH_2O；H_v'为操作温度下水的饱和蒸气压，mH_2O；10.33为试验条件下的大气压，mH_2O；0.24为试验条件(20 ℃)下的水饱和蒸气压，mH_2O；ρ,ρ_w为被输送液体及水的密度，kg/m^3；H_s'为校正后的允许吸上真空度数值，m。

我国泵样本上也可用另一个表示汽蚀性能的参数——允许汽蚀余量(Δh)，它被定义为泵正常工作时，泵入口处的液体静压头与动压头之和与以压头表示的蒸气压 $p_v/\rho g$ 之差，即

$$\Delta h=\left(\frac{p_e}{\rho g}+\frac{u^2}{2g}\right)-\frac{p_v}{\rho g} \tag{2-27}$$

可用试验测出汽蚀时的最小汽蚀余量：

$$\Delta h_{min}=\left(\frac{p_e}{\rho g}\right)_{min}+\frac{u_e^2}{2g}-\frac{p_v}{\rho g} \tag{2-28}$$

规定允许汽蚀余量在最小汽蚀余量上加上0.3，即

$$\Delta h_{允许}=\Delta h_{min}+0.3(m) \tag{2-29}$$

于是，泵的允许安装高度为：

$$z_{s,允许}=(p_a-p_v)/\rho g-\sum h_{f(s\text{-}e)}-\Delta h \tag{2-30}$$

例 2-1 封闭容器内贮有密度为 1 060 kg/m^3的热盐水溶液，溶液的饱和蒸气压为 0.48 kgf/cm^2，溶液上方的绝对压力为 0.6 kgf/cm^2。要用一水泵从容器中抽出此溶液。所选用泵的允许吸上真空度为 5.0 m，求其安装高度(m)。吸入管线内的压头损失估计为 0.5 m。

解：泵性能表上所列的允许吸上真空度是按下列条件规定的：$p_a=10.33\ mH_2O$，$p_v=0.24\ mH_2O$。现在的使用条件为：$p_a'=0.6\ kgf/cm^2=6\ mH_2O$，$p_v'=0.48\ kgf/cm^2=4.8\ mH_2O$，应用式(2-26)，则

$H_s'=H_s+(6-10.33)-(4.8-0.24)=-3.89$(m)

用此校正后的 H_s'代替式(2-25)中之 H_s，求得的允许安装高度为：

$$z_{s,允许}=-3.89\times\frac{1\ 000}{1\ 060}-0.5=-3.67-0.5=-4.17(m)$$

求得的高度值为负，表示所选的泵要装得使其入口位于液面以下，才能保证操作正常，为安全计，将入口再降低 0.5 m。故安装高度＝－4.17－0.5＝－4.67(m)。

例 2-2 用油泵从密闭容器中送出 30 ℃的某油。容器内该油液面上方的绝对压强 $p_a=343$ kPa，输送到最后，液面将降至泵入口以下 2.8 m，在 30 ℃时该油密度 $\rho=580\ kg/m^3$，饱和蒸气压 $p_v=304$ kPa。吸入管路的压头损失估计为 1.5 m。所选用的油泵的汽蚀余量为3 m。问这个泵能否正常操作?

解：为核算这一油泵的安装高度是否合理，应先算出允许安装高度，以便与题中所给的数值相比较。用式(2-30)计算，但用 $p_s=343$ kPa 代替 p_a，将 $\rho,p_v,h_{f(s\text{-}e)},\Delta h$ 等值代入式(2-30)，得允许的安装高度为：

$$z_{s,允许}=\frac{(p_s-p_v)}{\rho g}-\sum h_{f(s-e)}-\Delta h$$

$$=\frac{(343\ 000-304\ 000)}{(580\times 9.81)}-1.5-3$$

$$=6.9-1.5-3=2.4(\text{m})$$

题中指出，容器内液面降到最低时，安装高度为 2.8 m，比上面计算值 2.4 m 大，可知泵的安装位置太高，不能保证整个输送过程中不出现汽蚀现象，而应将泵的安装高度降低至少 2.8－2.4＝0.4(m)(为安全计，应降低 1 m 或更多)。

(九)离心泵的类型、选择、安装与操作

1.离心泵的类型

在化工生产中，被输送液体的性质、压力、流量等差异较大，因此，离心泵的种类也很多，按液体的性质分有水泵、耐腐蚀泵、油泵、杂质泵等；按叶轮吸入方式可分为单吸泵和双吸泵；按叶轮数目分为单级和多级泵。各种离心泵按照其结构特点自成一个系列。

(1)水泵(B 型、D 型、Sh 型)。凡输送清水以及物理、化学性质与清水相类似的清洁液体的离心泵，称为水泵。B 型水泵是单级单吸悬臂式离心泵，应用最广；D 型水泵是多级离心泵，主要适用于压头高、流量小的场所；Sh 型水泵是双吸泵，主要适用于流量较大而压头较低的场所。

(2)耐腐蚀泵(F 型)。输送对金属材料有腐蚀作用的液体，密封要求高。

(3)油泵(Y 型)。输送高黏度的液体，要求密封完善。

(4)杂质泵(P 型)。输送大量含有固体的悬浮液及稠厚的浆液。

(5)食品流程泵。食品流程泵广泛应用于饮料、酿酒、淀粉、酱品、粮食加工等工业部门。常用的 SHB 型泵为单级单吸悬臂式离心泵。叶轮采用半开式，并可通过调整垫片对叶轮和泵体的轴向间隙进行调整，适用于输送悬浮或含悬浮颗粒的液体。全系列流量范围为 80～600 m^3/h，扬程 16～25 m。输送介质温度为－20～105 ℃。型号表达方式如 SHB125-100-250-(102)SI，SHB 表示食品流程泵，125 表示泵入口直径(mm)，100 表示泵出口直径(mm)，250 表示叶轮直径(mm)，102 表示材质代号，SI 表示密封形式。

(6)磁力驱动泵。CBS 氟塑料磁力驱动泵是一种新型的无泄漏离心泵。叶轮用聚三氟乙烯压制，泵体及轴、轴承分别用聚三氟氯乙烯、F_4-6 铬刚玉碳石墨压制车削而成。该泵具有耐任意浓度的各种强酸、强碱、强氧化剂腐蚀介质等优良性能。输送介质温度不大于 80 ℃。该泵采用磁性传动，没有转轴动密封，从根本上杜绝了泵泄漏途径。具有结构简单、维修方便、操作稳定可靠、噪音小、重量轻等优点。近来在食品工业中应用较为广泛。

在泵的产品目录中，泵的型号由字母和数字组成，以代表泵的类型及规格。对 B 型泵，B 前的数字表示入口直径，单位为 in，而对其他泵表示入口直径的单位则为 mm，如 8B29A，其中 8 表示泵吸入口径(in)，8×25＝200 mm；B 表示单级单吸悬臂式离心水泵；29 表示泵的扬程，m；A 表示该型号泵的叶轮直径比基本型号 8B29 的小一级。

2.离心泵的选用

选择离心泵时，先根据所输送的液体及操作条件确定所用的类型，然后根据所要求的流

量与压头确定所需泵的型号。为此，应查阅泵产品目录或样本，其中载有各种型号泵的性能表或特性曲线，可以从中找出一个型号，其流量与压头所要求者相适应。

若生产中流量 Q 会有变动，则一般应以最大流量为准，压头 H 应以输送系统在此最大流量下的压头为准。若是没有一个型号的 H 和 Q 与所要求的刚好相等，则在邻近型号中选用 H 和 Q 都稍大的一个。若是有几个型号都能满足要求，则除了考虑相近的一个型号，还应考虑哪一个型号的效率 η 在此条件下比较大。

例 2-3 要用泵将水送到 15 m 高处，流量为 80 m^3/h。此流量下管路的压头损失为 3 m，试在下列三个型号的 B 型水泵中，选定合用的一个。

型号	流量/($m^3 \cdot h^{-1}$)	压头/m	轴功率/kW	效率/%	允许吸上真空度/m
4B35A	60	31.6	7.4	70.0	6.9
	85	28.6	8.7	76.0	6.0
	110	23.3	9.5	73.5	4.5
4B20	65	22.6	5.25	75.0	5.0
	90	20.0	6.28	78.0	
	110	17.1	6.93	74.0	
4B20A	60	17.2	3.80	74.0	5.0
	80	15.2	4.35	76.0	
	95	13.2	4.80	71.1	

解：题中已给出最大流量 $Q=80\ m^3/h$，此流量下流过管路所需压头可用式(2-18)计算(忽略动压头增量) $h_e=\Delta z+\Delta p/\rho g+\sum h_f=15+0+3=18(m)$。

将上面的 Q 及 h_e 值与上表中所列的各型号泵的性能参数相对照：

4B35A 泵，流量在 80 m^3/h 时的压头 H 应较 $Q=85\ m^3/h$ 时之值(28.6 m)稍大，远比所需 h_e 大，故此型号嫌过大。

4B20 泵，流量在 80 m^3/h 时的压头 H 在 22.6 m 与 20.0 m 之间，比所需的 h_e 略大。

4B20A 泵，流量在 80 m^3/h 时的压头 H 只有 15.2 m，不能达到要求。根据上面的比较结果，知 4B20 型水泵能较合乎要求。

3.离心泵的安装与操作

各种类型的泵都有生产部门提供的安装与使用说明书供参考。应指出注意的几项：

(1)泵的安装高度必须低于允许值，以免出现汽蚀现象或吸不上液体。为了尽量降低吸入管的阻力，增大允许安装高度，吸入管路应短而直，其直径不应小于泵入口的直径。

(2)离心泵启动前，必须于泵内灌满液体，至泵壳顶部的小排气旋塞开启时有液体冒出为止，以保证泵内吸入管内并无空气积存。离心泵应在出口阀关闭即流量为零的条件下启动，此点对大型的泵尤其重要。电机运转正常后，再逐渐开启调节阀，至达到所需流量。停泵前亦应先关闭调节阀，以免压出管路内的液体倒流入泵内使叶轮受冲击而损失。

(3)运转过程中要定时检查轴承发热情况，注意润滑。若采用填料函密封，应注意其泄漏和发热情况，填料的松紧程度要适当。

(4)离心泵在运转中的故障形式多样，原因各异，不同类型的泵容易发生的故障也不尽相同。比较常见的故障之一是吸不上液，如在启动时发生，可能是由于注入的液体量不足或液体从低阀漏掉，亦可能是吸入管或底阀、叶轮堵塞。在运转过程中停止吸液，常是由于泵内吸入空气，造成气缚现象，应检查吸入管路的连接处及填料函等处漏气情况。

4.离心泵的优点

①结构简单，操作容易，便于调节与自控；②流量均匀，效率较高；③流量和压头的适用范围较广；④适用于输送腐蚀性或含有悬浮物的液体。

二、其他类型泵

在化工生产中常见的其他类型泵有容积式泵，也称正位移泵，这种泵均以动件（活塞、旋转齿轮等）的强制推挤作用，达到输送液体的目的。主要包括往复类泵（如往复泵、计量泵、隔膜泵等）和旋转类泵（如齿轮泵、螺杆泵、罗茨泵等）。

（一）往复类泵

1.往复泵

往复泵主要由泵体、活塞和单向阀门构成，它是依靠作往复运动的活塞依次开启吸入阀和排出阀，从而达到吸入并排出液体的目的。

（1）工作原理

如图 2-15(a)所示，当活塞自左向右移动时，泵体内的体积增大，造成低压，排出阀关闭，吸入阀便被吸入管路中液体的压力推开，液体进入泵内，直至活塞达到最大冲程，即吸入量最大，活塞又自右向左移动，泵内液体受挤压，容积减小，压力增加，吸入阀关闭而排出阀推开，使液体排出。当活塞移到左端时，排液完毕，完成了一个工作循环。

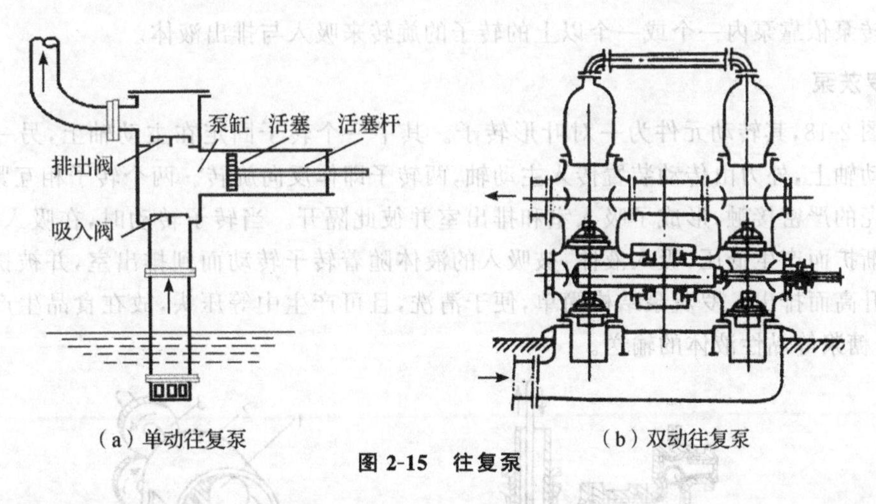

（a）单动往复泵　　（b）双动往复泵

图 2-15　往复泵

由此可见，活塞从左端点到右端点的距离叫作冲程。活塞往复一次，只吸入和排出液体各一次的叫单动泵。但单动泵的流量不均匀，一般常用双动泵[见图 2-15(b)]和三联泵。

（2）特点

①往复泵的流量只与泵本身的几何尺寸和活塞的往复次数有关，而与压头无关。

②往复泵的压头与泵的几何尺寸无关，只与泵体的机械强度和原动机的功率有关，理论

上可达到生产要求的任何压头。因此,往复泵不像离心泵那样具有典型的特性曲线。

③往复泵的安装高度也与当地的大气压、液体的性质和温度有关,故吸上高度也有一定的限制,但往复泵内无须预先充满液体,即具有自吸作用。

④往复泵不能用管路阀门调节流量,一般采用回路调节装置。

⑤往复泵的效率一般在70%以上,最高可达90%,而离心泵的效率相对小些。

根据上述特点,往复泵应用于小流量、高压头的场所,也适合输送高黏度液体。

2.计量泵(比例泵)

如图2-16,它是往复泵的一种,设有一套可以准确而方便地调节活塞行程的机构,它的柱塞由转速稳定的电动机通过偏心轮来带动。偏心轮的偏心程度可以调整,于是活柱的冲程也就跟着改变。常用于要求送入的液体量十分准确而又便于调节的场合。若用一个电动机同时带动两个或更多的计量泵,就可使两种或两种以上的液体按严格的流量比例进行配比。

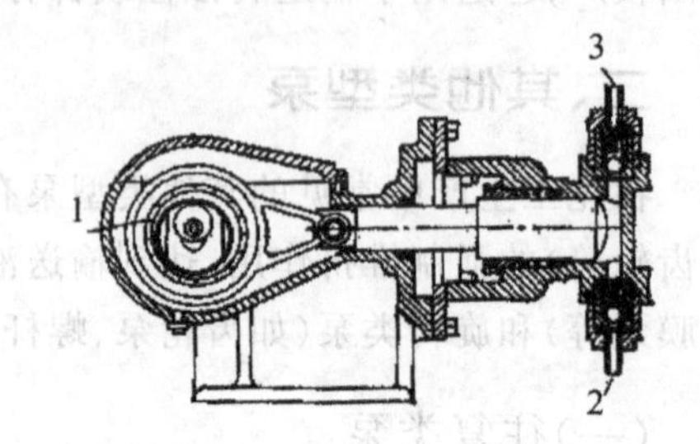

1—可以调整的偏心装置;2—吸入口;3—排出口

图2-16 计量泵(比例泵)

3.隔膜泵

如图2-17,其特点是用弹性薄膜(橡胶、皮革或塑料制成)将泵分隔成不连通的两部分。被输送的液体位于隔膜一侧,活柱于另一侧,彼此不相接触。活柱避免了受腐蚀或被磨损,适用于输送腐蚀性液体或含有悬浮物的液体。

(二)旋转泵

旋转泵依靠泵内一个或一个以上的转子的旋转来吸入与排出液体。

1.罗茨泵

如图2-18,其转动元件为一对叶形转子。其中一个转子固定在主动轴上,另一个则固定在从动轴上,外力由传动装置传入主动轴,两转子即作反向旋转。两个转子相互紧密啮合及与泵壳的严密接触,形成了吸入室和排出室并彼此隔开。当转子转动时,在吸入侧,吸入室空间渐扩而产生低压,吸入液体,被吸入的液体随着转子转动而到排出室,并被挤压使液体压力升高而排出。罗茨泵结构简单,便于清洗,且可产生中等压头,故在食品生产中常用于果浆、糖浆等黏性液体的输送。

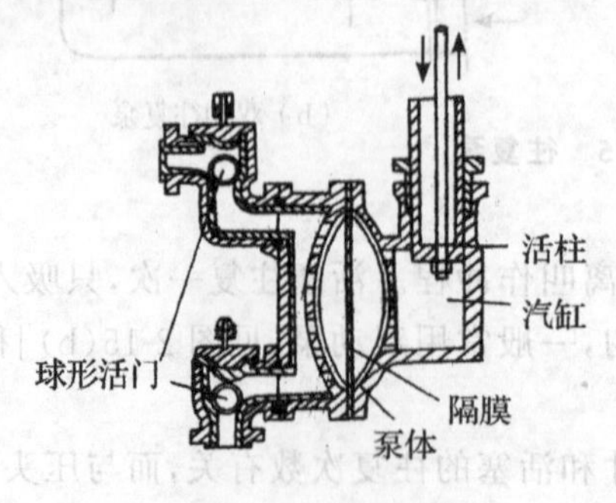

图2-17 隔膜泵

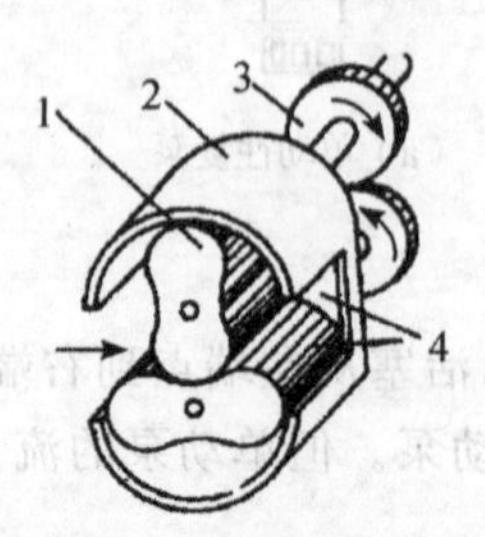

1—转子;2—机体(汽缸);3—同步齿轮;4—端板

图2-18 罗茨泵

2.齿轮泵

如图 2-19,其结构和工作原理与罗茨泵非常相似,一对啮合的齿轮代替了一对叶形转子。它可用于输送黏度较大而不含杂质的液体,如油类、糖浆等,常用于液压系统及机器的润滑系统。

3.螺杆泵

如图 2-20,其主要由泵壳和一根或两根及以上的螺杆构成,利用两根啮合的螺杆来排送液体。它广泛应用于食品工业,特别适用于黏稠性液体的输送。

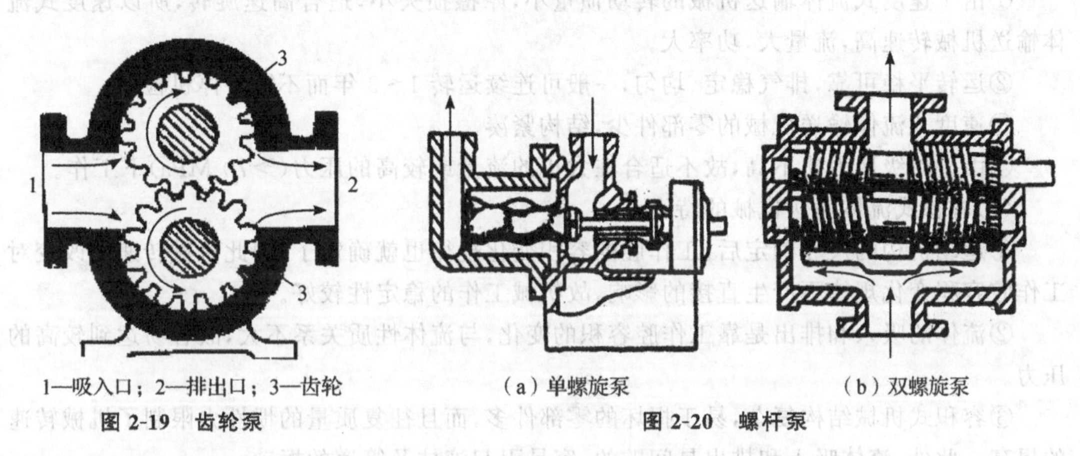

1—吸入口; 2—排出口; 3—齿轮

图 2-19　齿轮泵

(a) 单螺旋泵　(b) 双螺旋泵

图 2-20　螺杆泵

由于容积泵内的液体在泵内不能倒流,因此泵口不能关闭,若关闭,泵内压力升高,泵体、管路和电机就要损坏,所以不能用调节阀调节流量,必须用支路来控制。

(三)旋涡泵

旋涡泵是一种特殊的离心泵,其基本结构如图 2-21 所示。它由泵壳和叶轮组成。叶轮是一个圆盘,四周铣有凹槽而形成呈辐射状排列的叶片。泵壳是与叶轮同心的圆壳,壳与叶轮之间有引水道,吸入口与排出口之间由间壁隔开,内壁与叶轮间的间隙很小。泵内液体随叶轮旋转时,受离心力作用在引水道与各叶片间反复做旋转运动,并被叶片多次拍击而获得能量。其特点是流量减少时,压头升高很快,而功率亦随之增加。图 2-22 是旋涡泵特性曲线示意图,N-Q 线是向下倾斜的,当 $Q=0$ 时,轴功率最大,因此,启动时出口阀需全开。旋涡泵的流量调节也采用正位移泵所用的分流支路法,以防止泵在太小的流量或出口阀全关

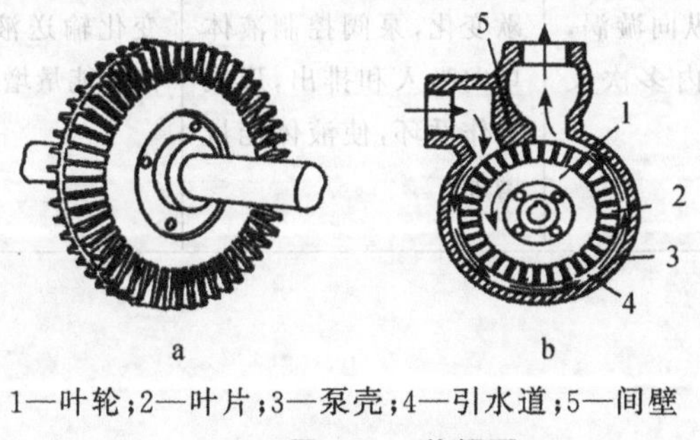

1—叶轮;2—叶片;3—泵壳;4—引水道;5—间壁

图 2-21　旋涡泵

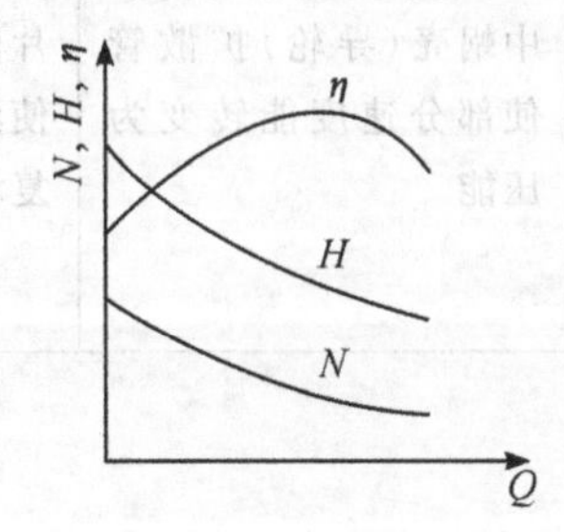

图 2-22　旋涡泵特性曲线

的情况下长时间运转，保证泵和电机的安全。由于液体在叶片与引水道间的反复迂回是靠离心力的作用，因此与离心泵相同，旋涡泵开机前也要灌水排气。

旋涡泵的压头大，流量小，虽然效率较低（一般为 0.2～0.5），但由于体积小，结构简单，在工业上仍广泛应用。

附 1：流体输送机械的特点

(1)速度式流体输送机械的特点：

①由于速度式流体输送机械的转动惯量小，摩擦损失小，适合高速旋转，所以速度式流体输送机械转速高，流量大，功率大。

②运转平稳可靠，排气稳定、均匀，一般可连续运转 1～3 年而不需要停机检修。

③速度式流体输送机械的零部件少，结构紧凑。

④由于单级压力比不高，故不适合在太小的流量或较高的压力（>70 MPa）下工作。

(2)容积式流体输送机械的特点：

①运动机构的尺寸确定后，工作腔的容积变化规律也就确定了，因此机械转速的改变对工作腔容积变化规律不产生直接的影响，故机械工作的稳定性较好。

②流体的吸入和排出是靠工作腔容积的变化，与流体性质关系不大，故容易达到较高的压力。

③容积式机械结构复杂，易于损坏的零部件多，而且往复质量的惯性力限制了机械转速的提高。此外，流体吸入和排出是间歇的，容易引起液柱及管道的振动。

附 2：各种类型泵的特点

表 2-1　各种类型泵的特点

类型	叶片式		容积式	
	离心泵	旋涡泵	往复泵	转子泵
主要构件	叶轮与泵体	叶轮与泵体	活(柱)塞与泵缸	转子与定子
作用原理	叶轮旋转产生离心力使液体能量增加，泵体中蜗壳(导轮)扩散管使部分速度能转变为压能	叶轮旋转产生离心力形成径向漩涡，同时叶片间又形成纵向漩涡，使液体在泵内多次反复增能	活(柱)塞作往复运动，使泵缸内工作容积间歇变化，泵阀控制液体单向吸入和排出，形成工作循环，使液体能量增加	转子旋转并依靠它与定子间工作容积变化输送液体，使液体能量增加

续表

类型		叶片式		容积式	
		离心泵	旋涡泵	往复泵	转子泵
性能	1	流量大而均匀(稳定),且随扬程变化	流量小而均匀,且随扬程变化	流量小而不均匀(脉动),几乎不随扬程变化	流量小且较均匀(脉动小),几乎不随扬程变化
	2	扬程大小决定于叶轮外径和转速	与离心泵相同	扬程大,且决定于泵本身的动力、强度和密封	与往复泵相同
	3	扬程和轴功率与流量存在对应关系,扬程随流量增大而降低,轴功率随流量增大而增加	扬程和轴功率与流量存在对应关系,扬程随流量增大而降低,轴功率也随流量增大而降低	扬程与流量几乎无关,只是流量随扬程增加漏损使流量降低,轴功率随扬程和流量而变化	与往复泵相同
	4	吸入高度较小,易产生汽蚀现象	吸入高度较小,开式泵有自吸性能	吸入高度大,不易产生抽空现象,有自吸能力	吸入高度小,也会产生汽蚀现象
	5	在低流量下效率较低,但在设计点效率较高,大型泵效率较高	在低流量下效率较离心泵高,但不如容积式泵高	效率较高,在不同扬程和流量下工作效率仍保持较高值	在低流量下效率较低,且效率随扬程升高而降低
	6	转速高	转速较高	转速低	转速较低
操作与调节		启动前必须灌泵并关闭出口阀。采用出口阀或改变转速调节,但不宜在低流量下操作	启动时必须打开出口阀,不用出口阀调节,采用旁路阀调节	启动时必须打开出口阀,不用出口阀调节,采用旁路阀、改变转速或活(柱)塞行程调节	启动时必须打开出口阀,不用出口阀调节,采用旁路阀调节
结构特点		结构简单、紧凑,易于安装和检修,占地面积小,基础小,可与电机直接连接	与离心泵相同,属一类特殊类型的离心泵	结构复杂,易损件多,易出故障,维修麻烦,占地面积大,基础大	与离心泵相同
适用范围		流量大,扬程低,液体黏度小,并适于输送悬浮液和不干净液体	流量小,扬程低,液体黏度小,不宜输送不干净液体	流量较小,扬程高,液体黏度大,不宜输送不干净液体	流量较小,扬程较高,液体黏度较,不宜输送非润滑性液体和不干净液体

第二节 气体输送、压缩设备和真空技术

气体输送与压缩设备在化学生产中应用很广,其作用与液体输送设备类似,都是对流体做功,以提高流体的压力。主要应用于:

(1)气体输送。为了克服输送中的流动阻力需提高气体的压力。如喷雾干燥中热风的输送,流态化,气力输送技术中空气的输送,冷冻、速冻食品工艺中冷风流动以及气流鼓泡洗

涤,气流搅拌等。

(2)产生高压气体。有些单元操作需要在高压下完成一定的物理或化学变化,如冷冻、气体的液化与分离等。

(3)产生真空气体。有些单元操作要求在低于大气压力下进行,如过滤、蒸发等。

气体输送机械按其终压或压缩比(压缩后与压缩前压力之比)分成四类:

①通风机:终压不大于 14.7 kPa(表压),压缩比为 1~1.15;

②鼓风机:终压为 14.7~294 kPa(表压),压缩比为 1.15~4;

③压缩机:终压在 294 kPa(表压)以上,压缩比大于 4;

④真空泵:终压为 1 个标准大气压,压缩比根据所造成的真空度而定,用于减压。

气液输送机械比较:

(1)运转速度高(密度小,活动件设计要轻巧);

(2)泄漏大(黏度低,缝隙留得要小);

(3)气体温升明显(比热小,设有冷却装置)。

一、气体输送及其输送设备

(一)离心式通风机、鼓风机

其工作原理与离心泵相似,都是依靠叶轮的旋转运动,使气体获得能量,从而提高了压力。通风机为单级,主要是对气体起输送作用。鼓风机一般为多级,对气体可同时起输送和压缩作用。

1.离心式通风机

(1)离心式通风机的分类及结构

离心式通风机按出口的风压可分为低压、中压、高压三类,低压通风机压力在 9.81×10^2 Pa(表压),中压通风机压力在 $9.81\times10^2\sim2.95\times10^3$ Pa(表压),高压通风机压力在 $2.95\times10^3\sim1.47\times10^4$ Pa(表压)。

离心式通风机的结构与离心泵相似,如图 2-23,由叶轮、机壳和机座构成,机壳呈蜗牛形,机壳断面为方形的是低、中压通风机,圆形的是高压通风机。叶片是平直的为低压通风机,叶片是弯曲的为中、高压通风机。

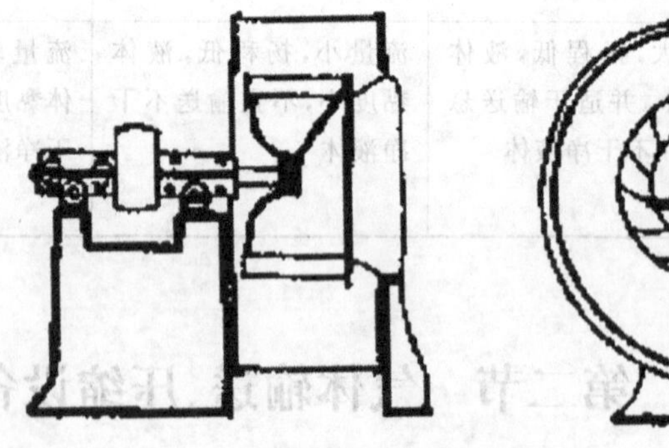

图 2-23 离心式通风机

(2)离心式通风机的性能参数与特性曲线

①风量。风量 Q 是气体通过进风口的体积流率,单位 m^3/s 或 m^3/h,按进口状况计。

②风压。风压是单位体积的气体流过风机所获得的能量,也称全风压,以 p_t 表示,单位

为 Pa 或 mmH_2O。对通风机进出口处做能量衡算，忽略位能(因为 ρ 很小)，有：

$$p_t=(p_2-p_1)+\frac{\rho}{2}(u_2^2-u_1^2) \tag{2-31}$$

其中下标为 1 的是进口处参数，下标为 2 的是出口处参数。式中，p_2-p_1 称为静风压，以 p_{st} 表示，$\frac{\rho}{2}(u_2^2-u_1^2)$ 称为动风压，以 p_{dy} 表示。

当风机直接从大气抽入空气中，取截面 1 在进口外侧，则 $p_1=0$，$u_1=0$，即有：

$$p_t=p_2+\frac{\rho}{2}u_2^2 \tag{2-32}$$

通风机性能表上所列的风压是指全风压，并且是在 20 ℃、760 mmHg 条件下用空气测定的。在实验条件下的密度 $\rho=1.2\ kg/m^3$。若输送与实验条件不符，应按下式换算：

$$p_t=p_t'\frac{\rho}{\rho'}=p_t'\frac{1.2}{\rho'} \tag{2-33}$$

式中，p_t' 为操作条件下的风压，ρ' 为操作条件下的空气密度。

③离心式通风机的轴功率

$$N=\frac{p_t Q}{1\ 000\eta}(kW) \tag{2-34}$$

风机的轴功率与被输送气体的密度有关，密度为 ρ' 时，功率为：

$$N'=N\frac{\rho'}{1.2} \tag{2-35}$$

④离心式通风机的特性曲线

如图 2-24 所示，表示某型号通风机在一定转速下，风量 Q 与全风压 p_t、轴功率 N、效率 η 三者的关系。

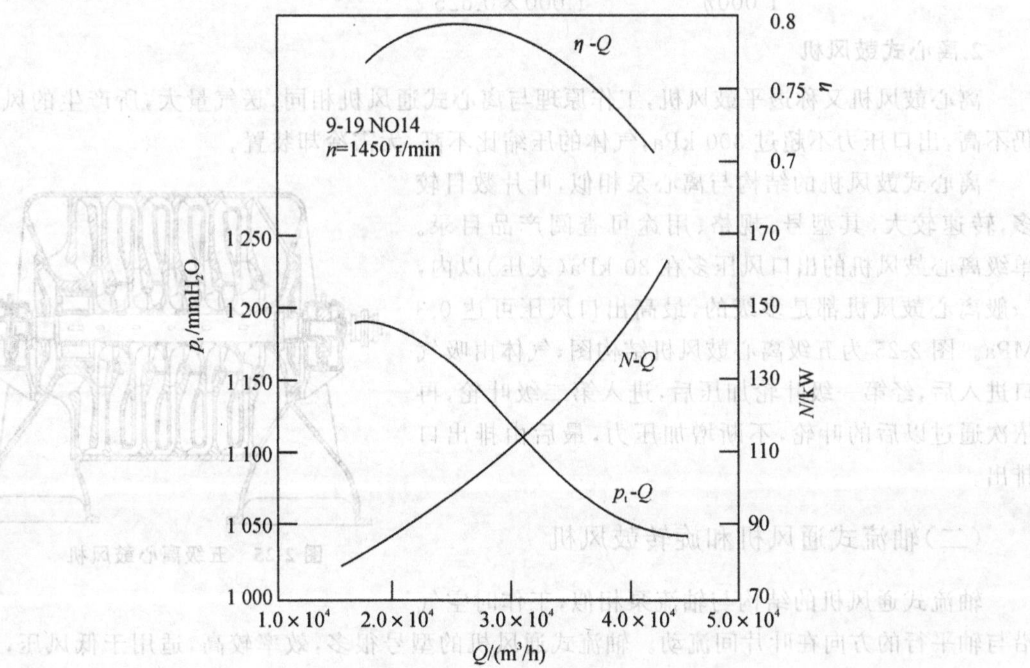

图 2-24　9-19NO14 离心式通风机的特性曲线

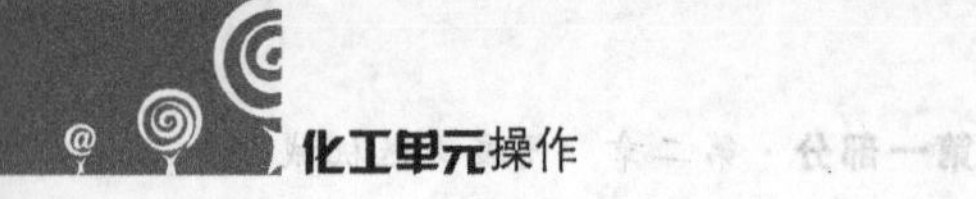

(3)离心式通风机的选用

选择离心通风机时可按以下步骤进行：

①根据伯努利方程，计算输送系统所需的实际风压 p_t'，换算成实验条件下的风压 p_t。

②根据所输送气体的性质与风压范围，确定风机类型。

③根据实际风量 Q 与实验条件下的 H_t，从风机样本中选择风机型号。

④计算轴功率。

例 2-4 要向一流化床设备底部输送空气，空气进风机时的温度按 40 ℃计，所需的风量为 18 000 m^3/h，已估计出风机入口压力为 1 个标准大气压，流化床底部压力 900 mmH_2O(表压)，风机出口至流化床底部的输气管压力降 150 mmH_2O，气体在风机出口处的动压 100 mmH_2O，试选用合适的风机，并计算所需功率。

解：风量：18 000 m^3/h；

风压：风机出口处的静压＝900＋150＝1 050 mmH_2O；

风机出口处的动压＝100 mmH_2O；

风机出口处的全风压＝1 050＋100＝1 150 mmH_2O。

因风机入口处的速度规定为零，风机入口以外为大气压(表压等于零)，故入口全风压等于零。

风机的全风压 p_t'＝1 150－0＝1 150 mmH_2O，换算成实验条件下的风压：

$$p_t=p_t'\frac{\rho}{\rho'}=p_t'\frac{T'}{T_1}=1\ 150\times\frac{273+40}{273+20}=1\ 228\ mmH_2O$$

根据流量 Q＝18 000 m^3/h，风压为 1 228 mmH_2O，在风机样本中查得：

风机型号 9-18NO14，性能如下：转数 1 450 r/min，全风压 1 250 mmH_2O，风量 19 150 m^3/h，轴功率 105 kW，效率 η＝62.5%。

核算轴功率：$N=\frac{Qp_t}{1\ 000\eta}=\frac{18\ 000/3\ 600\times1\ 250\times9.81}{1\ 000\times0.625}=98.1$ kW。

2.离心式鼓风机

离心鼓风机又称透平鼓风机，工作原理与离心式通风机相同，送气量大，所产生的风压仍不高，出口压力不超过 300 kPa，气体的压缩比不高，无需冷却装置。

离心式鼓风机的结构与离心泵相似，叶片数目较多，转速较大，其型号、规格、用途可查阅产品目录。单级离心鼓风机的出口风压多在 30 kPa(表压)以内，一般离心鼓风机都是多级的，最高出口风压可达 0.3 MPa。图 2-25 为五级离心鼓风机结构图，气体由吸气口进入后，经第一级叶轮加压后，进入第二级叶轮，再依次通过以后的叶轮，不断增加压力，最后由排出口排出。

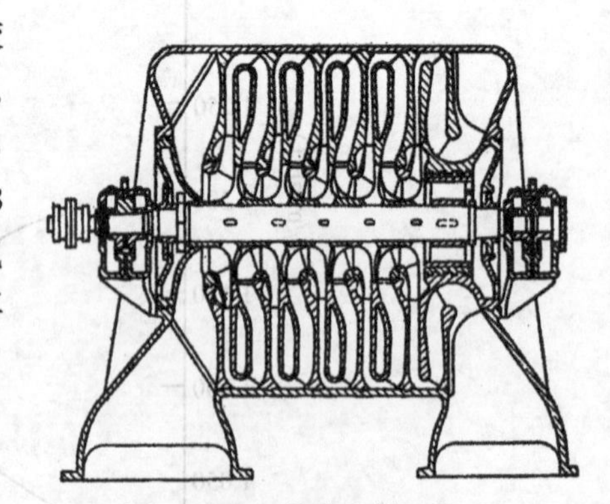
图 2-25 五级离心鼓风机

(二)轴流式通风机和旋转鼓风机

轴流式通风机的结构与轴流泵相似，工作时空气沿与轴平行的方向在叶片间流动。轴流式通风机的型号很多，效率较高，适用于低风压，通常在 245 Pa 以下的压力下工作。

旋转鼓风机与旋转泵相似，主要部件是一个或一对旋转的转子，风量不随阻力大小而改变，但压力过高时，泄漏量大。常用的罗茨鼓风机，工作压力范围为$(0.1\sim2.0)\times10^5$ Pa。

罗茨鼓风机是一种旋转式鼓风机，作用原理与齿轮泵类似。如图2-26所示，机壳内有两个形状特殊的转子，转子与机壳之间配合紧密，运转自如。运转时，将气体从一端吸入，从另一端排出。若改变转子旋转方向，可使吸入口与排出口互换。罗茨鼓风机的风量与转速成正比，转速一定时，风量几乎不随出口压力而变，故又名定容式鼓风机。具有正位移性，出口应安装气体缓冲罐和安全阀，流量调节采用支路分流法。罗茨鼓风机的出口风压可达80 kPa，流量 $2\sim500\ m^3/min$，一般在40 kPa左右效率较高。

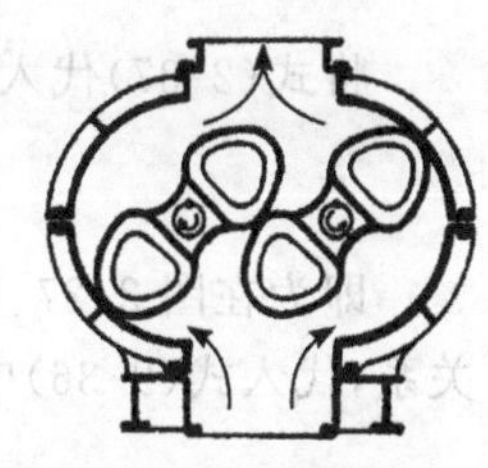

图 2-26 罗茨鼓风机

二、气体压缩及压缩设备

在化学工业中，常常要应用压缩空气或其他压缩气体。如罐头的高压杀菌、气体喷雾干燥、蒸气压缩制冷等都要用压缩机，化学工程中常用的是往复式压缩机。

(一)往复压缩机的操作原理与理想压缩循环

往复压缩机的操作原理和往复泵很相近，但由于前者需考虑所处理流体的可压缩性，其工作过程便与往复泵有所区别，为便于分析，设过程为理想化过程，即满足下列要求：①被压缩的气体为理想气体；②气体在流经阀门时，流动阻力不计，即吸入口压力为 p_1，排出口压力为 p_2；③压缩机无泄漏；④余隙容积为零。

图2-27中，当活塞位于气缸最右端时，缸内气体压力为 p_1，体积为 V_1，其状态在 p-V 图上点1。活塞开始向左移动时，由于吸气阀和排气阀关闭，故气体的体积减小，压力逐渐上升。当活塞移动到截面2时，气体的体积压缩至 V_2，压力升至 p_2，在 p-V 图上用点2表示，此为压缩过程。当气体的压力达到 p_2 时，排气阀被顶开，活塞继续左移，气体在压力 p_2 下排出，活塞移动到截面3时，在 p-V 图上沿水平线2-3而变，此过程为恒压排气过程。活塞从气缸最左端截面3开始向右移动，因气缸内无气体，活塞稍向右移动，气缸内的压力立刻下降至 p_1，在 p-V 图上为状态4。此时，排气阀关闭，吸气阀被顶开。随着活塞向右移动，气体被吸入缸内，压力维持在 p_1，直至活塞至右端截面1为止，在 p-V 图上状态是1，该过程为恒压的吸气过程。这样活塞往复一次，便为一个工作循环。上述的恒压吸气、压缩和恒压下的排气过程即是往复压缩机的理想工作循环。理想工作循环的功为三个过程活塞对气体所做功的代数和。其中：

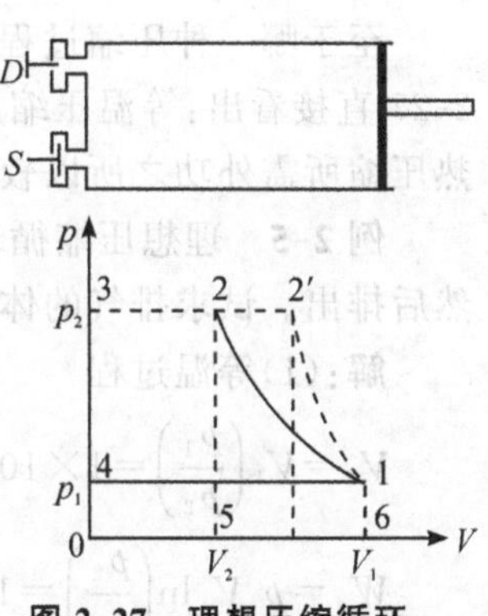

图 2-27 理想压缩循环

压缩阶段 $-\int_{V_1}^{V_2} p\,dV$（面积1-2-5-6），排气阶段 p_2V_2（面积2-3-0-5）

吸入阶段 $-p_1V_1$（面积4-1-6-0）（规定：气体对外做功为负，外界对气体做功为正）

整个工作循环功：

$$W_s = -p_1V_1 + p_2V_2 - \int_{V_1}^{V_2} p\,dV \tag{2-36}$$

又

$$p_2V_2-p_1V_1=\int_{p_1}^{p_2}\mathrm{d}(pV)=\int_{p_1}^{p_2}V\mathrm{d}p+\int_{V_1}^{V_2}p\mathrm{d}V \tag{2-37}$$

将式(2-37)代入式(2-36),有:

$$W_s=\int_{p_1}^{p_2}V\mathrm{d}p \tag{2-38}$$

即为在图 2-27 上 1-2-3-4-1 所围成的面积。若用积分方法,只要知道压缩过程的 p-V 关系,代入式(2-36)中积分即可。

若为等温过程,因 $p_1V_1=p_2V_2=$常数,故 $V=\dfrac{p_1V_1}{p}$,代入式(2-36),可得:

$$W_s=p_1V_1\int_{p_1}^{p_2}\mathrm{d}p/p=p_1V_1\ln\left(\frac{p_2}{p_1}\right) \tag{2-39}$$

若为绝热过程,因 $p_1V_1^\gamma=p_2V_2^\gamma=pV^\gamma=$常数($\gamma=\dfrac{c_p}{c_V}$,称为绝热指数),故

$$V=(p_1V_1^\gamma/p)^\gamma=p_1^{1/\gamma}V_1/p^{1/\gamma}$$

代入式(2-36)并积分:

$$\begin{aligned}W_s&=p_1^{1/\gamma}V_1\int_{p_1}^{p_2}p^{-1/\gamma}\mathrm{d}p\\&=\left[1/\left(1-\frac{1}{\gamma}\right)\right](p_1^{1/\gamma}V_1)(p_2^{1-1/\gamma}-p_1^{1-1/\gamma})\\&=\left(\frac{\gamma}{\gamma-1}\right)p_1V_1\left[\left(\frac{p_2}{p_1}\right)^{(\gamma-1)/\gamma}-1\right]\end{aligned} \tag{2-40}$$

至于哪一种压缩过程所耗外功较大,从式(2-39)和式(2-40)不易比较出来,但可从图 2-27 直接看出:等温压缩所需功相当于面积 1-2-3-4,绝热压缩则相当于面积 1-2′-3-4。绝热压缩所需外功之所以较大,是因为压缩过程中温度升高。

例 2-5 理想压缩循环中,将 1 m³ 温度 293 K、压力 101 kPa 的空气,压缩到 808 kPa,然后排出。试求排气的体积、温度和所需的外功。按等温程及绝热过程($\gamma=1.4$)计算。

解:(1)等温过程

$$V_2=V_1\left(\frac{p_1}{p_2}\right)=1\times101/808=0.125\ \mathrm{m^3},T_2=T_1=293\ \mathrm{K}$$

$$W_s=p_1V_1\ln\left(\frac{p_2}{p_1}\right)=101\,000\times1\times\ln\frac{808}{101}=210\,000(\mathrm{J})=210(\mathrm{kJ})$$

(2)绝热过程

$$V_2=V_1\left(\frac{p_1}{p_2}\right)^{1/\gamma}=1\times\left(\frac{101}{808}\right)^{1/1.4}=0.225\ \mathrm{m^3}$$

$$T_2=T_1\left(\frac{p_2}{p_1}\right)^{(\gamma-1)/\gamma}=293\times\left(\frac{808}{101}\right)^{(1.4-1)/1.4}=531\ \mathrm{K}$$

$$\begin{aligned}W_s&=\left[\frac{\gamma}{(\gamma-1)}\right]p_1V_1\left[\left(\frac{p_2}{p_1}\right)^{(\gamma-1)/\gamma}-1\right]\\&=\frac{1.4}{0.4}\times101\,000\times1\times\left[\left(\frac{8}{1}\right)^{(1.4-1)/1.4}-1\right]\\&=286(\mathrm{kJ})\end{aligned}$$

(二)余隙及其影响

上述压缩循环之所以称为理想的,除了假定过程皆属可逆之外,还假定了压缩机的活塞在压出阶段之末,能将气缸内的气体一点不剩地排尽。实际上活塞与气缸盖之间必须留出少许空隙。将压出阶段终了时,活塞端面与气缸盖之间的空隙称为余隙。一方面压缩机余隙容积中的气体在工作中产生气垫作用,以增加压缩机在运行中的平稳性;另一方面可避免活塞杆受热膨胀后,活塞与气缸盖相撞而引起事故。由于余隙的存在,实际循环中在排出阶段与吸入阶段之间又多了一个余隙容积中的气体膨胀阶段,使得每一个循环中吸入的气体量比理想循环的少,如图 2-28 所示。余隙系数和容积系数是余隙存在时引入的两个概念。

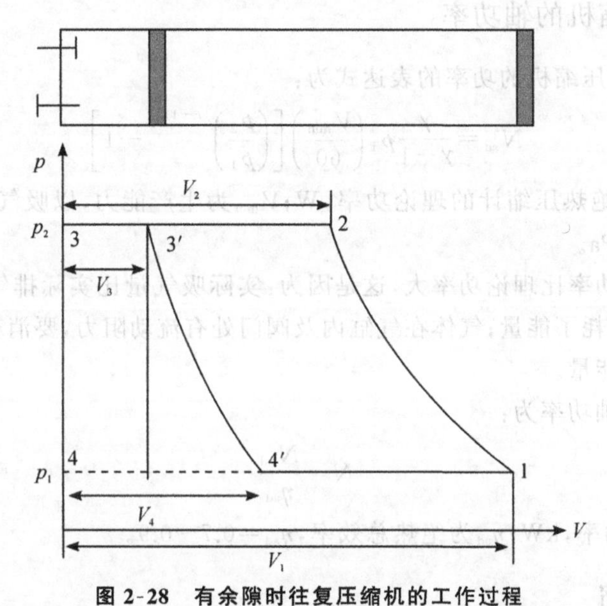

图 2-28　有余隙时往复压缩机的工作过程

余隙系数是余隙体积与活塞推进一次所扫过的体积之比的百分率,用 ε 表示,即

$$\varepsilon=\frac{V_3}{V_1-V_3}\times 100\% \tag{2-41}$$

一般大、中型压缩机的低压气缸 ε 约为 8%,高压气缸约为 12%。

容积系数是吸入气体的体积与活塞推进一次所扫过的体积之比,用 λ_0 表示,即

$$\lambda_0=\frac{V_1-V_4}{V_1-V_3} \tag{2-42}$$

容积系数与余隙系数的关系为:

$$\lambda_0=1-\varepsilon\left[\left(\frac{p_2}{p_1}\right)^{1/k}-1\right] \tag{2-43}$$

由上式知,若压缩比 $\frac{p_2}{p_1}$ 一定,余隙系数加大,容积系数就变小,压缩机的吸气量也就减少。对于一定的余隙系数,压缩比愈高,容积系数愈小,吸气量也就俞少。当 ε 和 $\frac{p_2}{p_1}$ 大到一

定程度，会达到一种极限情况：气缸余隙内的气体从 p_2 膨胀到 p_1 后，将充满整个气缸，而使吸气量降到零。

(三)往复压缩机的排气量(输送量，生产能力)

若没有余隙，单动往复压缩机的理论吸气量：$V'_{min}=ASn_r$；

双动往复压缩机的理论吸气量：$V'_{min}=(2A-a)Sn_r$。

其中，V'_{min} 为理论吸气量，m^3/min；A 为活塞的截面积，m^2；a 为活塞杆的截面积，m^2；S 为活塞冲程，m；n_r 为活塞每分钟往复次数，1/min。

实际排气量：$V_{min}=\lambda_d V'_{min}$，其中，$\lambda_d$ 为排气系数(0.80～0.95)。

(四)单级压缩机的轴功率

若为绝热过程，压缩机的功率的表达式为：

$$N_{ad}=\frac{\gamma}{\gamma-1}p_1\left(\frac{V_{min}}{60}\right)\left[\left(\frac{p_2}{p_1}\right)^{(r-1)/\gamma}-1\right] \tag{2-44}$$

式中，N_{ad} 为按绝热压缩计的理论功率，W；V_{min} 为生产能力，以吸气量计，m^3/min；p_1，p_2 为进、出口压力，Pa。

实际所需的轴功率比理论功率大，这是因为：实际吸气量比实际排气量大，凡吸入的气体都经过压缩，多消耗了能量；气体在气缸内及阀门处有流动阻力，要消耗能量；压缩机运动部件摩擦也要消耗能量。

所以压缩机的轴功率为：

$$N=\frac{N_{ad}}{\eta_{ad}} \tag{2-45}$$

式中，N 为轴功率，kW；η_{ad} 为绝热总效率，$\eta_{ad}=0.7～0.9$。

(五)多级压缩

前面讲的都是压力不太高的情况，而在化学工程中常要用到高压气体，这是单级压缩机不可能达到的。因为容积系数随压缩比增大而减小，压缩比过高，排气的温度过高，将使气缸内的润滑油变稀，甚至燃烧，故需采用多级压缩机。多级压缩机是将压缩机内的两个或多个气缸串联起来。图 2-29 所示是三级压缩，气体在第一个气缸 1 内被压缩后，经中间冷却器 2、油水分离器 3，再送入第二个气缸 4 进行压缩，连续依次经过 3 个气缸压缩，达到所需的压力。

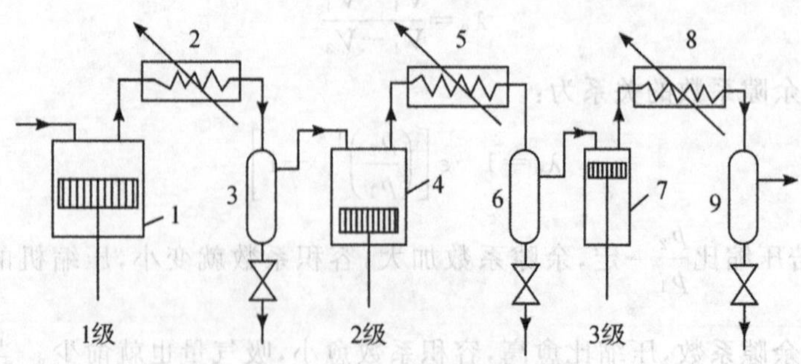

图 2-29 三级压缩机流程图

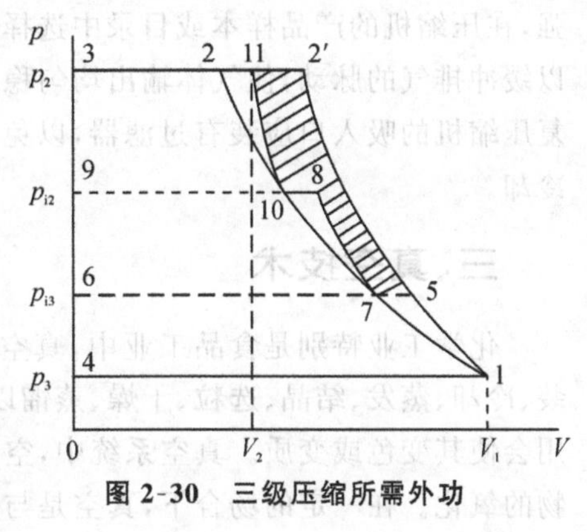

图 2-30　三级压缩所需外功

多级压缩机具有下列优点：(1)提高气缸的容积利用率。因为余隙存在，单级压缩机余隙系数一定时，压缩比高，容积系数小，故气缸利用率变低。采用多级压缩，每级压缩比减小，各级容积系数增大，气缸的容积利用率提高。(2)避免排气温度过高。所需气体的压力愈高，压缩比就愈大，而排气温度是随压缩比的增加而升高的，高温会导致润滑油失效，使运动部件摩擦加剧，功耗增加，温度过高还可能使油燃烧或爆炸。每级压缩比小，可以避免排气温度过高。(3)减少功耗，提高压缩机的经济性。在同样的压缩比下，多级压缩采用了中间冷却器，消耗的总功比只用一级压缩时少。如图 2-30 所示，三级压缩功为 1-5-7-8-10-11-3-4-1 围成的面积，单级压缩功为 1-2′-3-4-1 围成的面积。显然三级比单级功耗小。(4)使压缩机的结构更为合理。多级的压力增大，体积减小，使占地面积减少；而单级缸壁加厚，气缸又大，占地面积也大。

虽然多级压缩机有上述优点，但压缩机的级数愈多，结构愈复杂，冷却器、油水分离器等辅助设备的数量也就增加，流动阻力也相应增大，所以过多的级数也是不合理的。常用的多为 2～6 级，每级压缩比为 3～5，并且根据理论计算，当每级的压缩比相等时，多级压缩所消耗的总理论功为最小。

(六)往复压缩机的分类与选择

1. 压缩机的分类

(1)按在活塞一侧或两侧吸、排气体，分为单动和双动往复压缩机。

(2)按气体受压次数，分为单级、两级或多级压缩机。

(3)按终压的大小，可分为低压(9.81×10^5 Pa 以下)、中压($9.81\times10^5\sim9.81\times10^6$ Pa)、高压($9.81\times10^6\sim9.81\times10^7$ Pa)压缩机。

(4)按生产能力大小，可分为小型(10 m^3/min 以下)、中型(10～30 m^3/min)和大型(30 m^3/min以上)压缩机。

(5)按气缸的空间装置可分为立式、卧式、角式(气缸互相配置成 V 形、W 形、L 形)压缩机。

(6)按气体的种类可分为空气压缩机、氨压缩机、氟利昂压缩机。

2. 压缩机的选择

选择压缩机，可按以下步骤：(1)根据输送气体的性质确定压缩机的种类。各种气体因性质不同，而对压缩有不同的要求。如氧气是一种强烈的助燃气体，氧气压缩机的润滑方法和零部件材料就与空气压缩不同。(2)根据生产任务及厂房的具体条件选定出压缩机结构形式。如立式压缩机，结构简单，重量轻，占地小，但机身高，厂房高，维修不便，而卧式压缩机，机身低，厂房高度小，维修方便，但机器庞大。(3)根据生产上所需要的排气量和排气压强，在压缩机的产品样本或目录中选择合适的型号。往复压缩机的排气口必须连接贮气罐，以缓冲排气的脉动，使气体输出均匀稳定。气罐上必须有准确可靠的压力表和安全阀。往复压缩机的吸入口应装有过滤器，以免吸入杂物。压缩机在工作时，必须注意气缸的润滑与冷却。

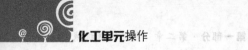

三、真空技术

化学工业特别是食品工业中，真空技术应用很广泛，如真空输送、过滤、脱气、成型、包装、冷却、蒸发、结晶、选粒、干燥、蒸馏以及冷冻升华等。由于食物及其制品的特点，氧化作用会使其变色或变质。真空系统中，空气含量低，这样氧就相对缺少，因而可避免或减缓食物的氧化。在一定的场合下，真空是与低温联系在一起的。这种场合主要指含水分食品的汽化分离操作。由于水分的蒸气压与饱和温度紧密相关。在真空状态下操作，亦必是在低温条件下操作，避免食品在高温处理下发生热敏。

（一）真空区域的划分

按我国的规定，将真空区域作如下划分：(1)粗真空：绝对压力在760～10 mmHg范围内；(2)中真空：绝对压力在$10\sim10^{-3}$ mmHg范围内；(3)高真空：绝对压力在$10^{-3}\sim10^{-7}$ mmHg范围内；(4)超高真空：绝对压力在$10^{-7}\sim10^{-11}$ mmHg范围内；(5)极高真空：绝对压力在10^{-11} mmHg以下。

在化学生产应用中，一般真空作业所涉及的范围为粗真空和中真空。不过，随着化学工业的不断发展，目前真空操作已深入高真空的范围。

（二）真空的获得方法

容器内真空是由于器内气体被抽吸所造成。随着器内残余气体所产生的压力的降低，器内的真空度就愈来愈高。除用真空度表示系统内压力外，还常直接以系统内的绝对压力来表示，其单位为托(Torr)，1托即1 mmHg，因而有：$1\ \text{Pa}=7.500\ 6\times10^{-3}\ \text{Torr}$。

真空区域的划分纯属相对意义。但对于每一真空区域，均有其特殊适用的真空泵和真空测量仪表。

目前真空的获得有下列三种方法：(1)利用真空泵的排气获得所需的真空，真空泵将气体抽吸而排出。(2)利用吸气剂获得所需的真空，此种方法是利用某些物质如磷、钡、锆、钛等在一定条件下具有强烈吸收气体形成混合物或将气体吸附于表面的性质。(3)利用冷凝吸附作用获得真空。此种方法主要是利用冰、干冰、液氮、液态空气、液氨等冷凝剂以降低器壁温度，使与器壁碰撞的气体分子冷凝在器壁上，使气压降低。冷凝吸附法是近代出现较冷凝法更为有效的方法。

第一种方法是目前获得真空的最主要方法，也是最基本的抽气设备；后两种抽气方法主要是将气体捕集于抽气设备中，并不将气体连续不断直接排出，故这类抽气设备在长期连续使用后，一般都要定期进行活化或清理处理。

（三）真空泵的分类

(1)机械真空泵。常见的有活塞式真空泵、水环式真空泵、油环式真空泵、油封旋转真空泵等，油封旋转式真空泵又有旋片、定片、多片、滑润、直联高速等多种形式，其中以旋片、滑阀片在食品工业上应用甚广。

(2)分子泵。1913 年出现，但只在近几年得到重视。它能获得 10^{-9} Torr 以上真空度。其原理是：气体分子碰撞快速运动的表面时，由于非完全弹性碰撞，气体分子在表面上停留很短的时间，这样分子就获得了与运动表面一致的定向速度。

(3)蒸气流泵。以定向高速的蒸气流来排出气体的泵。有蒸气喷射泵和扩散泵之分。

(4)液体喷射泵。如水力喷射真空泵。

(5)其他类型真空泵。如电离泵、离子泵、冷凝吸附泵等。

(四)真空泵的性能参数

(1)抽气速率：在泵入口处的压力和一定温度下，单位时间内通过入口截面的气体体积称为真空泵的抽气速率。通常机械真空泵铭牌上所标之抽速，指 760 mmHg 压力下对常温 20 ℃空气的抽速。

(2)极限压力：即极限真空度。它是泵在进口处所能达到的最低压力。也是将泵入口堵死，经相当时间运转后泵所能达到的最低压力。

(3)起始压力：是真空泵能够开始正常工作时，其入口处所允许的最大压力。

(4)前置真空：或预备真空。是真空泵能够正常工作的排出口压力。排出口压力为大气压的，如机械旋转泵，可将气体直接排入大气，不需前置真空；扩散泵、罗茨泵、分子泵等排出压力为负压，其出口必须有一辅助泵，造成一定的真空度，才能正常工作，此真空即为前置真空。

(五)部分真空泵装置

1. 往复真空泵

其结构及工作原理与往复压缩机相似。只是真空泵在低压下操作，气缸内外压差很小，所用的阀门必须更为轻巧，余隙必须很小。食品工业上一般用于真空浓缩、真空干燥等真空度要求不高的条件下。

往复真空泵有干式与湿式之分。干式只抽吸气体，可以达到 96.0%～99.9%的真空；湿式能同时抽吸气体与液体，但只能达到 80%～85%的真空。

2. 旋转真空泵

液环压缩机可作真空泵用，是一种典型的旋转真空泵。用液环真空泵可取得低于 400 Pa 的绝对压力。

图 2-31 是另一种典型的旋转真空泵——滑片真空泵。泵壳内装有一偏心的转子，转子上有若干槽，槽内有可以滑动的片。转子转动时，槽内的滑片向四周伸出，与泵壳的内周密切接触。气体于滑片与泵壳所包围的空间扩大的一侧 1 吸入，于二者所包围的空间缩小的另一侧 2 排出。滑片真空泵所产生的低压可至近 1 Pa。

3. 喷射泵

喷射泵是利用流体流动时，静压能与动压能相互转换原理来吸送流体的，可用于吸送气体和液体。用于抽真空时称为喷射式真空泵。喷射泵的工作流体可以为蒸气(称蒸气喷射泵),也可以为水(称水喷射泵)或其他流体。图 2-32 为单级喷射泵的基本构造。当工作蒸气进入喷嘴后,做绝热膨胀,并以 1 000～1 400 m/s 的极高速喷出,于是在喷嘴处形成低压而将气体吸入,吸入的气体与工作蒸气一起进入混合室,再流经扩大管,在扩大管中混合流体的流速逐渐降低,压强逐渐增大,最后至出口排出。单级喷射泵可产生绝压约 13 kPa 的低压,如要得到更高的真空度,可采用多级蒸气喷射泵。

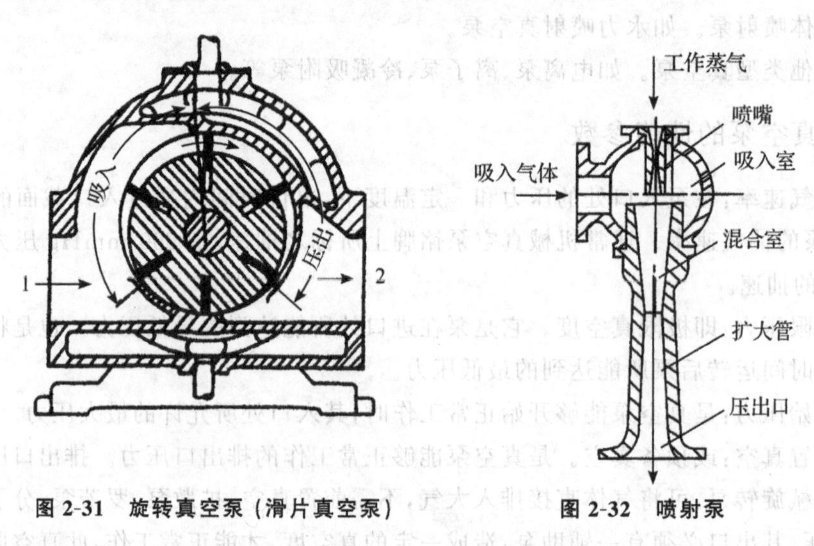

图 2-31　旋转真空泵(滑片真空泵)　　图 2-32　喷射泵

喷射泵的构造简单、紧凑,无活动部件,适应性强(可抽含尘,易燃、易爆、腐蚀性的气体),但蒸气耗量大,效率低(一般仅为 10%～25%),因此,一般多作为真空泵使用,而不作为输送设备用。

第三节　固体流态化及气力输送

将固体颗粒堆在有开孔假底的容器内,形成一个床层,若令流体自上而下通过,颗粒并不运动,此种床层称为固定床。若令流体自下而上通过床层,流速低时,情况与自上而下通过的并无区别;流速加大,则颗粒活动而床层膨胀;流速进一步加大,则颗粒彼此离开而在流体中浮动,流速愈大则浮动愈剧,并在床层内各处向各方向运动。最后一种情况称为固体流态化。流态化后的颗粒床层称为流化床。当流体的操作速度超过颗粒的沉降速度,颗粒被气流从床层中带出,称为气力输送。

一、固体流态化现象

固体流态化技术是近三十年发展起来的一种新技术。由于设备结构简单,生产强度大,易于实现连续化、自动化操作,故对处理含固体颗粒的系统具有独特的优越性。在食品工业上,主要用于加热、冷却、干燥、混合、造粒、浸出、洗涤等各方面。

其优点有:(1)颗粒流动平稳,类似液体,可实现自动控制;(2)固体颗粒混合迅速,整个流化床内处于等温状态;(3)流体与颗粒间的传热和传质速率提高;(4)整个床层与浸没物体间传热速率高。

固体流态化过程分为如下几个阶段:

(1)在玻璃圆筒底部装一块多孔板,板上堆放一层砂粒,从多孔板下方通入空气。当气速小时,砂粒静止不动,空气仅仅是从粒间缝隙穿过,这就是固定床[图 2-33(a)]。

(2)气流速度加大,则固体颗粒开始松动,有些颗粒虽然轻微地抖动,但不能脱离其原来的位置,各颗粒仍然保持接触,床层高度无明显增加,此称为膨胀床。

(3)流速再增到某一数值,各颗粒刚好被上升气流推起,彼此脱离接触,床层高度也有明显增加。达到这一状态时,称为起始流态化[图 2-33(b)]。

(4)流速超过起始流态化速度后,颗粒在床内翻滚,做不规则运动,大体上是在中央上升而沿器壁落下。气流速度愈大,运动愈剧烈,此即为流化床,图 2-33(c_1)和(c_2)所示代表两种不同形式的流态化。此阶段中颗粒并不脱离床层,被吹起之后仍要落回,因此床层仍维持一个明显的上界面,与沸腾水的表面相似。

(5)如果继续提高气流速度,到了一定数值,则颗粒便为气流所夹带而从圆筒顶部被吹走,原来的床层不复存在,无上界面,这就是气力输送,见图 2-33(d)。

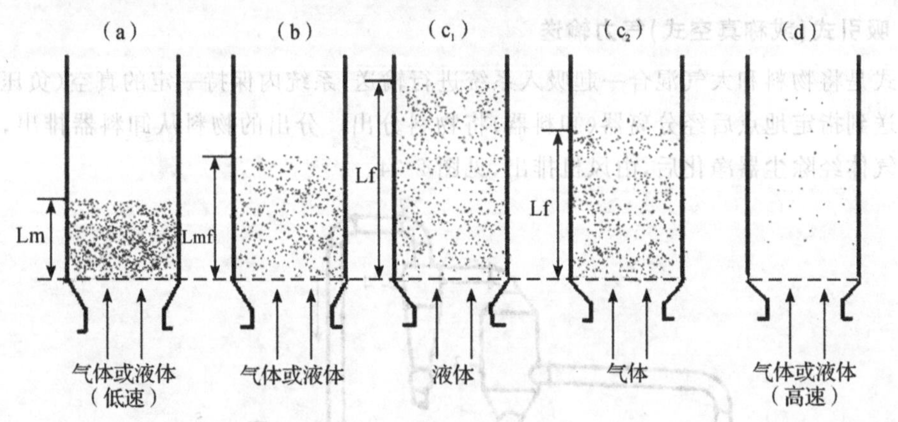

(a)固定式 (b)流化开始 (c_1)流化床(散式)(c_2)流化床(聚式)(d)气力输送

图 2-33 流态化过程

二、气力输送

(一)气力输送的原理

其原理主要在于空气的动力作用,物料在空气动力作用下被悬浮而后被输送。

(二)气力输送的应用

在食品工业,气力输送和水力输送都有广泛的应用。特别是气力输送,输送食品原料与其他输送形式相比具有独特的优点,所以它比水力输送应用更为广泛。例如采用气送处理谷物、麦芽、糖、可可、茶叶、碎饼干、盐等颗粒体食品,以及面粉、奶粉、鱼粉、饲料、淀粉及其他粉体食品。

（三）气力输送的优缺点

气力输送之所以发展如此之快，主要是因为它作为输送的一种形式具有下述的优点：(1)可以进行长距离连续的集中输送和分散输送，劳动生产率高，输送布置灵活，可沿任何方向输送，而且结构简单、紧凑，占地面积小，使用、维修方便；(2)输送对象物料范围较广，从粉状物料到颗粒状物料直至块状、片状物料，温度可高达500 ℃；(3)在输送沿程或终端可同时进行混合、粉碎、分级、干燥、加热、冷却和除尘等操作；(4)可避免输送中物料受潮、污染或混入杂质，保持质量和卫生，且没有粉尘飞扬，保证操作环境良好。

与其他输送形式相比，气力输送也存在如下缺点：(1)动力消耗大，不仅输送物料，还必须输送大量空气；(2)某些物料如种子、麦芽等易磨损；(3)含油制品在输送中易导致某些油分的分离；(4)不适于输送潮湿易结块和黏结性物料。

（四）气力输送的形式

如按照物料和气流在管道中两相流动的特征来分类，可分为稀相流输送（即普通气力输送）、密集流输送和间断流输送。如按照输送的形式，又可把大多数稀相流气力输送归为三类。

1. 吸引式（或称真空式）气力输送

此式是将物料和大气混合一起吸入系统进行输送，系统内保持一定的真空（负压），物料随气流送到指定地点后经分离器（卸料器）将物料分出。分出的物料从卸料器排出，而分出的含尘气体经除尘器净化后，由风机排出，见图2-34。

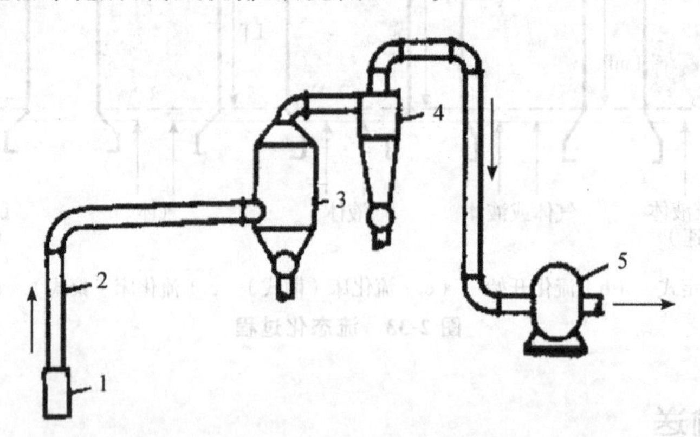

1—吸嘴；2—输料管；3—分离器；4—除尘器；5—风机

图2-34　吸引式气力输送系统简图

2. 压送式（或称压力式）气力输送

这是依靠压气机械排出的高于大气压的气流，在输料管中将进入物料与气流混合在一起而进行输送。系统内保持正压，物料送到指定地点后，经分离器将物料分出并可自动排出，分离出来的空气经净化后被排出，见图2-35。

3. 吸引、压送混合式气力输送

见图2-36，在风机之前属真空系统，在风机之后属正压系统。真空部分可从几点吸料集中送到一个分离器内，分离出来的物料经加料器送入压力系统，及至送到指定位置之后，经第二个分离器分出物料并排出，分离出来的空气经净化后排出。

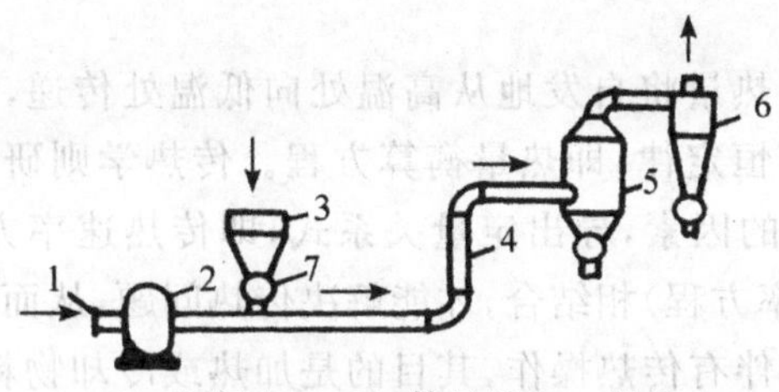

1—空气入口；2—鼓风机；3—料斗；
4—输料管；5—分离器；6—除尘器；
7—旋转加料器

图 2-35　压送式气力输送系统简图

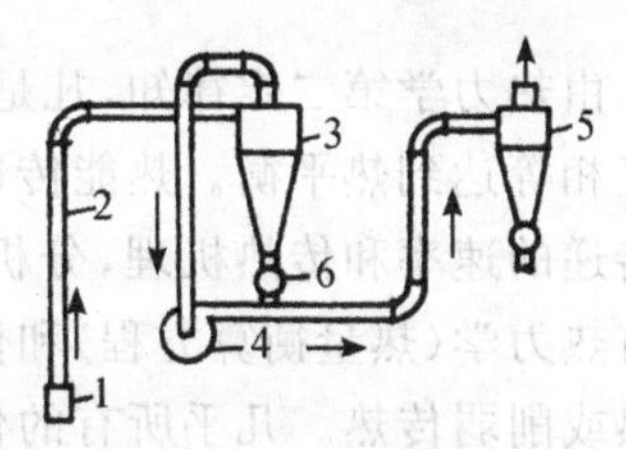

1—吸嘴；2—输料管；3，5—分离器；
4—风机；6—旋转加料器

图 2-36　吸引、压送混合式气力输送系统简图

第二部分　热量传递理论

由热力学第二定律知，凡是有温度差存在，热量将自发地从高温处向低温处传递，直至温度相等达到热平衡。热能传递要遵守能量守恒定律，即热量衡算方程。传热学则研究热量传递的速率和传热机理，分析影响传热速率的因素，导出定量关系式，即传热速率方程。只有热力学(热量衡算方程)和传热学(传热速率方程)相结合，才能解决传热问题，从而强化传热或削弱传热。几乎所有的化工生产过程均伴有传热操作，其目的是加热或冷却物料，使之达到指定温度；回收利用热能；以及保温以减少热量或冷量的损失。

生产上最常遇到的是冷、热两种流体之间的热量传递，也称热量交换。有时需要加热剂去加热，冷却剂去冷却，也有在生产流程中科学地设计成同一生产过程的产品和原料的热交换。例如用精馏塔的高温塔底产品加热要进塔的原料，达到既加热了原料又冷却了产品的双重目的，充分回收利用了化工过程的热能。科学地设计化工过程的传热，将对回收利用热能、节约能源、提高经济效益极为重要。

当两个物体之间或同一物体不同部位的温度不相等时，就会发生热量传递，即传热或热交换。化学工业中，很多过程需要进行加热或冷却。另外，热交换作为单元操作，总是与别的单元操作结合在一起或成为别的单元操作的一部分，如蒸发、结晶。

传热一般应用于如下几个方面：

(1)产品加工生产必要的加热、冷却、冷凝的操作。

(2)加热和冷却的目的在于杀菌和保藏。

(3)排除产品水分从而获得浓缩产品或干制产品，或者利用加热和冷却方法以制造晶体产品。

(4)使产品完成一定的生物化学变化，例如蒸煮、焙烤等，或用于化学反应，包括高聚物的合成等。

热力学与传热学研究热现象的区别：传热学和热力学都是研究热现象的，但它们是从不同角度去研究问题的。例如一根灼热的钢棒在水中冷却，热力学是研究这一系统最终达到的平衡温度，以及初态和终态之间的内能变化，但它不研究钢棒达到终态温度所需的时间，以及在达到平衡温度前，钢棒温度随时间的变化；而传热学则研究钢棒在任何位置、任何时刻的温度(温度分布)，以及确定此钢棒在水中所传热量随时间的变化率(传热速率)。

“热量”和“冷量”是相对的概念。对物体加入热量，也意味着对此物体除去冷量；反之亦然。加热剂为提供热量的物质，如水蒸气、热水、烟道气、热空气；冷却剂为带走热量的物质，如冷空气、冷水、冷冻盐水、液氮等。

第三章　传　热

第一节　传热学基础

一、传热的基本方式(按传热机理分)

(一)热传导(导热)

热传导指温度不同的物体直接接触或同一物体内不同温度的各部分之间,依靠物质的分子、原子及自由电子等微观粒子热运动而引起的一种能量传递现象。其特点是在纯导热中,物体各部分之间不发生相对位移。气体的导热是气体分子作不规则运动时相互碰撞的结果,高温区的分子运动速度比低温区的大,能量水平较高的分子与能量水平较低的分子相互碰撞,热量就由高温处传到低温处;良好的导电体通过自由电子的运动,非导电的固体通过晶格的振动(即原子、分子在其平衡位置附近的振动)来实现传热;液体导热机理主要靠原子、分子在其平衡位置的振动,只是振动的平衡位置间歇地发生移动。

物体内存在温度差,表明其分子、原子和电子的热运动强度不同,温度高处微观粒子平均热运动能量高,温度低处热运动能量低。通过微观粒子的热运动及相互碰撞传递能量的方式称为热传导,在热传导中没有物质的宏观运动,热传导在固体、流体和气体中均可进行。在层流流动的垂直方向上,热能的传递属热传导,因为在层流流动的垂直方向上,没有质点的运动,只有分子的热运动。

(二)热对流

热对流是指流体受热或冷却时,各部分之间发生相对位移,冷热流体相互掺混所引起的热量传递现象。其特点是流体中各质点发生相对位移而引起热交换。热对流仅发生在流体中,因此与流体的流动状况有关,同时必然伴随导热现象。

产生对流换热的原因:一为流体质点的相对位移是因流体中各处的温度不同而引起的密度差,轻者上浮,重者下沉,称为自然对流;二为流体质点的运动是由泵或搅拌等外力所致,称为强制对流。但在同一流体中,可能同时发生自然对流和强制对流。

对流换热是一个复杂的传热过程,影响对流换热速率的因素很多,因此,对流换热的纯理论计算相当困难。单位时间内所传递的热量均采用牛顿冷却公式计算。

流体被加热:

$$Q=\alpha A(t_{w}-t)=\frac{t_{w}-t}{\frac{1}{\alpha A}}$$

流体被冷却：

$$Q=\alpha A(T-T_{w})=\frac{T-T_{w}}{\frac{1}{\alpha A}}$$

式中，T 和 t 分别为热、冷流体的平均温度；t_{w} 为壁温；A 为传热面积；比例系数 α 称为对流传热系数，单位 $W/(m^{2}\cdot K)$。

(三)热辐射

因热的原因而产生的电磁波在空间的传递，称热辐射。物体都能将热能以电磁波的形式发射出去，当电磁波遇到其他物体时，部分或全部被吸收，重新转变为热能，因而辐射不仅是能量的转移，而且是能量形式的转化。另外，辐射不需任何物质作媒介。任何物体只要在绝对零度以上，都能发射辐射能，但只有在物体的温度差较大时，辐射换热才能成为主要的传热方式。

传热虽有上述三种基本方式之分，而实际上往往是此三种方式的复杂结合，有时很难把它们明显区别开。液体食品罐头在加热时，其内部既有热传导，也有热对流。用火焰焙烤食品时，就食品外围而言，就有辐射、对流、传导三种传热方式存在，只是以辐射传热为主。

二、温度场和等温面

温度场是指物体各点温度在时空中的分布，可表示为：

$$t=f(x,y,z,\theta) \tag{3-1}$$

式中，t 为某点温度；x,y,z 为某点的坐标；θ 为时间。

各点的温度随时间而改变的温度场称为不稳定温度场；若任一点的温度均不随时间而改变，则称为稳定温度场，则只需将式(3-1)中 θ 去掉便可。

在同一瞬时由温度相同的点所组成的面称为等温面。因为空间任一点不能同时有两个不同的温度，所以温度不同的等温面彼此不会相交。

三、温度梯度

沿等温面方向移动，因无温度差，所以无热量传递；而沿与等温面相交的任何方向移动，温度都有变化，即发生热量传递。这种温度随距离的变化率以沿等温面垂直的方向为最大。两等温面的温度差 Δt 与其间的垂直距离 Δn 之比在 Δn 趋于零时的极限，称为温度梯度，见图 3-1。

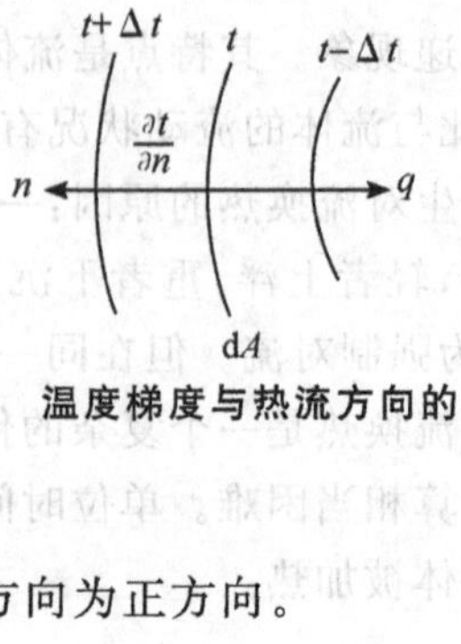

图 3-1 温度梯度与热流方向的关系

$$\mathrm{grad}t=\lim_{\Delta n\to 0}\frac{\Delta t}{\Delta n}=\frac{\partial t}{\partial n} \tag{3-2}$$

温度是向量，其方向垂直于等温面，并规定以温度增加的方向为正方向。

对于稳定的一维温度场，温度梯度可表示为：

$$\mathrm{grad}t=\frac{\mathrm{d}t}{\mathrm{d}x} \tag{3-3}$$

第二节 热传导

一、傅立叶定律

该定律反映的是因热传导而产生的热流大小。据此定律，单位时间内传导的热量与温度梯度以及垂直于热流方向的截面积成正比：

$$\mathrm{d}Q=-\lambda\mathrm{d}A\frac{\partial t}{\partial n}\text{或}q=\frac{\mathrm{d}Q}{\mathrm{d}A}=-\lambda\frac{\partial t}{\partial n} \tag{3-4}$$

式中，Q 为单位时间内传导热量(传热速率)，W；q 为单位时间单位面积内传导热量，称为热流密度，W/m^2；A 为导热面积，即垂直于热流方向的截面积，m^2；负号"—"表示热流方向与温度梯度的方向相反；λ 为比例系数，称为导热系数，W/(m·K)或W/(m·℃)。

下面着重分析导热系数 λ。导热系数表示物质的导热能力，是物质的物理性质之一。其数值常和物质的组成、结构、密度、压力和温度有关。可由实验求得。

(一)固体的导热系数

金属是良好的导热体。纯金属的导热系数一般随温度升高而降低。金属的纯度降低，导热系数迅速降低。非金属的建筑材料或绝热材料的导热系数随密度或温度的升高而增加。湿含量对建筑材料、绝热材料的导热系数影响极大，这是由于这些材料的空隙多，易吸收水分，而水的导热系数比空气大20～30倍，加之在导热过程中，随热量传递，水分会迁移，故湿材料的导热系数比纯水还要大，如干砖的 $\lambda=0.35$ W/(m·K)，纯水的 $\lambda=0.60$ W/(m·K)，湿砖的 $\lambda=1.0$ W/(m·K)。各向异性对材料的导热系数也有影响，如木材，顺纹方向的导热系数比垂直于木纹方向的大2～4倍。

(二)溶液的导热系数

非金属液体以水的导热系数最大。除水和甘油外，绝大多数液体的导热系数随温度的升高而略有减小。纯液体的导热系数比其溶液的导热系数大。

(三)气体的导热系数

气体的导热系数很小，不利于导热而有利于保温。气体的导热系数随温度升高而加大，压力对其影响很小。

各种物质的导热系数的大致范围为：

金属 2.3～420 W/(m·K)；

建筑材料 0.25～3 W/(m·K)；

绝热材料 0.025～0.25 W/(m·K)；

液体 0.09～0.6 W/(m·K)；

气体 0.006～0.4 W/(m·K)。

思考题：(1)冬天将棉被放在阳光下晒过以后，晚上盖在身上比未晒时暖和，试用传热学原理加以解释。

(2)夏季在维持 20 ℃的室内工作时，一般穿单衣感到舒服，而冬天在保持 22 ℃的室内工作时却必须穿毛线衣才觉得舒服。试用传热学的知识解释这种现象。

二、一维稳定热传导

(一)平壁的稳定热传导

1.单层平壁的稳定热传导

如图 3-2 所示，设有一长和宽的尺寸与厚度相比为无限大的平壁，则其温度只沿垂直于壁面的 x 轴方向发生变化，即所有等温面都是垂直于 x 轴的平面，若平壁的两个表面各维持在一定的 t_1 及 t_2，壁的厚度用 δ 表示，其 λ 不随温度而变。边界条件为：$x=0$ 时，$t=t_1$；$x=\delta$ 时，$t=t_2$。

由于温度只沿 x 轴方向发生变化，式(3-4)中$\frac{\partial t}{\partial n}$改为$\frac{\mathrm{d}t}{\mathrm{d}x}$，并积分有：

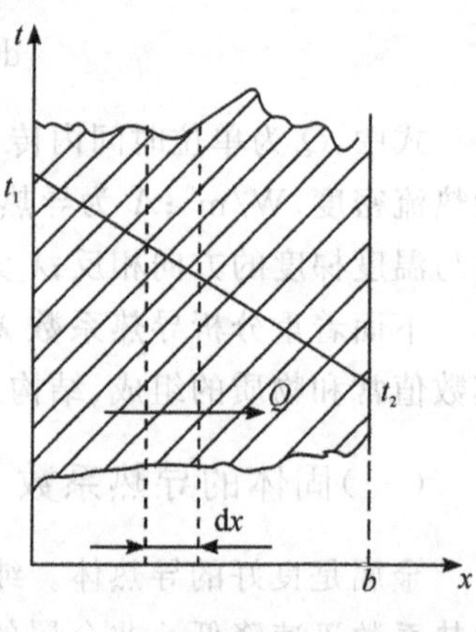

图 3-2　单层平壁的稳定热传导

$$Q=\lambda\cdot A\cdot(t_1-t_2)/\delta \text{ 或 } Q=\frac{t_1-t_2}{\frac{\delta}{\lambda A}}=\frac{\Delta t}{R} \quad (3\text{-}5)$$

温差 Δt 为导热推动力，而 $R=\delta/\lambda A$ 为导热热阻。λ 作常数处理，单层平壁内的温度分布可看成直线。

2.多层平壁的稳定热传导

若平壁由多层不同厚度、不同导热系数的材料组成，其间接触良好，如图 3-3 所示(以三层平壁为例)。设各层的厚度分别为 δ_1、δ_2 及 δ_3，导热系数分别为 λ_1、λ_2 及 λ_3，壁的面积为 A，又各层的温度降分别为 $\Delta t_1=t_1-t_2$、$\Delta t_2=t_2-t_3$ 及 $\Delta t_3=t_3-t_4$。由于在稳定导热过程中，通过各层的热量必相等，故：

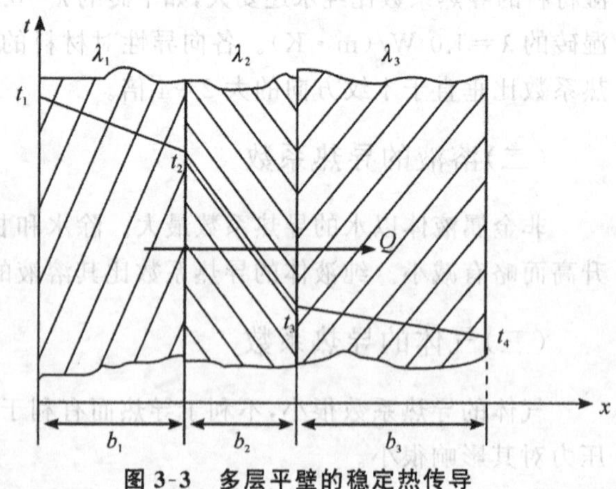

图 3-3　多层平壁的稳定热传导

$$Q=\lambda_1 A\frac{t_1-t_2}{\delta_1}=\frac{\Delta t_1}{\frac{\delta_1}{\lambda_1 A}}=\frac{\Delta t_1}{R_1}$$

$$=\lambda_2 A\frac{t_2-t_3}{\delta_2}=\frac{\Delta t_2}{\frac{\delta_2}{\lambda_2 A}}=\frac{\Delta t_2}{R_2}$$

$$=\lambda_3 A\frac{t_3-t_4}{\delta_3}=\frac{\Delta t_3}{\dfrac{\delta_3}{\lambda_3 A}}=\frac{\Delta t_3}{R_3} \tag{3-6}$$

由上式可得：

$$Q=\frac{\Delta t_1+\Delta t_2+\Delta t_3}{\dfrac{\delta_1}{\lambda_1 A}+\dfrac{\delta_2}{\lambda_2 A}+\dfrac{\delta_3}{\lambda_3 A}}=\frac{\Delta t_1+\Delta t_2+\Delta t_3}{R_1+R_2+R_3}=\frac{t_1-t_4}{\sum\limits_{i=1}^{3}R_i} \tag{3-7}$$

推广至 n 层平壁，有：

$$Q=\frac{t_1-t_{n+1}}{\sum\limits_{i=1}^{n}R_i} \tag{3-7a}$$

由式(3-7a)可知，多层平壁导热的推动力为总温度差，而总热阻 $\sum R$ 为各层热阻之和。由(3-6)式可知，各层平壁的温度差 Δt_i 与其热阻 R_i 成正比。

例 3-1　某冷库外壁内外层砖壁厚各为 12 cm，中间夹层厚 10 cm，填以绝热材料。砖墙的导热系数为 0.70 W/(m・K)，绝热材料的导热系数为 0.04 W/(m・K)。墙的外表面温度为 10 ℃，内表面温度为 −5 ℃。试计算进入冷库的热流密度及绝热材料与砖墙两接触面上的温度。

解：已知 $t_1=10$ ℃，$t_4=-5$ ℃，$\delta_1=\delta_3=0.12$ m，$\delta_2=0.10$ m，$\lambda_1=\lambda_3=0.70$ W/(m・K)，$\lambda_2=0.04$ W/(m・K)

(1)按热流密度公式计算 q：

$$q=\frac{t_1-t_4}{\dfrac{\delta_1}{\lambda_1}+\dfrac{\delta_2}{\lambda_2}+\dfrac{\delta_3}{\lambda_3}}=\frac{10-(-5)}{\dfrac{0.12}{0.70}+\dfrac{0.10}{0.04}+\dfrac{0.12}{0.70}}=5.27(\mathrm{W/m^2})$$

(2)按温差分配公式计算 t_2，t_3：

$$t_2=t_1-q\frac{\delta_1}{\lambda_1}=10-5.27\times\frac{0.12}{0.70}=9.1(℃)$$

$$t_3=q\frac{\delta_3}{\lambda_3}+t_4=5.27\times\frac{0.12}{0.70}+(-5)=-4.1(℃)$$

(二)圆筒壁的稳定热传导

各种热管道、换热器的管子和外壳都是圆筒形的。它与平壁热传导的不同之处在于圆筒壁的传热面积不是常数，随半径而变。

1.单层圆筒壁的稳定热传导

如图 3-4 所示。设圆筒内半径为 r_1、外半径为 r_2，圆筒内、外温度为 t_1、t_2，且 $t_1>t_2$，圆筒长度为 l。若在半径 r 处沿半径方向取微分厚度 dr 的薄壁圆筒，其传热面积可认为是常数，等于 $2\pi rl$。若 l 很长，沿轴向的导热可忽略不计，认为温度仅沿半径方向变化，则用 $\frac{\mathrm{d}t}{\mathrm{d}r}$ 代替 $\frac{\partial t}{\partial n}$，得：

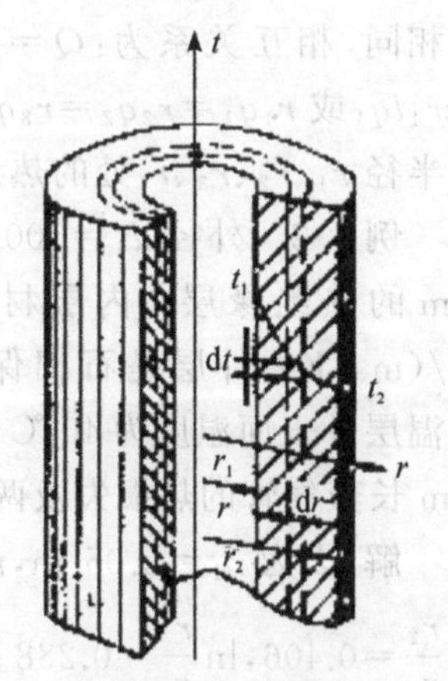

图 3-4　单层圆筒壁的稳定热传导

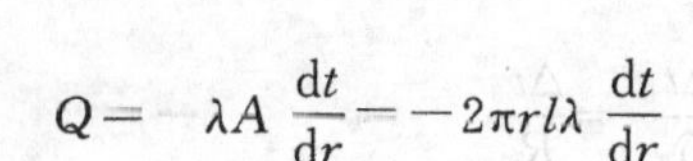

$$Q=-\lambda A\frac{\mathrm{d}t}{\mathrm{d}r}=-2\pi rl\lambda\frac{\mathrm{d}t}{\mathrm{d}r}$$

上式分离变量积分有：

$$Q=2\pi\lambda l\frac{t_1-t}{\ln\dfrac{r_2}{r_1}}=\frac{t_1-t_2}{\dfrac{\ln\left(\dfrac{r_2}{r_1}\right)}{2\pi\lambda l}}=\frac{t_1-t_2}{R}\tag{3-8}$$

式中，温差 t_1-t_2 为推动力，$R=\dfrac{\ln\left(\dfrac{r_2}{r_1}\right)}{2\pi\lambda l}$ 为热阻，若令 $\delta=r_2-r_1$ 为圆筒壁的厚度，则 $r_m=\dfrac{r_2-r_1}{\ln\left(\dfrac{r_2}{r_1}\right)}$ 为对数平均半径，亦为 $r_m=\dfrac{d_2-d_1}{\ln\dfrac{d_2}{d_1}}$，$A_m=2\pi lr_m$ 为平均传热面积。

则式(3-8)可写成：

$$Q=\lambda A_m\frac{t_1-t_2}{\delta}=\frac{t_1-t_2}{\delta/\lambda A_m}=\frac{t_1-t_2}{R}\tag{3-8a}$$

2.多层圆筒壁的稳定热传导

以图 3-5 中三层圆筒壁为例，各层的导热系数分别为 λ_1、λ_2 及 λ_3，厚度为 δ_1、δ_2 及 δ_3，由式(3-8)或(3-8a)，与多层平壁的稳定热传导计算式(3-7a)相类比，有：

$$Q=\frac{\Delta t_1+\Delta t_2+\Delta t_3}{R_1+R_2+R_3}=\frac{t_1-t_4}{R_1+R_2+R_3}=\frac{t_1-t_4}{\dfrac{\delta_1}{\lambda_1A_{m1}}+\dfrac{\delta_2}{\lambda_2A_{m2}}+\dfrac{\delta_3}{\lambda_3A_{m3}}}\tag{3-9}$$

推广至 n 层圆筒壁，有：

$$Q=\frac{t_1-t_{n+1}}{\sum\limits_{i=1}^{n}\dfrac{b_i}{\lambda_iA_{mi}}}=\frac{t_1-t_{n+1}}{\sum\limits_{i=1}^{n}\dfrac{\ln\left(\dfrac{r_{i+1}}{r_i}\right)}{2\pi l\lambda_i}}\tag{3-9a}$$

在稳定传热时，由于各层圆筒的内外表面积均不相等，单位时间通过各层的传热量 Q 虽然相同，但热量通量 q 却不相同，相互关系为：$Q=2\pi r_1lq_1=2\pi r_2lq_2=2\pi r_3lq_3=2\pi r_4lq_4$ 或 $r_1q_1=r_2q_2=r_3q_3=r_4q_4$，式中 q_1、q_2、q_3、q_4 分别为半径 r_1、r_2、r_3、r_4 处的热量通量。

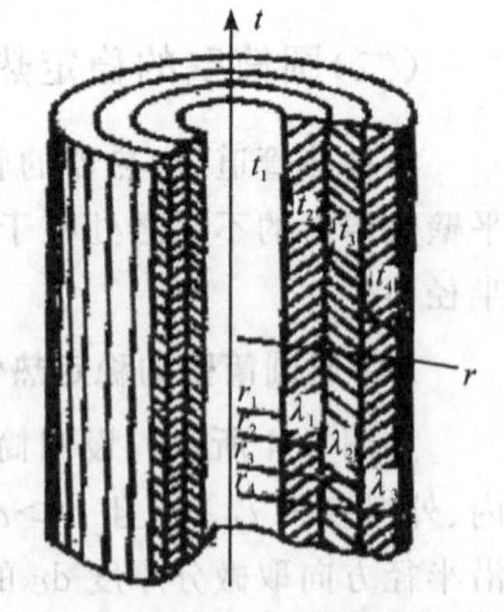

图 3-5 多层圆筒壁的稳定热传导

例 3-2 外径 $d_1=100$ mm 的蒸气管，覆有两层各为 25 mm 的热绝缘层。内层材料为氧化镁保温层，$\lambda_1=0.07$ W/(m·K)，外层是石棉保温层，$\lambda_2=0.087$ W/(m·K)。保温层外表面温度为 40 ℃，蒸气管外表面温度为 200 ℃，求 1 m 长蒸气管的热损失及两绝热层接触面的温度。

解：因为 $r_1=0.05$ m，$r_2=0.075$ m，$r_3=0.10$ m，所以 $\ln\dfrac{r_2}{r_1}=0.406$，$\ln\dfrac{r_3}{r_2}=0.288$。

单位长度蒸气管的热损失为：

$$\frac{Q}{l}=\frac{2\pi(t_1-t_3)}{\frac{1}{\lambda_1}\ln\frac{r_2}{r_1}+\frac{1}{\lambda_2}\ln\frac{r_3}{r_2}}=\frac{2\pi(200-40)}{\frac{0.406}{0.070}+\frac{0.288}{0.087}}=110(\text{W/m})$$

两层绝热之接触面温度为：

$$t_2=t_1-\frac{Q}{2\pi l}\frac{1}{\lambda_1}\ln\frac{r_2}{r_1}=200-\frac{114}{2\pi}\times5.79=98.6(℃)$$

第三节　热对流

一、间壁两侧流体热交换过程的分析

工程中当物料(一般为流体)被加热或冷却时,常用另一种流体来供给或取走热量。两种流体的换热通常通过间壁换热器进行。图 3-6 所示的套管换热器即属于一种间壁式换热器。这时,冷、热流体分别处在固体壁面的两侧,热流体把热量传到壁面的一侧,通过管壁后,再从壁面的另一侧把热量传给冷流体,这称为热交换。在热交换中,不但要考虑通过固体壁面的热传导,而且往往更重要的是要考虑间壁两侧的对流传热。而间壁两侧的对流传热都是流体流动的过程中发生的热量传递现象,所以与流动的情况密切相关。在湍流情况下,流体主流中由于漩涡丛生,流体各部分激烈混合,热阻很小,径向的温度趋于一致;但在紧靠壁面处的层流底层(也称为“膜”),传热基本是以导热方式进行的,所以流体膜虽薄,却是对流传热的主要热阻所在,温度降也主要集中在层流底层中。分析图 3-6 中距离热流体入口为 Z 处截面上 AW_1W_2B 的温度分布,如图 3-7 所示。图中 F_1F_1' 及 F_2F_2' 为层流底层的界面,T' 为截面上热流体的最高温度,t' 为冷流体的最低温度,在热流体的湍流主体中,温度基本上一致,即图中 T'。在层流底层内,温度由 T_b 急剧下降到 T_w。在层流底层和湍

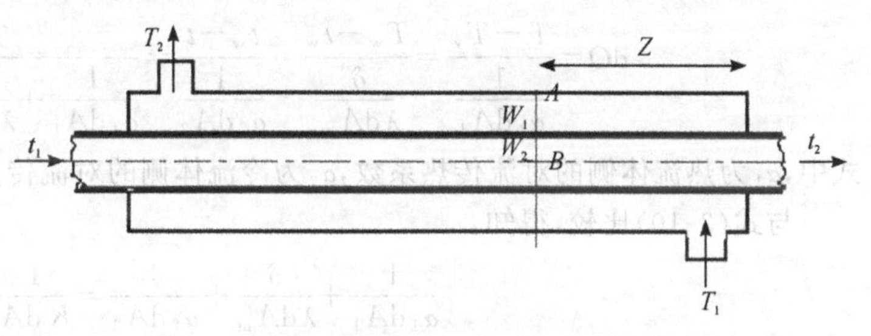

图 3-6　套管换热器示意图

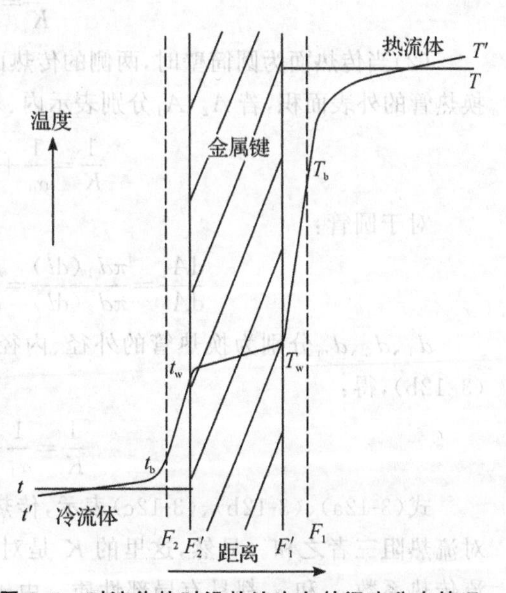

图 3-7　对流传热时沿热流方向的温度分布情况

流主体之间，存在一个温度逐渐变化的区域，称为过渡区，其中温度由 T' 下降到 T_b。再往左通过管壁，因其材料通常为金属，热阻很小，因此，管壁两侧的温度 T_w 和 t_w 相差很小。此后在冷流体内，又顺利通过层流底层、过渡区而到达湍流主体，温度由 t_w 经 t_b 下降到 t'。在计算热量时，一般不采用截面上最高温度 T' 和最低温度 t'，而用通常易于测定的平均温度 T 和 t。

二、总传热速率方程

如图 3-7，设此截面处面积为 dA，通过的热量为 dQ，则过程的传热速率：

$$dQ = K dA(T-t) \text{或} q=\frac{dQ}{dA}=K(T-t) \tag{3-10}$$

式中，比例系数 K 称为总传热系数，简称传热系数，单位为 $W/(m^2 \cdot K)$。

按图 3-6 和图 3-7，热量沿 AW_1W_2B 从热流体传入冷流体时，需依次经过热流体侧对流换热、管壁的热传导和冷流体侧的对流换热这几个串联传热过程，在稳定传热情况下，单位时间内经过每一层热阻的传热量皆相等，则

$$dQ=\frac{T-T_w}{\dfrac{1}{\alpha_1 dA_1}}=\frac{T_w-t_w}{\dfrac{\delta}{\lambda dA_m}}=\frac{t_w-t}{\dfrac{1}{\alpha_2 dA_2}}=\frac{T-t}{\dfrac{1}{\alpha_1 dA_1}+\dfrac{\delta}{\lambda dA_m}+\dfrac{1}{\alpha_2 dA_2}} \tag{3-11}$$

式中，α_1 为热流体侧的对流传热系数，α_2 为冷流体侧的对流传热系数。

与式(3-10)比较，得知：

$$\frac{1}{\alpha_1 dA_1}+\frac{\delta}{\lambda dA_m}+\frac{1}{\alpha_2 dA_2}=\frac{1}{K dA} \tag{3-12}$$

(1)当传热面为平壁时，$dA_1=dA_m=dA_2$，式(3-12)即简化为：

$$\frac{1}{K}=\frac{1}{\alpha_1}+\frac{\delta}{\lambda}+\frac{1}{\alpha_2} \tag{3-12a}$$

(2)当传热面为圆筒壁时，两侧的传热面积不等。在换热器系列化标准中，传热面积均指换热管的外表面积，若 A_2、A_1 分别表示内、外表面积，式(3-12)的右侧 dA 取为 dA_1，则得：

$$\frac{1}{K}=\frac{1}{\alpha_1}+\frac{\delta}{\lambda}\frac{dA_1}{dA_m}+\frac{1}{\alpha_2}\frac{dA_1}{dA_2} \tag{3-12b}$$

对于圆管：

$$\frac{dA_1}{dA_2}=\frac{\pi d_1(dl)}{\pi d_2(dl)}=\frac{d_1}{d_2}, \frac{dA_1}{dA_m}=\frac{\pi d_1(dl)}{\pi d_m(dl)}=\frac{d_1}{d_m}$$

d_1、d_2、d_m 分别为换热管的外径、内径和平均直径，δ 为管壁厚，dl 为局部管长，代入式(3-12b)，得：

$$\frac{1}{K}=\frac{1}{\alpha_1}+\frac{\delta}{\lambda}\frac{d_1}{d_m}+\frac{1}{\alpha_2}\frac{d_1}{d_2} \tag{3-12c}$$

式(3-12a)、(3-12b)、(3-12c)表示，传热的总热阻 $1/K$ 为间壁本身的传导热阻及两侧的对流热阻三者之和。显然，这里的 K 是对微元面积 dA 处的局部传热系数，因其所含的对流传热系数 α_1 和 α_2 都具有局部性质。由于流体的温度沿传热面随流动的距离而不断变化，因而流体的物性随之改变，致使对流传热系数也改变。可见，要求出整个换热器单位时间内的传热量，应当沿着全部的传热面(或管长)对式(3-10)积分，但在工程计算中常按某一定性

温度所确定的物性参数计算 α，而将 α 看成常数，因而求得的 K 值亦为常数，即不沿管长变化，而作为全管长的平均值。若设法求出整个管长 $(T-t)$ 的平均值 Δt_m，则式(3-10)可积分为：

$$Q=KA\Delta t_m \tag{3-10a}$$

上式中 A 为总传热面积。该式称为总传热速率方程或传热基本方程。

(一)总传热系数 K

1.含义

当温度差为 1 K，传热面积为 1 m^2 时，单位时间内所传递的热量。

2.对流传热系数 α

(1)影响对流传热系数的因素

①流体的流动形态。流体流动时，在靠近固体壁面处有一层流内层存在。层流内层中，沿壁面的法线方向上没有对流换热，只有热传导，流体的导热系数小，使层流内层中的导热热阻较大。当流体呈湍流，随着 Re 的增加，湍流内层减薄，对流换热热阻减小，故对流换热系数增大；而当流体呈层流时，流体在热流方向上基本没有混杂流动，故层流时对流传热系数较湍流时小。

②流体的性质。对流传热系数影响较大的有流体的比热容、导热系数、密度和黏度等物理性质。对于同一流体，这些物理性质都是温度的函数，有些还与压力有关。

③引起流体流动的原因。若是因为系统内部存在温度差而引起流体质点的相对位移，就是自然对流。设 ρ_1 和 ρ_2 分别代表温度 t_1 和 t_2 两点的密度，若 $t_1>t_2$，则流体因密度差而产生的升力为 $(\rho_1-\rho_2)g$，则每单位体积的流体所产生的升力为：

$$(\rho_1-\rho_2)=\beta\rho_2\Delta t$$

式中，β 为体积膨胀系数，$1/K$；Δt 为温度差 (t_1-t_2)，℃。

若是由于外力作用使流体产生流动，如搅拌、泵等，就是强制对流。工业中一般为强制对流，因为强制对流时换热系数大，有利于传热。

④传热面积的形状、大小和位置。传热管、板、管束等不同的传热面积的形状，管子排列方式，水平或垂直放置，管径、管长或板的高度等都影响 α。

⑤流体的种类和相变化的影响。液体、气体和蒸气的对流传热系数都不相同；流体有无相变化，对传热亦有影响。

综上，将影响对流换热系数的因素归纳为：$\alpha=f(u,\mu,\lambda,C_p,\rho,\Delta t,l,\beta g,\cdots)$。

显然，无法用一个具体的函数表示出上述函数关系。用相似原则把上述物理量归纳为四个无因次的数群，如表 3-1 所示，这样减小物理量的个数，易于分析各因素对对流换热系数的影响。

利用因次分析，各准数间关系式为：

$$Nu=f(Re,Pr,Gr) \tag{3-13}$$

在某些情况下，式(3-13)可简化为：自然对流时

$$Nu=f(Pr,Gr) \tag{3-13a}$$

强制对流时

$$Nu=f(Re,Pr) \tag{3-13b}$$

表 3-1　四种准数的符号与意义

准数名称	符号	意义
努塞尔特准数	$Nu=\alpha\dfrac{l}{\lambda}$	包含待定的对流传热系数（被决定准数），反映流体传热强弱。代表对流传热通量（$\alpha\Delta t$）与导热通量（$\lambda\Delta t/l$）之比
雷诺准数	$Re=\dfrac{lu\rho}{\mu}$	反映流体的流动形态和湍动程度。代表惯性力与黏性力之比
普兰特准数	$Pr=\dfrac{C_p\mu}{\lambda}$	反映物性对传热的影响。代表动量扩散与热量扩散之比
格拉斯霍夫准数	$Gr=\dfrac{l^3\rho^2\beta g\Delta t}{\mu^2}$	反映由于温度差而引起的自然对流状态及扰动强度。代表浮升力与黏性力之比

总之，对流传热是流体主体中的对流和层流底层中的热传导的复合现象。任何影响流体流动的因素必然对对流传热系数有影响，各种情况下的对流传热系数 α 的关联式见表 3-2。

表 3-2　常用对流传热系数关联式

传热情况					对流传热系数计算公式	适用范围	备注
流体无相变化	强制对流	流体在圆形直管中流动	湍流	流体	$\alpha=0.023\dfrac{\lambda}{d}Re^{0.8}Pr^{n}$ 流体被加热时：$n=0.4$ 流体被冷却时：$n=0.3$	$Re\geqslant10\ 000$ $Pr=0.6\sim160$ $l/d>50$	(1)定性长度取管内径 d_2 (2)定性温度取流体进、出口温度的算术平均值
				空气	$\alpha=0.02\dfrac{\lambda}{d}Re^{0.8}$	同上	同上（是上式特例）
			过渡流型		按湍流公式计算 α 后乘以校正系数 $f=1-\dfrac{6\times10^5}{Re^{1.8}}$	$Re=2\ 300\sim10\ 000$ $l/d>50$	同上
			层流		$\alpha=1.86\dfrac{\lambda}{d}Re^{\frac{1}{3}}Pr^{\frac{1}{3}}\left(\dfrac{d}{l}\right)^{\frac{1}{3}}\left(\dfrac{\mu}{\mu_w}\right)^{0.14}$	$Gr<25\ 000$	除 μ_w 按壁温下取值外，其他物性均按流体进出口平均温度取值
					按上式求得的 α 乘以校正因子 $f=0.8(1+0.015Gr^{\frac{1}{3}})$	$Gr>25\ 000$	同上
			弯管		$\alpha'=\alpha\times[1+1.77(d/R)]$		R 为弯管的曲率半径
			流体在套管环隙内流动		$\alpha=0.02\dfrac{\lambda}{d_e}\left(\dfrac{d_2}{d_1}\right)^{0.5}Re^{0.8}Pr^{\frac{1}{3}}$	$Re=12\ 000\sim220\ 000$ $\dfrac{d_2}{d_1}=1.65\sim17$	也可以用圆管公式，但要用当量直径 d_e，且不如本式准确

续表

传热情况				对流传热系数计算公式	适用范围	备注
流体无相变化	自然对流	垂直管和板或水平管	流体	$Nu=C(Pr\cdot Gr)^n$	$Pr\geqslant 0.7$	(1)定形几何尺寸取垂直平板的高度 h，或水平圆管的外径 (2)定性温度取$\frac{t_w+t_m}{2}$
	强制对流	流体垂直流过管束	流体	$Nu=C_1C_2Re^nPr^{0.4}$	$Re=5\,000\sim70\,000$ $\frac{X_1}{d}=1.2\sim5.0$ $\frac{X_2}{d}=1.2\sim5.0$	
			流过有折流板的管束	$Nu=0.36\,Re^{0.55}\,Pr^{\frac{1}{3}}\left(\frac{\mu}{\mu_m}\right)^{0.14}$	适用于列管换热器壳程对流传热的计算，$Re=20\,000\sim1\,000\,000$	
流体有相变化	饱和蒸气冷凝	垂直管或板		$\alpha=1.13\left(\frac{r\rho_2g\lambda^3}{\mu L\Delta t}\right)^{\frac{1}{4}}$ 或 $\alpha^*=1.88Re^{-\frac{1}{3}}$ $Re=\frac{4M}{\mu}, M=\frac{m_s}{b}$	$Re<1\,800$	(1)定性长度取管（板）高 H (2)物性取壁温和蒸气饱和温度的算术平均温度下的数值，但 r 取饱和温度时之值 (3)b 为润湿周边
				$\alpha^*=0.007\,7Re^{0.4}$	$Re>1\,800$	
	饱和蒸气冷凝	水平管外	单管	$\alpha=0.725\left(\frac{r\rho^2g\lambda^3}{\mu d_1\Delta t}\right)^{\frac{1}{4}}$ 或 $\alpha^{*n}=1.51Re^{-\frac{1}{3}}, M'=m_s/l$		(1)定性长度取管外径 d_1 (2)同上 l 为管长
			管束	同上，但 $M'=\frac{m_s}{n_T^{\frac{2}{3}}l}$		
	液体沸腾	大容积内		$\frac{C_p\Delta t}{rPrs}=Cwe\left[\frac{g}{\mu\gamma\sqrt{\frac{\sigma}{g(\rho_1-\rho_v)}}}\right]^{0.33}$	核状沸腾区	(1)物性按饱和温度取 (2)系数 s 对水为 1，对其他液体为 1.7
				$Nu=3.25\times10^{-4}Pe^{0.6}Gr^{0.125}Kp^{0.7}$		(1)定性长度 $d_b=0.02\theta\cdot\sqrt{\frac{\sigma}{(\rho_1-\rho_v)g}}$ (2)主要用于管内，也可用于大容积内沸腾

上述各种不同情况下的对流换热的具体函数关系由实验决定，通过对流换热系数关联式可求得，但应注意以下几点：

(1)应用范围：即关联式中 Re、Pr 等准数的数值范围。

(2)特征尺寸：Nu、Pr 等准数中 l 应如何确定，对于圆管，l 为管子内径(d_2)。

(3)定性温度：各准数中流体的物性温度的确定，$t_{定}=\dfrac{t_{进}+t_{出}}{2}$。

例 3-3 标准大气压下，空气在内径 25 mm 的管中流动，温度由 180 ℃升高到 220 ℃，平均流速为 15 m/s，试求空气与管内壁之间的对流传热系数。

解：在$\dfrac{180+220}{2}=200$ ℃及 1 个标准大气压下，空气的物性由附录中查知：

$C_p=1.026$ kJ/(kg·K)，$\lambda=0.039\ 28$ W/(m·K)，$\mu=2.6\times10^{-5}$ N·s/m²；$\rho=0.746$ kg/m³

$$Pr=\frac{C_p\mu}{\lambda}=\frac{1.026\times10^3\times2.6\times10^{-5}}{0.039\ 28}=0.679, Re=\frac{du\rho}{\mu}=\frac{0.025\times15\times0.746}{2.6\times10^{-5}}=10\ 760$$

流体在管内作湍流，应用表中相应公式：

$$Nu=0.023Re^{0.8}Pr^{0.4}=0.023\times10\ 760^{0.8}\times0.679^{0.4}=0.023\times1\ 680\times0.856=33.1$$

$$\alpha=\frac{\lambda}{d}Nu=\frac{0.039\ 28}{0.025}\times33.1=52\ \mathrm{W/(m^2\cdot K)}$$

(2)提高对流传热系数的途径

①使流体流动从层流转变为湍流，Re 增加，对流传热系数显著增大；②在流动阻力允许的情况下，增大流速比减小管径效果好；③流体在管外流动，应加折流板，以提高流速和缩小管子的当量直径，但能量消耗也随之增加；④流体在管内流动，除增加流速外，可在管内装置添加物，如麻花铁或选用螺纹管等，均能增加流体的湍流程度，从而增大对流传热系数。同样，能量消耗也随之增加。

3.污垢热阻

求 K 前除必须先求对流传热系数 α 外，还要考虑由于传热面表面有污垢积存而增加的污垢热阻。污垢的积存往往使传热速率 Q 下降很多。污垢层的厚度及其导热系数不易估计，通常根据经验估定污垢热阻，作为计算的依据。如管壁外侧和内侧的污垢热阻分别用 R_{s1} 和 R_{s2} 表示，由于污垢层一般很薄，因而以外表面积为基准时，总热阻为：

$$\frac{1}{K}=\frac{1}{\alpha_1}+R_{s1}+\frac{\delta}{\lambda}\frac{d}{d_m}+R_{s2}\frac{d_1}{d_2}+\frac{1}{\alpha_2}\frac{d_1}{d_2} \tag{3-14}$$

若流体容易结垢，换热器使用一定时期后，污垢热阻会增加，致使传热速率严重下降，故换热器要定期清洗。常见流体在传热面形成的污垢热阻，大致数值范围参见附录。

例 3-4 有一列管换热器，由 $\phi25\times2.5$ 的钢管组成。牛奶在管内流动，冷却水在管外流动。已知管外的 $\alpha_1=2\ 500$ W/(m²·K)，管内的 $\alpha_2=50$ W/(m²·K)。(1)试求传热系数 K；(2)若 α_1 增大一倍，其他条件与前相同，求传热系数增大的百分率；(3)若 α_2 增大一倍，其他条件同(1)，求传热系数增大的百分率。

解：(1)求以外表面积为基准时的传热系数

据附录，取钢的导热系数 $\lambda=45$ W/(m·K)，取冷却水侧污垢热阻 $R_{s1}=0.58\times10^{-3}$ m²·K/W，可算得：

$$\frac{1}{K}=\frac{1}{\alpha_1}+R_{s1}+\frac{\delta}{\lambda}\frac{d_1}{d_m}+R_{s2}\frac{d_1}{d_2}+\frac{1}{\alpha_2}\frac{d_1}{d_2}$$

$$=\frac{1}{2\ 500}+0.58\times10^{-3}+\frac{0.002\ 5}{45}\times\frac{25}{22.5}+0.5\times10^{-3}\times\frac{25}{20}+\frac{1}{50}\times\frac{25}{20}$$

$$=0.000\ 4+0.000\ 58+0.000\ 062+0.000\ 625+0.025=0.026\ 7(\mathrm{m^2\cdot K/W})$$

$K=37.5[\mathrm{W/(m^2\cdot K)}]$

(2)α_1增大一倍，即$\alpha_1=5\ 000\ \mathrm{W/(m^2\cdot K)}$时的传热系数$K'$

$$\frac{1}{K'}=0.000\ 2+0.000\ 58+0.000\ 062+0.000\ 625+0.025=0.026\ 5$$

$K'=37.7[\mathrm{W/(m^2\cdot K)}]$

K 值增加的百分率$=\dfrac{K''-K}{K}\times100\%=\dfrac{37.7-37.5}{37.5}\times100\%=0.53\%$

(3)α_2增大一倍，即$\alpha_2=100\ \mathrm{W/(m^2\cdot K)}$时的传热系数$K''$

$$\frac{1}{K''}=0.000\ 4+0.000\ 58+0.000\ 062+0.000\ 625+0.012\ 5=0.014\ 2$$

$K''=70.4[\mathrm{W/(m^2\cdot K)}]$

K 值增加的百分率$=\dfrac{K''-K}{K}\times100\%=\dfrac{70.4-37.5}{37.5}\times100\%=87.8\%$

综上，要提高 K 值，就要设法减小主要热阻。当 α_1 和 α_2 相差不大时，则两侧的对流传热系数重要性相当。若污垢热阻起主要作用，则需设法减慢污垢生成速率或勤于清洗。

(二)有效传热面积 A

平壁传热：内、外两侧流体的传热面积一致，有效传热面积即等于其一侧的面积。

圆管壁传热：内、外两侧流体的传热面积不一致，一般选内管外侧面积为有效传热面积，$A=\pi d_1 ln$(d_1为内管外径，n 为管子数)。

(三)传热速率热量衡算方程

设换热器绝热良好，即热损失可以忽略，则热流体放出的热量等于冷流体获得的热量。若冷、热流体均无相变化，则热量衡算式为：

$$Q=m_{s1}C_{p1}(T_1-T_2)=m_{s2}C_{p2}(t_2-t_1) \tag{3-15}$$

式中，Q 为单位时间内，从热流体取走的或加给冷流体的热量，kJ/s 或 kW；

C_{p1}、C_{p2}为热、冷流体的定压比热，kJ/(kg·K)，通常可视为常数；

m_{s1}、m_{s2}为热、冷流体的质量流速，kg/s；

T_1、T_2为热流体的进、出口温度，K；

t_1、t_2为冷流体的进、出口温度，K。

若换热器中的热流体有相变化，例如饱和蒸气冷凝，而冷流体仍无相变化，则

$$Q'=m_{s1}[r+C_{p1}(T_s-T_2)]=m_{s2}C_{p2}(t_2-t_1) \tag{3-16}$$

式中，m_{s1}为饱和蒸气(即热流体)的冷凝速率，kg/s；

r 为饱和蒸气的冷凝潜热，kJ/kg；

T_s为蒸气的饱和温度，K。

一般换热器中，冷凝水的出口温度 T_2 与饱和温度 T_s 接近，所放出热与潜热相比显然可忽略，式(3-16)简化为：

$$Q'=m_{s1}r=m_{s2}C_{p2}(t_2-t_1) \tag{3-16a}$$

在热损失可忽略情况下，过程传热速率应等于热量吸收或放出的速率，即

$$Q=KA\Delta t_m=m_sC_p\Delta t$$

(四)平均温度差 Δt_m

1.恒温差传热

换热器的间壁两侧流体均有相变化，称为恒温差传热。在恒温差传热中，冷热流体的温度均不沿管长变化，两者间的温度差处处相等，即 $\Delta t=T-t$，则 $Q=KA(T-t)$。

2.变温差传热

它是指传热温差随位置而变的情况。发生变温传热时，若两股流体相互的流向不同，则对平均温差的影响也不同。

(1)两流体作逆流流动时的平均传热温度差

如图 3-8(a)是逆流情况，套管环隙中走热流体，温度由 T_1 降到 T_2，而内管中走冷流体，流动方向相反，温度由 t_1 升高到 t_2，其传热温度差沿流动路程不断变化。逆流时的平均温度差为：

$$\Delta t_m=\frac{\Delta t_1-\Delta t_2}{\ln\left(\dfrac{\Delta t_1}{\Delta t_2}\right)} \tag{3-17}$$

式中，Δt_m 为对数平均温度差，$\Delta t_1=T_1-t_2$，$\Delta t_2=T_2-t_1$。当 $\dfrac{\Delta t_1}{\Delta t_2}<2$ 时，对数平均温差可用算术平均值 $\dfrac{\Delta t_1+\Delta t_2}{2}$ 代替。

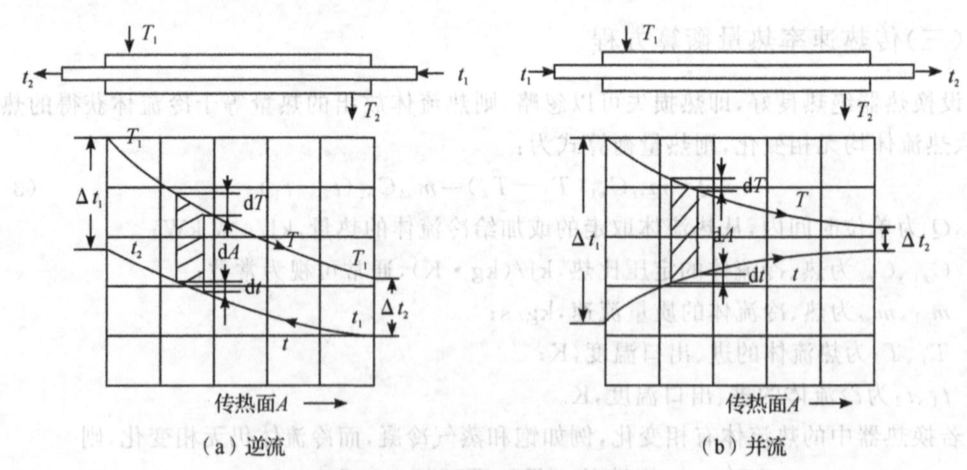

图 3-8 变温传热时的温度差变化

推导：如图 3-8(a)所示，通过微单元传热面 dA 的传热速率为 $dQ=K(T-t)dA=K\Delta t dA$，式中 $\Delta t=T-t$。在 dA 段内，热、冷流体的温度变化分别为 dT 及 dt（皆为负值，

因为随传热面 A 的增大，热、冷流体的温度皆下降）。另热、冷流体的质量流量分别为 m_{s1}、m_{s2}，比热分别为 C_{p1}、C_{p2}，则热流体放出和冷流体得到热量的速率分别为：$dQ=-m_{s1}C_{p1}dT$，$dQ=-m_{s2}C_{p2}dt$。在 dA 段内的微分热量衡算为：

$$K(T-t)dA=-m_{s1}C_{p1}dT=-m_{s2}C_{p2}dt=-\frac{dT}{\frac{1}{m_{s1}C_{p1}}}=\frac{dt}{\frac{1}{m_{s2}C_{p2}}}=-\frac{dT-dt}{\frac{1}{m_{s1}C_{p1}}-\frac{1}{m_{s2}C_{p2}}}$$

令 $m=\frac{1}{m_{s1}C_{p1}}-\frac{1}{m_{s2}C_{p2}}$，有：$K(T-t)dA=-d(T-t)/m$。对于稳定操作，$m_{s1}$、$m_{s2}$ 是常数，取流体平均温度下的比热，C_{p1}、C_{p2} 也是常数，于是 m 为常数。如将传热面各微单元的局部 K 值也作为一常数处理，则只有 Δt 随传热面而变化。分离变量，并在 $A=0(\Delta t=\Delta t_1)$ 至 $A=A\ (\Delta t=\Delta t_2)$ 间积分：$mK\int_0^A dA=-\int_{\Delta t_1}^{\Delta t_2}\frac{d(T-t)}{T-t}=\int_{\Delta t_2}^{\Delta t_1}\frac{d(\Delta t)}{\Delta t}$，即 $mKA=\ln(\Delta t_1/\Delta t_2)$。

对整个传热面做热量衡算：$Q=m_{s1}C_{p1}(T_1-T_2)=m_{s2}C_{p2}(t_2-t_1)$

有：$m_{s1}C_{p1}=\frac{Q}{T_1-T_2}$，$m_{s2}C_{p2}=\frac{Q}{t_2-t_1}$，

代入有：$m=\frac{[(T_1-T_2)-(t_2-t_1)]}{Q}=\frac{[(T_1-t_2)-(T_2-t_1)]}{Q}=\frac{\Delta t_1-\Delta t_2}{Q}$

整理得：$Q=KA\frac{\Delta t_1-\Delta t_2}{\ln\left(\frac{\Delta t_1}{\Delta t_2}\right)}$

最后与传热基本方程相比较得：$\Delta t_m=\frac{\Delta t_1-\Delta t_2}{\ln\left(\frac{\Delta t_1}{\Delta t_2}\right)}$。

(2)两流体作并流时的平均传热温差

见图 3-8(b)，是两股流体在套管换热器中平行流过，其平均温差也可用式(3-15)表示，但 $\Delta t_1=T_1-t_1$，$\Delta t_2=T_2-t_2$。

逆流与并流的比较：

①当两流体的进、出口温度都已确定，逆流的平均温度差比并流的大，因此单位时间内传递相同热量时，逆流所需传热面积比并流小。

②同等条件下，采用逆流可以节省冷却剂或加热剂的用量。

通过以上分析，逆流优于并流，因此工业生产中的换热器多采用逆流操作。但在某些生产工艺要求下，若对流体的温度有所限制，例如规定冷流体被加热时不得超过某一温度，或热流体被冷却时不得低于某一温度，则宜采用并流操作。

(3)对于常用的复杂折流或错流的换热器，也可用理论推导求得其平均温度差的计算式，形式将更为复杂。通常采用一种比较简便的计算办法，即先求两边流体假定在逆流情况下的对数平均温度差 $\Delta t_{m,逆}$，再根据实际流动情况乘以温差校正系数 ψ 得到实际平均温度差 Δt_m：$\Delta t_m=\psi\Delta t_{m,逆}$。温差校正系数 ψ 可表达成以下两参数 P、R 的函数，可查图 3-9 得到 ψ。

$$P=\frac{t_2-t_1}{T_1-t_1}=\frac{冷流体的温升}{两流体的最初温差},R=\frac{T_1-T_2}{t_2-t_1}=\frac{热流体的温降}{冷流体的温升}$$

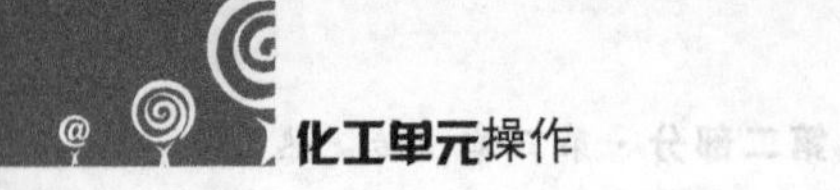

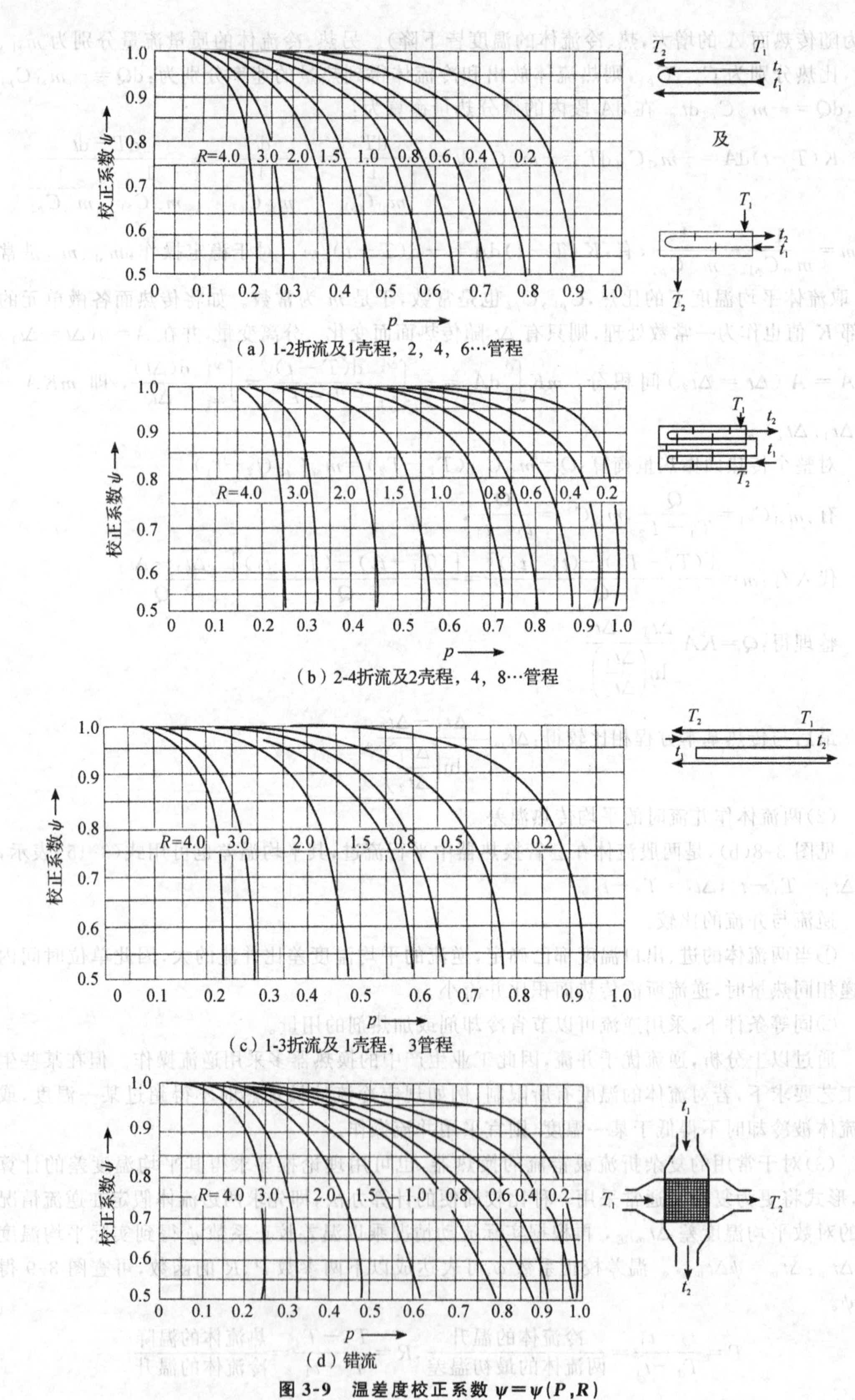

(a) 1-2折流及1壳程，2，4，6…管程

(b) 2-4折流及2壳程，4，8…管程

(c) 1-3折流及1壳程，3管程

(d) 错流

图 3-9 温差度校正系数 $\psi=\psi(P,R)$

三、传热实际应用

(一)设计型计算

前面介绍的传热速率方程和热量衡算方程中,除 C_{p1}、C_{p2} 视作常数外,还有 9 个变量,K、A、m_{s1}、m_{s2}、T_1、T_2、t_1、t_2、Q,其中需给出 6 个才能进行计算。若在给定量中包括了冷热流体进、出口的 4 个温度,则直接应用这两个方程,这类问题称为设计型问题。

例 3-5 某一换热器每小时冷凝 500 kg 乙醇蒸气,凝结液冷却至 30 ℃。乙醇的凝结温度为 78.5 ℃,凝结热为 880 kJ/kg。乙醇冷凝对流传热系数为 3 500 W/(m^2·℃)。乙醇液体的平均比热为 2.8 kJ/(kg·℃),乙醇冷却对流传热系数为 700 W/(m^2·℃),逆流冷却水进口温度为 15 ℃,出口温度为 35 ℃。水的对流传热系数为 1 000 W/(m^2·℃),比热为 4.2 kJ/(kg·℃)。若管壁及污垢热阻均可忽略,试求所需的传热面积。

解:设衡算系统与外界无热量交换,且需要将冷凝区和冷却区分开计算。

(1)乙醇蒸气凝结时放出的热量用式(3-16a)计算,即

$$Q_1=m_{s1}r=\frac{500\times 880\times 10^3}{3\ 600}=1.222\times 10^5\text{(W)}$$

(2)乙醇液体冷却至 30 ℃时放出的热量用式(3-16)计算,即

$$Q_2=m_{s1}C_{p1}(T_1-T_2)=\frac{500\times 2\ 800\times(78.5-30)}{3\ 600}=1.89\times 10^4\text{(W)}$$

总的放热量为:$Q=Q_1+Q_2=1.222\times 10^5+1.89\times 10^4=1.411\times 10^5$(W)。

(3)需要冷却水的总量用式(3-16)计算,即

$$m_{s2}=\frac{Q}{C_{p2}(t_2-t_1)}=\frac{1.411\times 10^5}{4\ 200\times(35-15)}=1.68\text{(kg/s)}=6\ 048\text{(kg/h)}$$

(4)乙醇蒸气通过冷凝区时,冷却水温升 $\Delta t'$,用式 $Q_1=m_{s2}C_{p2}\Delta t'=1.222\times 10^5$ W 计算,于是得:$\Delta t'=\dfrac{Q_1}{m_{s2}C_{p2}}=\dfrac{1.222\times 10^5}{1.68\times 4\ 200}=17.3$(℃)。

乙醇液体通过冷却区时,冷却水温升 $\Delta t''$ 用式 $Q_2=m_{s2}C_{p2}\Delta t''=1.89\times 10^4$ W 计算,于是得:$\Delta t''=\dfrac{Q_2}{m_sC_{p2}}=\dfrac{1.89\times 10^4}{1.68\times 4\ 200}=2.7$(℃)。

(5)乙醇蒸气通过冷凝区时的传热面积

乙醇 78.5 ℃ —— 78.5 ℃ ——→ 30 ℃ $\Delta t_1=78.5-35=43.5$(℃)

冷凝区 | 冷却区

冷却水 35 ℃ ←—— 17.7 ℃ —— 15 ℃ $\Delta t_2=78.5-17.7=60.8$(℃)

传热温度差:$\Delta t_{m1}=\dfrac{\Delta t_1+\Delta t_2}{2}=\dfrac{43.5+60.8}{2}=52.15$(℃)

总传热系数:$K_1=\dfrac{1}{\dfrac{1}{\alpha_1}+\dfrac{1}{\alpha_2}}=\dfrac{1}{\dfrac{1}{1\ 000}+\dfrac{1}{3\ 500}}=778$[W/(m^2·℃)]

传热面积：$A_1=\dfrac{Q_1}{K_1\Delta t_m}=\dfrac{1.222\times 10^5}{778\times 52.15}=3.01(m^2)$

(6)乙醇液体通过冷却区的传热面积

传热温度差：$\Delta t_{m2}=\dfrac{\Delta t_1-\Delta t_2}{\ln\dfrac{\Delta t_1}{\Delta t_2}}=\dfrac{(78.5-17.7)-(30-15)}{\ln\dfrac{78.5-17.7}{30-15}}=32.8(℃)$

总传热系数：$K_2=\dfrac{1}{\dfrac{1}{\alpha_1}+\dfrac{1}{\alpha_2}}=\dfrac{1}{\dfrac{1}{1\,000}+\dfrac{1}{700}}=412[W/(m^2\cdot ℃)]$

传热面积：$A_2=\dfrac{Q_2}{K_2\Delta t_{m2}}=\dfrac{1.89\times 10^4}{412\times 32.8}=1.4(m^2)$

(7)总传热面积：$A=A_1+A_2=3.01+1.4=4.41(m^2)$

(二)操作型计算

前面介绍的传热速率方程和热量衡算方程9个变量中，若已知的6个量中是给定K，A，m_{s1}，m_{s2}和两个温度如T_1，t_1，求解其他三个T_2、t_2及Q。这类问题通常在改变操作条件或核算时出现，称为操作型问题。求解这类问题时需用试差算法，不便求解。为了避免试差，采用较方便的另一种方法，即传热效率-传热单元数法，简称ε-NTU法。

1. 传热效率ε

换热器传热效率ε为实际传热速率Q和理论上可能的最大传热速度Q_{max}之比：

$$\varepsilon=\frac{Q}{Q_{max}} \tag{3-18}$$

式中，$Q_{max}=(m_sC_p)_{min}(T_1-t_1)$。

$(m_sC_p)_{min}$取两流体中热容流量(m_sC_p)数值较小的那一个。因为由热量衡算得知，热流体放出的热量应等于冷流体得到的热量，而计算Q_{max}时若以m_sC_p较大的流体为准的话，则另一流体的温差必然要大于最大值(T_1-t_1)，这在热力学上是不可能的。

若热流体的m_sC_p较小，则：

$$\varepsilon=\frac{Q}{Q_{max}}=\frac{m_{s1}C_{p1}(T_1-T_2)}{m_{s1}C_{p1}(T_1-t_1)}=\frac{T_1-T_2}{T_1-t_1} \tag{3-19a}$$

若冷流体的m_sC_p较小，则：

$$\varepsilon=\frac{Q}{Q_{max}}=\frac{m_{s2}C_{p2}(t_2-t_1)}{m_{s2}C_{p2}(T_1-t_1)}=\frac{t_2-t_1}{T_1-t_1} \tag{3-19b}$$

若能求出传热效率ε，则由$Q=\varepsilon Q_{max}=\varepsilon(m_sC_p)_{min}(T_1-t_1)$，求得$Q$后，便很容易算出两个出口温度$T_2$和$t_2$。

(2)传热单元数NTU：传热单元数的概念由努塞尔特首先提出。

对于热流体：

$$NTU_1=\frac{T_1-T_2}{\Delta t_m}=\frac{KA}{m_{s1}C_{p1}} \tag{3-20a}$$

对于冷流体：

$$\mathrm{NTU}_2=\frac{t_2-t_1}{\Delta t_{\mathrm{m}}}=\frac{KA}{m_{s2}C_{p2}} \tag{3-20b}$$

式中 $KA\left(=\frac{Q}{\Delta t_{\mathrm{m}}}\right)$ 即为换热器每 1 ℃平均温度差的传热速率，而 $m_{s1}C_{p1}$（或 $m_{s2}C_{p2}$）表示热（冷）流体温度每降低（升高）1 ℃所需放出（吸收）的热量，故传热单元数 $\mathrm{NTU}_1=KA/m_{s1}C_{p1}$（或 $\mathrm{NTU}_2=KA/m_{s2}C_{p2}$）代表每 1 ℃平均温度差的传热速率为热（冷）流体每下降（升高）1 ℃所需放出（吸收）热量的倍数。此外，传热单元数又可看作是热（冷）流体温度的变化相当于平均温度差的多少倍。

(3) 传热效率 ε 和传热单元数 NTU 的关系

对于逆流换热器：

$$\varepsilon=\frac{1-\exp[\mathrm{NTU}(1-C_R)]}{C_R-\exp[\mathrm{NTU}(1-C_R)]} \tag{3-21a}$$

式中，$C_R=\frac{(m_sC_p)_{\min}}{(m_sC_p)_{\max}}$ 称为热容流量比。当 $m_{s1}C_{p1}<m_{s2}C_{p2}$，则 $C_R=C_{R1}$，$\mathrm{NTU}=\mathrm{NTU}_1$，$\varepsilon=\frac{T_1-T_2}{T_1-t_1}$；当 $m_{s1}C_{p1}>m_{s2}C_{p2}$，则 $C_R=C_{R2}$，$\mathrm{NTU}=\mathrm{NTU}_2$，$\varepsilon=\frac{t_2-t_1}{T_1-t_1}$。

对于并流换热器：

$$\varepsilon=\frac{1-\exp[-\mathrm{NTU}(1+C_R)]}{1+C_R} \tag{3-21b}$$

不同情况下 ε 与 NTU、C_R 的关系已做出计算，并绘制成图，图 3-10 至图 3-12 分别表示并流、逆流、1-2 折流时的 $\varepsilon=\varepsilon(\mathrm{NTU},C_R)$ 关系。

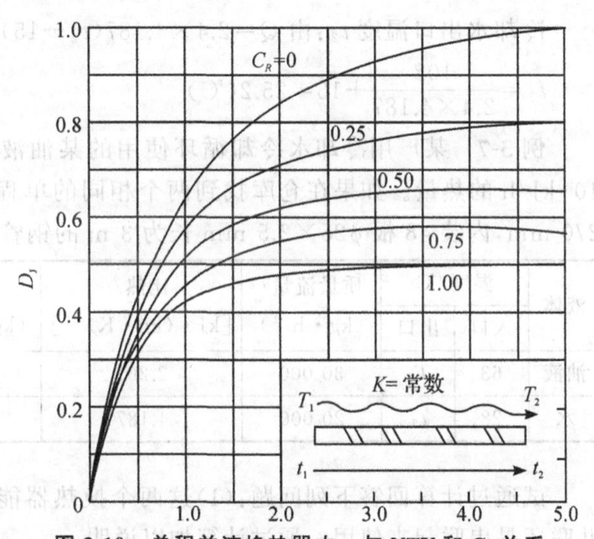

图 3-10 单程并流换热器中 ε 与 NTU 和 C_R 关系

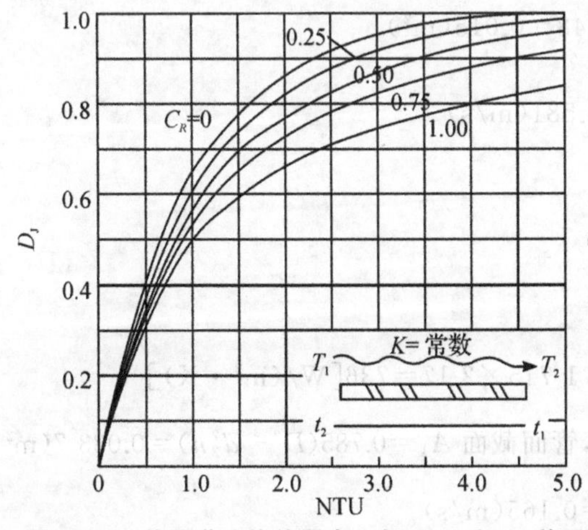

图 3-11 单程逆流换热器中 ε 与 NTU 和 C_R 关系

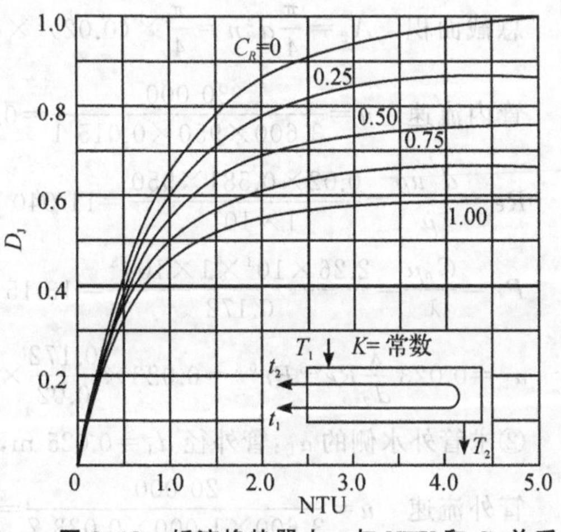

图 3-12 折流换热器中 ε 与 NTU 和 C_R 关系

例 3-6 空气质量流量为 2.5 kg/s，温度为 100 ℃，在常压下通过单程换热器进行冷却。冷却水质量流量为 2.4 kg/s，进口温度 15 ℃，空气作逆流流动。已知传热系数 $K=80\ W/(m^2\cdot K)$，又传热面积 $A=20\ m^2$，求空气出口温度和冷却水出口温度。空气比热取 1.0 kJ/(kg · K)，水的比热取 4.187 kJ/(kg · K)。

解：水 $m_{s2}C_{p2}=2.4\times4.187=10.05(kW/K)$，空气 $m_{s1}C_{p1}=2.5\times1.0=2.5(kW/K)$，因 $m_{s1}C_{p1}<m_{s2}C_{p2}$，故应取 $(m_sC_p)_{min}=m_{s1}C_{p1}=2.5\ kW/K$，$(m_sC_p)_{max}=m_{s2}C_{p2}=10.05\ kW/K$，

$$NTU=\frac{KA}{m_{s1}C_{p1}}=\frac{80\times20}{2.5\times10^3}=0.64, C_R=\frac{m_{s1}C_{p1}}{m_{s2}C_{p2}}=\frac{2.5}{10.05}=0.25$$

根据 NTU=0.64 和 $C_R=0.25$，由图 3-11，查得 $\varepsilon=0.48$。

空气出口的温度 T_2：由 $\varepsilon=\frac{T_1-T_2}{T_1-t_1}=\frac{100-T_2}{100-15}=0.48$，得 $T_2=100-85\times0.48=59.2(℃)$。

冷却水出口温度 t_2：由 $Q=2.4\times4.187(t_2-15)=2.5\times1.0\times(100-59.2)=102$，得

$$t_2=\frac{102}{2.4\times4.187}+15=25.2(℃)$$

例 3-7 某厂用冷却水冷却循环使用的某油液。按生产要求，要求从油液中取走 4×10^5 kJ/h 的热量。如果在仓库找到两个相同的单程换热器，其尺寸如下，换热器内径 $D=270$ mm，内装 48 根 $\phi25\times2.5$ mm 长为 3 m 的钢管，操作条件及物性如下：

液体	温度/℃		质量流量/ $(kg\cdot h^{-1})$	比热/ $[kJ\cdot(kg\cdot K)^{-1}]$	密度/ $(kg\cdot m^{-3})$	导热系数/ $[W\cdot(m\cdot K)^{-1}]$	黏度/ $(N\cdot s\cdot m^{-2})$
	入口	出口					
油液	63	T_2	30 000	2.261	950	0.172	1×10^{-3}
水	28	t_2	20 000	4.187	1 000	0.621	0.742×10^{-3}

试通过计算回答下列问题：(1)这两个换热器能否移走 4×10^5 kJ/h 以上热量？(2)应并联还是串联起来使用？通过计算加以说明。

解：(1)先考虑串联使用，为便于清洗，且油液的导热系数较小而走管内。

①求油液一侧的 α_2。管内径 $d_2=0.02$ m，

总截面积 $A_2=\frac{\pi}{4}d_2^2n=\frac{\pi}{4}\times(0.02)^2\times48=0.015(m^2)$

管内流速 $u=\frac{30\ 000}{3\ 600\times950\times0.015\ 1}=0.581(m/s)$

$$Re=\frac{d_2u\rho}{\mu}=\frac{0.02\times0.581\times950}{1\times10^{-3}}=11\ 040$$

$$Pr=\frac{C_p\mu}{\lambda}=\frac{2.26\times10^3\times1\times10^{-3}}{0.172}=13.15$$

$$\alpha_2=0.023\frac{\lambda}{d_2}Re^{0.8}Pr^{0.3}=0.023\times\frac{0.172}{0.02}\times1\ 715\times2.17=736[W/(m^2\cdot K)]$$

②求管外水侧的 α_1：管外径 $d_1=0.025$ m，管面截面 $A_1=0.785(D^2-d_2^2n)=0.033\ 7(m^2)$

管外流速 $u=\frac{20\ 000}{3\ 600\times1\ 000\times0.033\ 7}=0.165(m/s)$

$d_e=\dfrac{4A_1}{\pi D+\pi d_1 n}=\dfrac{4\times 0.033\ 7}{\pi(0.27+0.025\times 48)}=0.029\ 2\ \text{m}$

$Re=\dfrac{d_e u\rho}{\mu}=\dfrac{0.029\ 2\times 0.165\times 1\ 000}{0.742\times 10^{-3}}=6\ 490$(过渡流)

$Pr=\dfrac{C_p\mu}{\lambda}=\dfrac{4.187\times 10^3\times 0.742\times 10^{-3}}{0.621}=5.0$

湍流时，$\alpha'_1=0.023(\lambda/d_e)Re^{0.8}Pr^{0.4}=0.023\times(0.621/0.029\ 2)\times 122\times 1.904$

$=1\ 050[\text{W}/(\text{m}^2\cdot\text{K})]$

$\alpha_1=\alpha'_1(1-6\times 10^5/Re^{1.8})=963[\text{W}/(\text{m}^2\cdot\text{K})]$

取油液侧污垢热阻 $R_{s2}=0.176\times 10^{-3}\ \text{m}^2\cdot\text{K/W}$，水侧污垢热阻 $R_{s1}=0.58\times 10^{-3}$ $\text{m}^2\cdot\text{K/W}$，则：

$$\frac{1}{K}=\frac{1}{\alpha_2}\cdot\frac{d_1}{d_2}+R_{s2}\cdot\frac{d_1}{d_2}+R_{s1}+\frac{1}{\alpha_1}$$

$$=\frac{1}{736}\times\frac{0.025}{0.02}+0.176\times 10^{-3}\times\frac{0.025}{0.02}+0.58\times 10^{-3}+\frac{1}{963}$$

$$=0.001\ 71+0.000\ 22+0.000\ 58+0.001\ 04$$

$$=0.003\ 55$$

$K=282[\text{W}/(\text{m}^2\cdot\text{K})]$

每一换热器的面积 $A=\pi d_1 nl=11.3(\text{m}^2)$，

串联时　$A=2\times 11.3=22.6(\text{m}^2)$。

由于只知道热、冷流体的进口温度，用 ε-NTU 法求出口温度较为方便。现 $m_{s1}C_{p1}=(30\ 000/3\ 600)\times 2.261=18.84[\text{kJ}/(\text{s}\cdot\text{K})]$，$m_{s2}C_{p2}=(20\ 000/3\ 600)\times 4.187=23.26[\text{kJ}/(\text{s}\cdot\text{K})]$，应以热流体为准进行计算：

$\text{NTU}_1=\dfrac{KA}{m_{s1}C_{p1}}=\dfrac{282\times 22.6}{18.84\times 10^3}=0.338$，$C_R=\dfrac{m_{s1}C_{p1}}{m_{s2}C_{p2}}=0.81$

查图 3-11 得：$\varepsilon=0.26$，由 $\varepsilon=\dfrac{T_1-T_2}{T_1-t_1}=\dfrac{63-T_2}{63-28}=0.26$ 得：

$T_1-T_2=35\times 0.26=9.1$，故 $T_2=63-9.1=53.9(℃)$。

又由 $m_{s1}C_{p1}(T_1-T_2)=m_{s2}C_{p2}(t_2-t_1)$ 得：

$t_2=t_1+(m_{s1}C_{p1}/m_{s2}C_{p2})(T_1-T_2)=28+0.81\times 9.1=35.4(℃)$

	63	⟶	53.9
(−)	35.4	⟵	28
Δt：	27.6		25.9

$\Delta t_m=\dfrac{25.9+27.6}{2}=26.75(℃)$

$Q=KA\Delta t_m=282\times 22.6\times 26.75=170\ 500(\text{W})$

或 $Q=170\ 500\times 3\ 600/10^3=6.1\times 10^5\ \text{kJ/h}>4\times 10^5\ \text{kJ/h}$

故两个换热器串联时能符合要求。

(2)并联操作时，设两换热器的阻力系数相同，则热流体流过每一换热器的流量为 15 000 kg/h，$u=0.581/2=0.291(\text{m/s})$，$Re=5\ 520$。

逆流时：$\alpha_2=0.023(\lambda/d)Re^{0.8}Pr^{0.3}f$

$=0.023\times(0.172/0.02)\times985\times2.17f$

$=421f[\mathrm{W/(m^2\cdot K)}]$

$f=(1-6\times10^5/5\ 520^{1.8})=0.89,\alpha_2=375\ \mathrm{W/(m^2\cdot K)}$

冷流体流量不变，设物性常数数值不变

$$\frac{1}{K}=\frac{1}{\alpha_2}\cdot\frac{d_1}{d_2}+R_{s2}\cdot\frac{d_1}{d_2}+R_{s1}+\frac{1}{\alpha_2}$$

$$=\frac{1}{375}\times\frac{0.025}{0.02}+0.000\ 22+0.000\ 58+0.001\ 04$$

$$=0.005\ 04$$

$K=198[\mathrm{W/(m^2\cdot K)}]$

所以 $m_{s1}C_{p1}<m_{s2}C_{p2}$，故以热流体为准，用 ε-NTU 法进行计算。

第一换热器：$\mathrm{NTU}_1=\dfrac{198\times11.3}{(15\ 000/3\ 600)\times2.261\times10^3}=0.24$

$C_R=\dfrac{m_{s1}C_{p1}}{m_{s2}C_{p2}}=\dfrac{18.84/2}{23.26}=0.4$

查图 3-11 得：$\varepsilon=0.23=\dfrac{T_1-T_2}{T_1-t_1}=\dfrac{63-T_2}{63-28}$

$T_2=63-0.23\times35=55(℃)$，$m_{s1}C_{p1}(T_1-T_2)=m_{s2}C_{p2}(t_2-t_1)$

$t_2=t_1+\dfrac{m_{s1}C_{p1}}{m_{s2}C_{p2}}(T_1-T_2)=28+3.2=31.2(℃)$

$Q_1=KA\Delta t_{m1}$

	63	⟶	55
—)	31.2	⟵	28
Δt：	31.8		27

$\Delta t_{m1}=\dfrac{31.8+27}{2}=29.4(℃)$

$Q=198\times11.3\times29.4=65\ 800(\mathrm{W})$

第二换热器：$\varepsilon=0.23=\dfrac{T_1-T_2'}{T_1-t_1}=\dfrac{63-T_2'}{63-31.2}$，$T_2'=63-0.23\times31.8=55.7(℃)$

$m_{s1}C_{p1}(T_1-T_2')=m_{s2}C_{p2}(t_3-t_2)$

$t_3=t_2+C_R(T_1-T_2')=31.2+0.4\times(63-55.7)=34.1(℃)$

	63	⟶	55.7
—)	34.1	⟵	31.2
Δt：	28.9		24.5

$\Delta t_{m2}=\dfrac{28.9+24.5}{2}=26.7(℃)$

$Q_2=KA\Delta t_{m2}=198\times11.3\times26.7=59\ 700(\mathrm{W})$

$Q=Q_1+Q_2=125\ 500\ \mathrm{W}=4.52\times10^5(\mathrm{kJ/h})>4\times10^5(\mathrm{kJ/h})$

用串联比并联效果好，但其阻力损失也较大。

（三）保温层的临界直径

化工管路外常需要保温，以减少热量（或冷量）的损失。由于金属管壁所引起的热阻与保温层的相比一般较小，可以忽略不计，因此，管内、外壁温度可视为相等。通常，热损失随保温层厚度的增加而减少。但在小直径圆管外包扎性能不良的保温材料，随保温层厚度的增加，可能反而使热损失增大，其原因分析如下。

如图 3-13 所示，假设保温层内表面温度为 t_1，环境温度为 t_b，保温层内、外半径分别为 r_1 和 r_2。此时传热过程包括保温层的热传导和保温层外壁与环境空气的对流传热。因此热损失可表示为：

$$Q=\frac{\text{总推动力}}{\text{总热阻}}=\frac{t_1-t_b}{R_1+R_2}=\frac{t_1-t_b}{\dfrac{1}{2\pi l\lambda}\ln\dfrac{r_2}{r_1}+\dfrac{1}{2\pi r_2 l\alpha}}$$

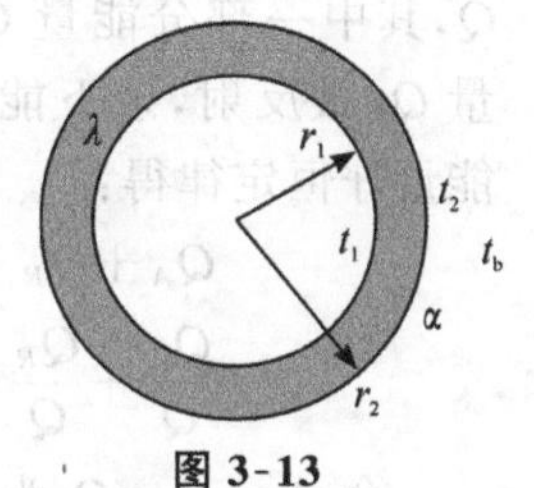

图 3-13

式中，R_1 为保温层的热传导热阻，R_2 为保温层外壁与空气的对流传热热阻。从上式可以看出，当保温层厚度增加（即 r_1 不变，r_2 增大）时，虽然热阻 R_1 增大，但热阻 R_2 反而下降，因此有可能使总热阻（R_1+R_2）下降，因而导致热损失增大。为此，可通过对上式求导，并令其为 0，解得一个 Q 为最大值时的临界半径，即 $\dfrac{dQ}{dr_2}$

$$=\frac{-2\pi l(t_1-t_b)\left(\dfrac{1}{\lambda r_2}-\dfrac{1}{\alpha r_2^2}\right)}{\left[\dfrac{\ln\left(\dfrac{r_2}{r_1}\right)}{\lambda}+\dfrac{1}{r_2\alpha}\right]^2}=0$$，整理得：$r_2=\lambda/\alpha$。

习惯上用 r_c 表示 Q 最大时的临界半径，故：$r_c=\lambda/\alpha$ 或 $d_c=2\lambda/\alpha$。上式中 d_c 为保温层的临界直径。若保温层的外径 d_2 小于 d_c，则增加保温层厚度反而使热损失增大。只有在保温层的外径 d_2 大于 d_c 时，增加保温层厚度才使热损失减少。由此可知，管径较小管路包扎导热系数较大的保温材料时，需核算 d_2 是否小于 d_c。例如，在管径为 15 mm 的管道外保温，若保温材料的 λ 为 0.14 W/(m·℃)，外表面对环境空气的对流传热系数为 10 W/(m^2·℃)，则相应的临界直径为 28 mm，这样若保温层厚度不够厚，有可能使热损失增大。一般电线外包扎胶皮后，其直径小于 d_c，因此有利于电线的散热。

第四节　热辐射

一、热辐射的基本概念及其规律

物体以电磁波的形式发射（或传递）能量的过程，称为辐射。因热的原因引起的电磁波辐射，称为热辐射。在热辐射过程中，物质的热能转变为辐射能，只要物体的温度不变，发射的辐射能也不变。物体在向外辐射能量的同时，也可能不断地吸收周围其他物质发射的辐射能。故辐射换热是不同物体相互辐射和吸收能量的综合过程，结果是高温物质向低温物质传递能量。电磁波的波长范围很广，但能被物体吸收而转变为热能的辐射主要为可见光和红外线，称为热射线，波长为 0.4～40 μm，红外线的热射线对热辐射起决定作用。

热射线和可见光一样，同样服从反射和折射定律，在同一介质中作直线传播，且在真空和大多数气体中完全透过。如图 3-14 所示，投射在某一物体上的总辐射能为 Q，其中一部分能量 Q_A 被吸收，一部分能量 Q_R 被反射，余下能量 Q_D 透过物体。由能量守恒定律得：

$$Q_A+Q_R+Q_D=Q \qquad (3\text{-}22)$$

$$\frac{Q_A}{Q}+\frac{Q_R}{Q}+\frac{Q_D}{Q}=1 \qquad (3\text{-}22a)$$

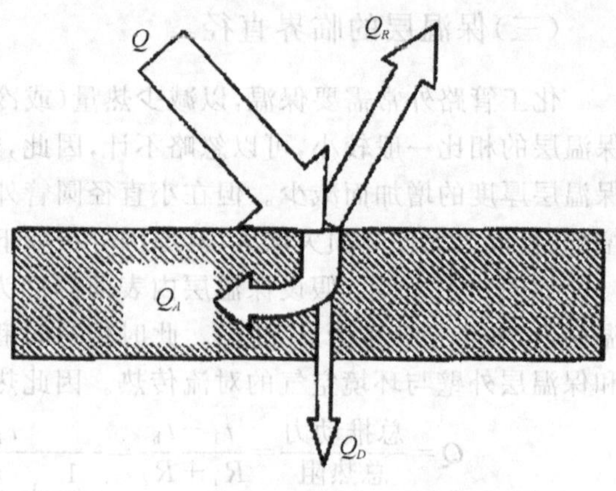

图 3-14　辐射能的吸收、反射和透过

令 $A=Q_A/Q$ 为物体的吸收率，$R=Q_R/Q$ 为物体的反射率，$D=Q_D/Q$ 为物体的透过率，即

$$A+R+D=1 \qquad (3\text{-}22b)$$

(一)黑体、镜体、透热体和灰体

能全部吸收辐射能的物体，即 $A=1$，称为黑体或绝对黑体；能全部反射辐射能的物体，即 $R=1$，称为镜体或绝对白体；能透过全部辐射能的物体，即 $D=1$，称为透热体。一般单原子气体和对称的双原子分子气体可视为透热体。没有绝对的黑体和镜体，但某些物体，如无光泽的黑煤，其吸收率 $A=0.96\sim0.98$，接近于黑体；磨光的金属表面，反射率为0.97，接近于镜体。白体、黑体不可与白色、黑色等颜色混淆，白色、黑色只是针对可见光而言。吸收率 A、反射率 R 和透过率 D 的大小取决于物体的性质、温度、表面状况和辐射线的波长等，一般说，表面粗糙的物体吸收率较大。

凡能够以相同的吸收率且部分吸收所有波长范围(波长为 0～∞)的辐射能的物体，称为灰体。它具有以下特点：(1)其吸收率 A 不随辐射线的波长而变；(2)它不是透热体，即 $A+R=1$。大多数工程材料视为灰体。

(二)物体的辐射能力 E 与普朗克定律

物体的辐射能力指物体在一定温度下，单位表面积、单位时间内所发射的全部辐射能(从波长 $\lambda=0$ 到 $\lambda=\infty$)，以 E 表示，其 SI 单位为 W/m^2。

在一定温度下，设在波长 λ 至 $\lambda+\Delta\lambda$ 的范围内发射能力为 ΔE_0，则：

$$\lim_{\Delta\lambda\to0}\frac{\Delta E_0}{\Delta\lambda}=\frac{dE_0}{d\lambda}=E_{\lambda0} \qquad (3\text{-}23)$$

$E_{\lambda0}$ 表示单色发射能力，这是物体在一定温度下，单位表面积、单位时间内发射的某一特定波长的能量。显然：$E_0=\int_0^\infty E_{\lambda0}\,d\lambda$。

绝对黑体的单色发射能力 $E_{\lambda0}$ 随波长变化的规律已经由普朗克(Plank)根据量子理论得出下列关系式：

$$E_{\lambda0}=\frac{C_1\lambda^{-5}}{(e^{\frac{C_2}{\lambda T}}-1)} \qquad (3\text{-}24)$$

式中，$E_{\lambda 0}$为单色发射能力，W/m^3；λ 为波长，m；T 为物体的绝对温度，K；e为自然对数的底数；C_1为常数，其值为 3.743×10^{-16} W·m²；C_2为常数，其值为 $1.438\ 7\times10^{-12}$ W·K。

图 3-15 表示普朗克定律中黑体的单色发射能力与温度及波长的关系。

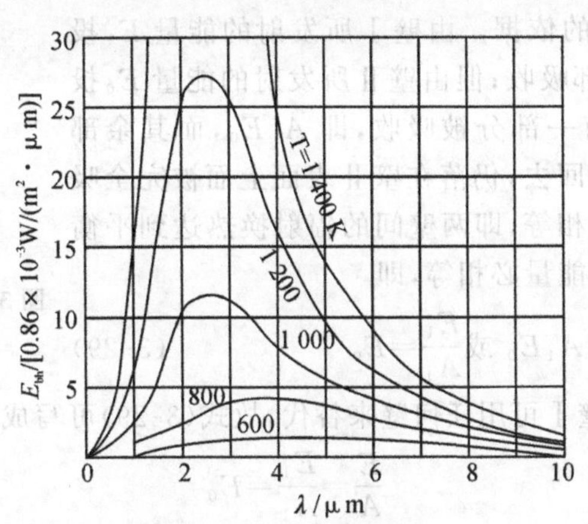

图 3-15 普朗克定律

由图可知，每个温度有一条能量分布曲线。在指定的温度下，黑体辐射各种波长的能量不同。

(三)斯蒂芬-波尔兹曼定律

该定律揭示了黑体的辐射能力与其表面温度的关系。黑体的发射能力

$$E_0=\int_0^{\infty}E_{\lambda 0}\mathrm{d}\lambda=\int_0^{\infty}\frac{C_1\lambda^{-5}}{e^{\frac{C_2}{\lambda T}}-1}\mathrm{d}\lambda$$

经积分后，得：

$$E_0=\sigma_0 T^4=C_0\left(\frac{T}{100}\right)^4 \tag{3-25}$$

上式称为斯蒂芬-波尔兹曼(Stefan-Boltzman)定律，它说明黑体的发射能力与其表面绝对温度的四次方成正比。式中 σ_0 为黑体的辐射常数，其值为 5.67×10^{-8} W/(m²·K⁴)；C_0为黑体的辐射常数，其值为 5.67 W/(m²·K⁴)。

对于灰体的发射能力 E，也可表示为：

$$E=C\left(\frac{T}{100}\right)^4 \tag{3-26}$$

式中，C 为灰体的发射系数，不同物体的 C 值不同，它取决于物体性质、表面情况和温度，且总是小于 C_0。因此，在同一温度下，灰体的发射能力总是小于黑体，其比值 ε 称为物体的发射率，即

$$\varepsilon=\frac{E}{E_0}=\frac{C}{C_0} \tag{3-27}$$

ε 也常称为物体的黑度，其值可由实验确定。由此灰体的发射能力 E 为：

$$E=\varepsilon E_0=\varepsilon C_0\left(\frac{T}{100}\right)^4 \tag{3-28}$$

(四)克希霍夫定律

该定律确定物体的发射能力 E 与其吸收率 A 之间的关系。设有两靠得很近的平行壁

Ⅰ与Ⅱ，壁Ⅰ为灰体，壁Ⅱ为绝对黑体。这样，从一个壁面发射出来的能量将全部投射于另一壁面上，见图 3-16，以 E_1、A_1 和 E_0、A_0 分别表示壁Ⅰ、Ⅱ的发射能力和吸收率。以单位时间单位壁面积为讨论的依据。由壁Ⅰ所发射的能量 E_1 投射于壁Ⅱ表面上而被全部吸收；但由壁Ⅱ所发射的能量 E_0 投射于壁Ⅰ表面上时，只有一部分被吸收，即 A_1E_0，而其余部分，即 $(1-A_1)E_0$ 被反射回去，仍落在壁Ⅱ表面上而被完全吸收。若Ⅰ、Ⅱ两壁面温度相等，即两壁间的辐射换热达到平衡时，壁Ⅰ所发射和吸收的能量必相等，即

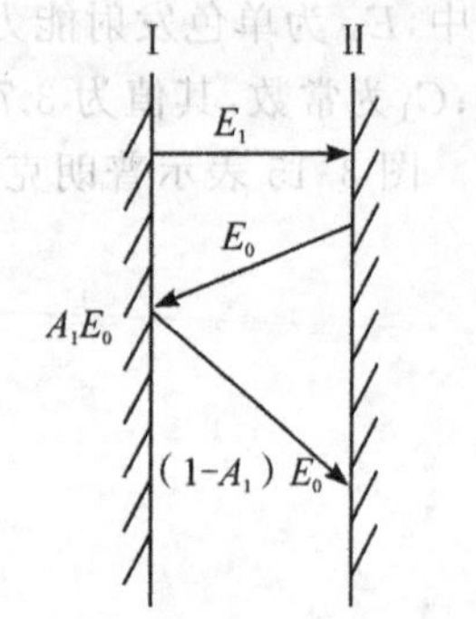

图 3-16　克希霍夫定律的推导

$$E_1=A_1E_0 \text{ 或 } \frac{E_1}{A_1}=E_0 \tag{3-29}$$

因具有 E_1 和 A_1 的壁Ⅰ可用任何壁来替代，故式(3-29)可写成：

$$\frac{E}{A}=\frac{E_1}{A_1}=E_0 \tag{3-30}$$

式(3-30)称为克希霍夫(Kirchhoff)定律，它说明一切物体的发射能力与其吸收率的比值均相等，且等于同温度下绝对黑体的发射能力，其值只与物体的温度有关。比较式(3-27)和式(3-30)可知：$A=\varepsilon=\dfrac{E}{E_0}$，即在同一温度下，物体的吸收率和黑度在数值上是相等的。但 ε 和 A 的物理意义不同：ε 表示灰体发射能力占黑体发射能力的分数；A 为外界投射来的辐射能可被物体吸收的分数。二者只有在温度相同以及 ε 或 A 随温度的变化皆可忽略时，数值才相等。表 3-3 列出一些常用工业材料的黑度 ε 值。

表 3-3　常用工业材料的黑度

材料	温度/℃	黑度 ε
红砖	20	0.93
耐火砖	—	0.80～0.90
钢板(氧化的)	200～600	0.80
钢板(磨光的)	940～1 100	0.55～0.61
铝(氧化)	200～600	0.11～0.19
铝(磨光的)	225～575	0.039～0.057
铜(氧化的)	200～600	0.57～0.87
铜(磨光的)	—	0.03
铸铁(氧化的)	200～600	0.64～0.78
铸铁(磨光的)	330～910	0.60～0.70

二、两固体间的辐射换热

工业上常遇到的辐射换热，为两固体的相互辐射，而这类固体可视为灰体。两灰体间从一个物体表面发出的辐射能只有一部分到达另一物体表面，而到达的这一部分能量又由于部分反射不能全被吸收。同理，从另一物体表面反射回来的辐射能也只有一部分回到原物体表面，而返回的这部分能量又有一部分被反射一部分被吸收，这种过程不断反复进行。辐

射传热的结果是，将热能从温度较高的物体传递给温度较低的物体。两固体壁面间传热需考虑到两物体的吸收率和反射率、形状与大小以及两者间的距离和相互位置。

（一）两无限大平行灰体壁面之间的相互辐射

这是最简单的情况，可作为分析和推导计算式的例子。这两个面的温度、发射能力、吸收率和黑度分别为 T_1、E_1、A_1、ε_1 和 T_2、E_2、A_2、ε_2，见图 3-17，且 $T_1>T_2$，对平面 1 来说，其本身的发射能力为 E_1，同时从平面 2 辐射到平面 1 的总能量为 E_2'（即图中 1、2 两平面间自右至左各箭头所表示的能量的总和），其中一部分即 A_1E_2' 被平面 1 吸收，其余部分即 $(1-A_1)E_2'$ 则被反射回去，因此从平面 1 辐射和反射的能量之和 E_1'（即图中自左至右各箭头所表示能量的总和），有：

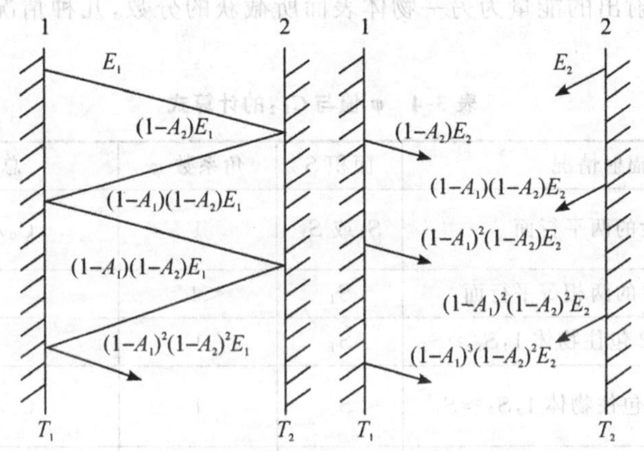

图 3-17 两平行灰体间的相互辐射

$$E_1'=E_1+(1-A_1)E_2' \tag{3-31}$$

同样，对平面 2，本身的辐射能 E_2 和反射的能量 $(1-A_2)E_1'$ 之和 E_2' 有：

$$E_2'=E_2+(1-A_2)E_1 \tag{3-32}$$

两平行壁面间单位时间、单位面积的辐射传热量为两壁面的辐射总能量之差，即

$$q_{1\text{-}2}=E_1'-E_2' \tag{3-33}$$

由式(3-31)和式(3-32)，解得 E_1' 和 E_2' 后，再代入式(3-33)得：

$$q_{1\text{-}2}=\frac{E_1A_2-E_2A_1}{A_1+A_2-A_1A_2} \tag{3-34}$$

再以 $E_1=\varepsilon_1C_0\left(\frac{T_1}{100}\right)^4$，$E_2=\varepsilon_2C_0\left(\frac{T_2}{100}\right)^4$ 和 $A_1=\varepsilon_1$ 及 $A_2=\varepsilon_2$ 等代入式(3-34)，整理后得：

$$q_{1\text{-}2}=\frac{C_0}{\frac{1}{\varepsilon_1}+\frac{1}{\varepsilon_2}-1}\left[\left(\frac{T_1}{100}\right)^4-\left(\frac{T_2}{100}\right)^4\right] \tag{3-35}$$

或写成：

$$q_{1\text{-}2}=C_{1\text{-}2}\left[\left(\frac{T_1}{100}\right)^4-\left(\frac{T_2}{100}\right)^4\right] \tag{3-35a}$$

式中，$C_{1\text{-}2}$ 称为总发射系数，即 $C_{1\text{-}2}=\dfrac{C_0}{\frac{1}{\varepsilon_1}+\frac{1}{\varepsilon_2}-1}=\dfrac{1}{\frac{1}{C_1}+\frac{1}{C_2}-\frac{1}{C_0}}$。

面积为 S 的相距很近的平行面间的辐射传热速率为：

$$Q_{1\text{-}2}=C_{1\text{-}2}S\left[\left(\frac{T_1}{100}\right)^4-\left(\frac{T_2}{100}\right)^4\right] \tag{3-35b}$$

(二)任意形状、大小和位置的两物体表面间的相互辐射

此时，将式(3-35b)改写成如下形式：

$$Q_{1\text{-}2}=C_{1\text{-}2}\varphi S\left[\left(\frac{T_1}{100}\right)^4-\left(\frac{T_2}{100}\right)^4\right] \tag{3-36}$$

式中，$Q_{1\text{-}2}$ 为净的辐射换热，$C_{1\text{-}2}$ 为总辐射系数，见表 3-4；S 为辐射面积，m^2；T_1，T_2 为高、低温表面的绝对温度，K；ε_1、ε_2 为相应两表面材料的黑度；φ 为几何因数(角系数)，角系数表示从辐射面积 S 所发射出的能量为另一物体表面所截获的分数，几种情况下的 φ 值见表 3-4 和图 3-18。

表 3-4　φ 值与 $C_{1\text{-}2}$ 的计算式

序号	辐射情况	面积 S	角系数 φ	总辐射系数 $C_{1\text{-}2}$
1	极大的两平行面	S_1或S_2	1	$C_0/\left(\frac{1}{\varepsilon_1}+\frac{1}{\varepsilon_2}-1\right)$
2	面积有限的两相等平行面	S_1	$<1^*$	$\varepsilon_1\varepsilon_2C_0$
3	很大的物体 2 包住物体 1，$S_2\gg S_1$	S_1	1	ε_1C_0
4	物体 2 恰好包住物体 1，$S_2\approx S_1$	S_1	1	$C_0/\left(\frac{1}{\varepsilon_1}+\frac{1}{\varepsilon_2}-1\right)$
5	在 3、4 两种情况之间	S_1	1	$C_0/\left[\left(\frac{1}{\varepsilon_1}+\frac{S_1}{S_2}\left(\frac{1}{\varepsilon_2}-1\right)\right)\right]$

附注：* 此种情况的 φ 值由图 3-18 查得。

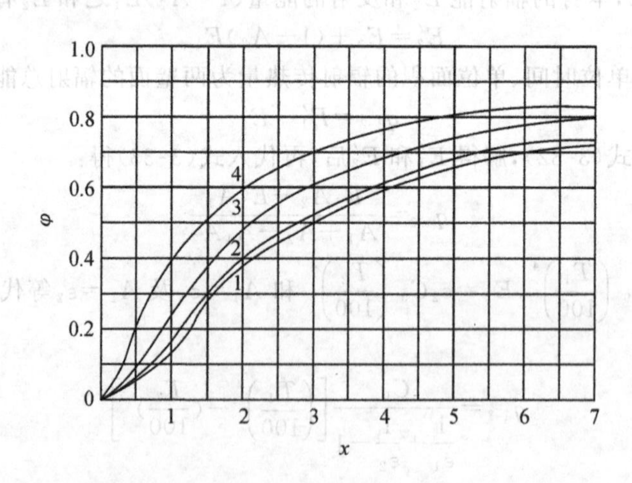

1—圆盘形；2—正方形；3—长方形(边之比 2∶1)；4—长方形(狭长)

图 3-18　平行平面间直接辐射热交换角系数

说明：$x=\dfrac{l}{b}$ 或 $\dfrac{d}{b}=\dfrac{\text{边长(长方形用短边)或直径}}{\text{辐射面间的距离}}$。

例 3-8 实验室内有一高为 0.5 m、宽为 1 m 的铸铁炉门，其表面温度为 600 ℃。(1)试求每小时由于炉门辐射而散失的热量。(2)若在炉门前 25 mm 外放置一块同等大小的铝板(已氧化)作为热屏，则散热量可降低多少？设室温为 27 ℃。

解：(1)未用铝板隔热时，铸铁炉门为四壁包围，$\varphi=1$，且 $S_2 \gg S_1$，故 $C_{1\text{-}2}=\varepsilon_1 C_0$，查表 3-4 得铸铁的黑度 $\varepsilon_1=0.78$，则 $C_{1\text{-}2}=0.78\times5.67=4.34$，由式(3-35b)得：

$$Q=4.34\times1\times0.5\times1\times\left[\left(\frac{600+273}{100}\right)^4-\left(\frac{27+273}{100}\right)^4\right]$$

$$=2.71\times(5\ 810-81)=12\ 400(\text{W})$$

(2)放置铝板，炉门的辐射热量可视为炉门对铝板的辐射换热量，也等于铝板对周围的辐射散热量，若以下标 3 表示铝板(1，2 分别表示炉门、房间)，则有

$$Q_{1\text{-}3}=C_{1\text{-}3}\varphi_{1\text{-}3}S_1\left[\left(\frac{T_1}{100}\right)^4-\left(\frac{T_3}{100}\right)^4\right]$$

$$Q_{3\text{-}2}=C_{3\text{-}2}\varphi_{3\text{-}2}S_3\left[\left(\frac{T_3}{100}\right)^4-\left(\frac{T_2}{100}\right)^4\right]$$

又 $Q_{1\text{-}3}=Q_{3\text{-}2}$，因 $S_1=S_2$，且两者的距离很小，可认为两个极大平行平面间的辐射：

$$C_{1\text{-}3}=\frac{C_0}{\dfrac{1}{\varepsilon_1}+\dfrac{1}{\varepsilon_3}-1}$$

铝板黑度 $\varepsilon_3=0.15$，又 $\varphi_{1\text{-}3}=1$，于是 $C_{1\text{-}3}=\dfrac{5.67}{\dfrac{1}{0.78}+\dfrac{1}{0.15}-1}=0.816$。

又铝板为四壁包围，$A_2 \gg A_3$，$\varphi_{3\text{-}2}=1$，则：$C_{3\text{-}2}=\varepsilon_3 C_0=0.15\times5.67=0.85$。

$$0.816\times1\times0.5\times1\times\left[\left(\frac{600+273}{100}\right)^4-\left(\frac{T_3}{100}\right)^4\right]$$

$$=0.85\times1\times0.5\times1\times\left[\left(\frac{T_3}{100}\right)^4-\left(\frac{27+273}{100}\right)^4\right]$$

解得：$T_3=733(\text{K})$，$t_3=733-273=460(℃)$。

所以，放置铝板作为热屏后，炉门的辐射散热量为：

$$Q_{1\text{-}3}=0.816\times1\times0.5\times1\left[\left(\frac{600+273}{100}\right)^4-\left(\frac{733}{100}\right)^4\right]$$

$$=1\ 192\ \text{W}$$

即散热量降低了 12 400－1 192＝11 208 W，热损失只有原来的 9.6%。故设置隔热挡板是减少辐射散热的有效办法，且挡板材料的黑度愈低，挡板的层数愈多，则热损失愈少。

三、设备热损失

设备热损失是由于在壁面通过气体与周围辐射传热的同时，壁面与气体间也会以对流方式同时传热，即这是辐射、对流的联合传热。

对流散热为

$$Q_C=\alpha_C S_w(t_w-t) \tag{3-37}$$

辐射散热为

$$Q_R = C_{1-2} S_w \left[\left(\frac{T_w}{100} \right)^4 - \left(\frac{T}{100} \right)^4 \right] \tag{3-38}$$

(一般角系数取 $\varphi=1$)

式中，T_w、t_w分别表示设备外壁的绝对温度与摄氏温度；T、t 分别表示周围环境的绝对温度与摄氏温度；S_w表示设备的外壁面积。

如果将式(3-38)也改写成对流传热系数的形式，则：

$$Q_R = \alpha_R S_w (t_w - t) \tag{3-39}$$

式中，$\alpha_R = \dfrac{C_{1-2}\left[\left(\dfrac{T_w}{100} \right)^4 - \left(\dfrac{T}{100} \right)^4 \right]}{t_w - t}$，称为辐射传热系数。

总的热损失应为：

$$Q_T = Q_C + Q_R = (\alpha_C + \alpha_R) S_w (t_w - t) = \alpha_T S_w (t_w - t) \tag{3-40}$$

式中，$\alpha_T = \alpha_C + \alpha_R$，称为对流辐射联合传热系数，其 SI 单位为 $W/(m^2 \cdot K)$。对于有保温层的设备，管道的外壁对周围环境的联合换热系数 α_T的估算，分两种情况：

(1)空气自然对流时

在平壁保温层外：

$$\alpha_T = 9.8 + 0.07(t_w - t) \tag{3-41}$$

在管或圆筒壁保温层外：

$$\alpha_T = 9.4 + 0.052(t_w - t) \tag{3-42}$$

(2)空气沿粗糙壁面强制对流时

空气流速：

$$u < 5\ m/s \quad \alpha_T = 6.2 + 4.2u \tag{3-43}$$

空气流速：

$$u > 5\ m/s \quad \alpha_T = 7.8u^{0.78} \tag{3-44}$$

第五节 传热设备

一、传热设备(换热器)的分类

(一)按使用目的分

(1)蒸发器，是以一侧液体的蒸发浓缩为目的的换热器。

(2)预热器，是以一侧液体或气体的加热作为加工的预处理的换热器，如牛奶、果汁预热器。

(3)加热器，是以一侧液体或气体加热的换热器，如空气加热器。

(4)过热器，加热蒸气或过热状态的加热器。

(5)冷凝器，将一侧的蒸气冷凝成液体的换热器，如氨冷凝器。

(6)冷却器，将一侧的气体或液体进行冷却的换热器。

(7)深冷器，使用氨、氟利昂或液氮为冷却剂将气体或液体冷却至极低温度的换热器。

(8)余热回收器，回收热量，提高热能利用的经济性。

2.按传热方式、结构分

1. 直接接触式(混合式)

这类换热器，冷、热两流体通过直接混合进行热量交换。常用于气体的冷却或水蒸气的冷凝。混合式换热器是依靠冷、热流体直接接触进行传热，这种传热方式避免了传热间壁及其两侧污垢的热阻，只要流体间的接触情况良好，就具有较大的传热速率。它具有设备结构简单、传热效率高和易于防腐等特点。因此，在生产工艺上允许两种流体相互混合的情况下，都可以采用混合式换热器，例如气体的洗涤和冷却、循环水的冷却、蒸气-水之间的混合加热等。混合式冷凝器的原理示意图见图 3-19。

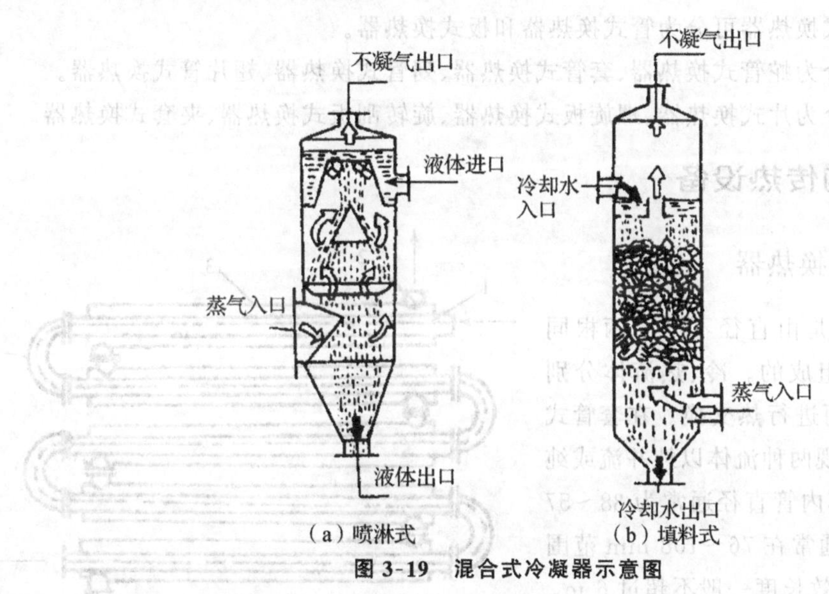

图 3-19　混合式冷凝器示意图

2. 蓄热式

这主要由热容量较大的蓄热室构成，室中可充填耐火砖或金属带等作为填料，当冷、热两种液体交替地通过同一蓄热室时，即可通过填料将得自热流体的热量传递给冷流体，达到换热的目的。它主要由热容量较大的蓄热室构成，蓄热室的填料一般是耐火材料或金属材料。当冷、热两种流体交替通过蓄热室时，即可通过蓄热室将热流体传给蓄热室的热量间接地传给冷流体，以达到换热的目的。蓄热式换热器的结构较简单，可耐受高温，其缺点是设备庞大，冷、热流体之间存在一定程度的混合。它常用于气体的余热或冷量的回收利用。传统的蓄热室是由耐火砖砌成的格子体，单位体积蓄热室的传热面积较小，而近年开发的高效而紧凑的蓄热器则大大地改善了设备庞大的缺点，如旋转型蓄热器和流化床型蓄热器。图 3-20 为旋转型蓄热器的示意图。

3. 间壁式

其特点是冷、热两种流体之间用一金属壁隔开，以使两种流体在不相混合的情况下进行

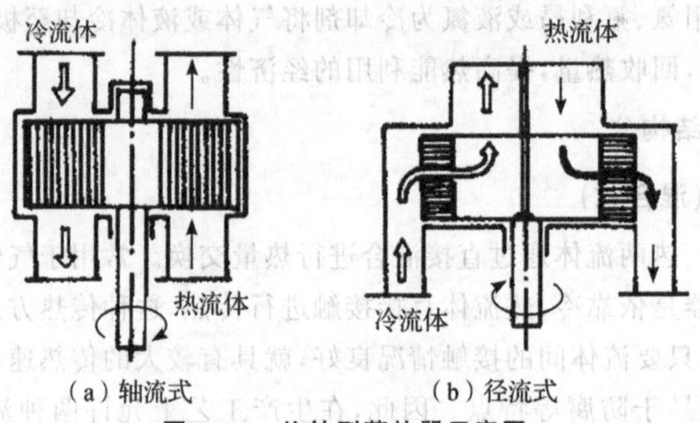

（a）轴流式　　（b）径流式

图 3-20　旋转型蓄热器示意图

热量传递。生产中最常见的两流体间的热交换是通过间壁式换热器进行的。

常见的间壁式换热器可分为管式换热器和板式换热器。

管式换热器分为蛇管式换热器、套管式换热器、列管式换热器、翅片管式换热器。

板式换热器分为片式换热器、螺旋板式换热器、旋转刮板式换热器、夹套式换热器。

二、典型的传热设备

（一）套管式换热器

如图 3-21，它是由直径不同的两根同心直管套在一起组成的。冷、热流体分别流经内管和环隙而进行热交换。在套管式换热器中，可以实现两种流体以纯并流或纯逆流方式流动。其内管直径通常为 38～57 mm，外管直径则通常在 76～108 mm 范围内，每根套管的有效长度一般不超过 6 m。

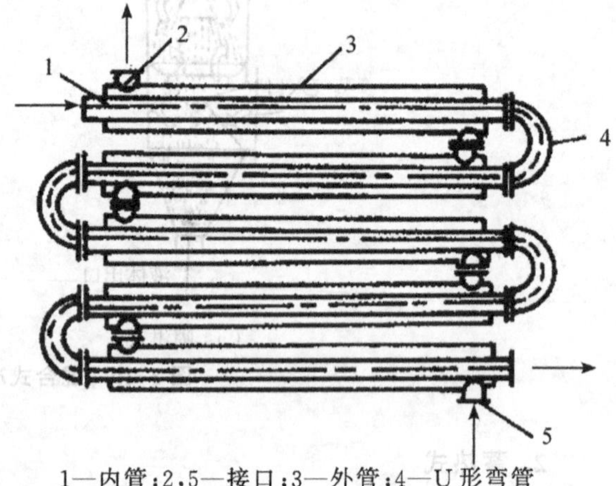

1—内管；2，5—接口；3—外管；4—U 形弯管

图 3-21　套管式换热器

套管式换热器的优点是：结构简单，易于维修和清洗，适用于高温、高压流体，特别是小容积流量流体的传热。如果工艺条件变动，只要改变套管的根数，即可增减传热负荷。它的主要缺点是流动阻力大，金属耗量多，而且体积较大，因而多用于所需传热面积较小的传热过程。

（二）列管式换热器

列管式换热器（又称管壳式换热器）是工业上应用最广泛的换热设备。与前述几种换热器相比，它的主要优点是单位体积所具有的传热面积大，结构紧凑，传热效果好。

由于结构坚固，而且可以选用的结构材料范围广，故适应性强，操作弹性较大，因此，在高温、高压和大型装置上多采用列管式换热器。

列管式换热器主要由壳体、管束、折流板、管板和封头等部件组成。管束安装在壳体内，两端固定在管板上。封头用螺栓与壳体两端的法兰相连。这种结构易于检修和清洗。在进行热交换时，一种流体由封头的进口接管进入，通过平行管束的管内，从另一端封头出口接管流出，称为管程；另一流体则由壳体的接管进入，在壳体内从管束的空隙处流过，通过折流板的引导，由壳体的另一个接管流出，称为壳程。

在列管式换热器中，由于管内外流体的温度不同，管束和壳体的温度和材料不同，因此它们的热膨胀程度也有差别。若两流体的温差较大，就可能由热应力引起设备的变形，管束弯曲，甚至破裂或从管板上松脱。因此，当两流体的温差超过 50 ℃时，就必须采用一定的热补偿措施。按热补偿的方法不同，列管式换热器可分为以下几种主要形式。

1. 固定管板式换热器

当冷、热流体的温差不大时，可采用固定管板的结构形式，如图 3-22 所示，即两端管板与壳体是连成一体的。这种换热器的特点是结构简单，制造成本低。但是由于壳程不易清洗或检修，要求壳程流体必须是洁净而且不易结垢的流体。当两流体的温差较大时，应考虑热补偿。图中示出具有膨胀节的壳体。当壳体和管束的热膨胀不同时，膨胀节即发生弹性变形（拉伸或压缩），以适应壳体和管束不同程度的热膨胀。这种热补偿方法简单，但是不宜用于两流体温差过大（>70 ℃）和壳程流体压力过高的场合。

2. U 形管式换热器

U 形管式换热器的管束由 U 字形弯管组成，如图 3-23 所示。管子的两端固定在同一块管板上，弯曲端不加固定，使每根管子具有自由伸缩的余地而不受其他管子或壳体的影响。这种换热器壳程易于清洗，而清除管子内壁的污垢则比较困难，且制造时需要不同曲率的模子弯管，管板的有效利用率较低。此外，损坏的管子也难于调换，U 形管管束的中心部分空间对换热器的工作存在不利的影响。由于上述缺点，这种形式的换热器的应用受到了很大的限制。

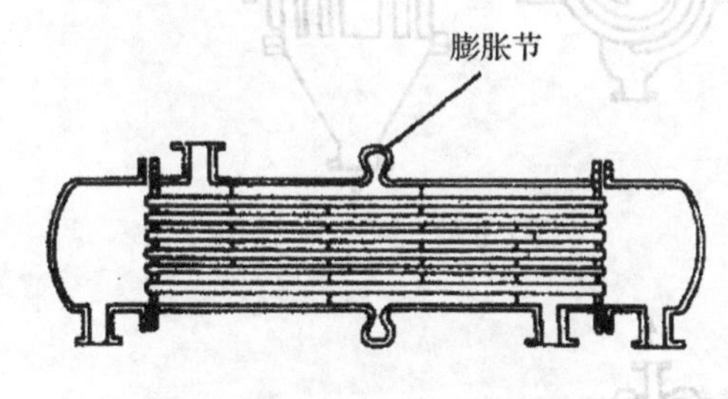

图 3-22　固定管板式换热器

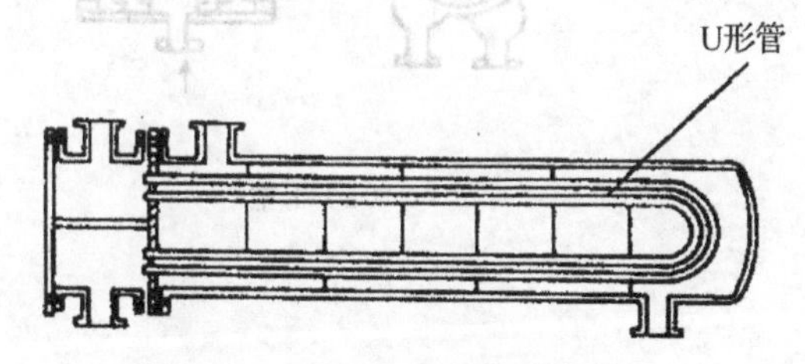

图 3-23　U 形管板式换热器

3. 浮头式换热器

浮头式换热器的结构如图 3-24 所示，它的两端管板只有一端与壳体以法兰实行固定连接，这一端称为固定端；另一端的管板不与壳体连接而可相对于壳体滑动，这一端称为浮头端。因此，这种形式的换热器的管束热膨胀不受壳体的约束，壳体与管束之间不会因热膨胀程度的差异而产生热应力。在换热器的检修和清洗时，只要将整个管束从固定端抽出即可进行。但是其缺点是：结构较复杂，金属耗量较多，造价较高。浮头式换热器适用于冷、热流体温差较大，壳程介质腐蚀性强、易结垢的情况。

(三)板式换热器

1. 螺旋板式换热器

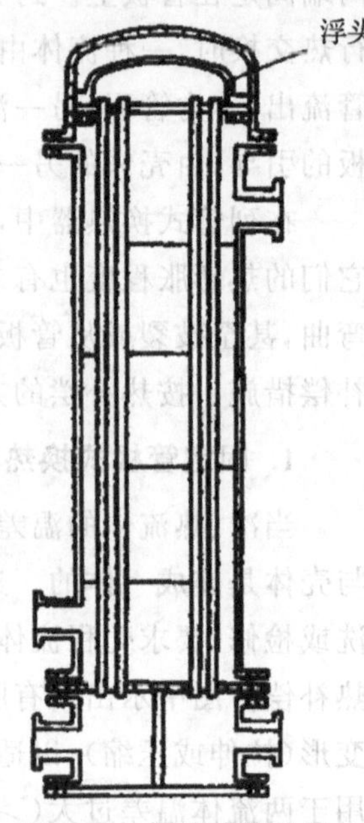

图 3-24　浮头式换热器

螺旋板式换热器是由螺旋形传热板片构成的换热器。它比列管式换热器的传热性能好,结构紧凑,制造简单,安装方便。

螺旋板式换热器的结构包括螺旋形传热板、隔板、盖板、定距柱和连接管等部件,其结构因形式不同而异。各种形式的螺旋板式换热器均包含由两张厚 2～6 mm 的钢板卷制而成、构成一对相互隔开的同心螺旋流道。冷、热流体以螺旋板为传热面相间流动。

按流体在流道内的流动方式和使用条件不同,螺旋板式换热器可分为Ⅰ、Ⅱ、Ⅲ三种结构形式,如图 3-25 所示。

Ⅰ型:两流体在螺旋流道的两侧均作螺旋流动。通常是冷流体由外周边流向中心并排出,热流体由中心流向外周排出,可实现严格的逆流传热,常用于液-液换热。由于通道两侧完全焊接密封,因此Ⅰ型结构为不可拆卸结构。

Ⅱ型:在这种形式中,一种流体在螺旋形流道内进行螺旋流动,而另一种流体则在另一侧螺旋流道中作轴向流动。因此,轴向流道的两端是敞开的,螺旋流道的两端是密封的。这种形式适用于两侧流体的流率差别很大的情况,常用作冷凝器、气体冷却器等。

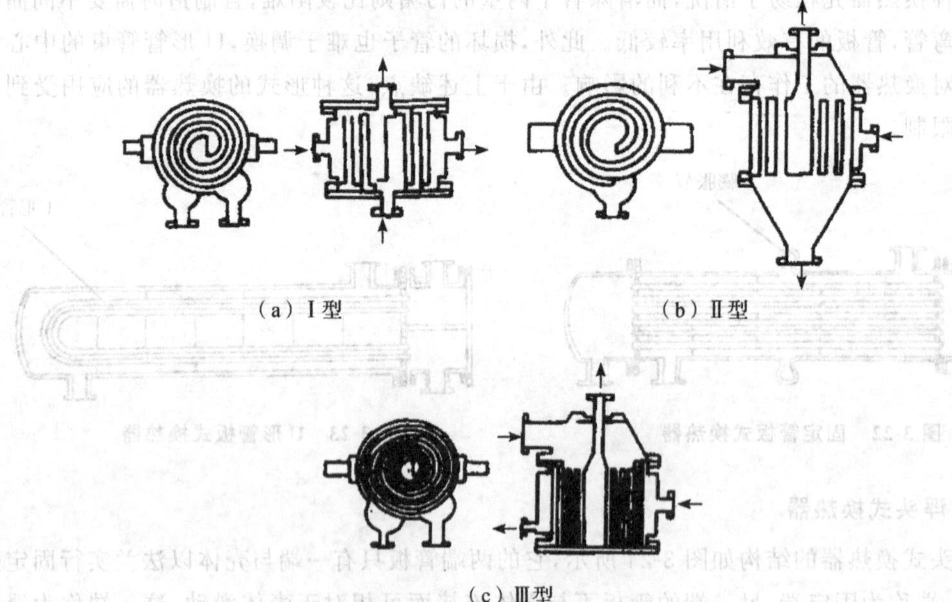

图 3-25　螺旋板式换热器

Ⅲ型:在这种形式中,一种流体在螺旋形流道内进行螺旋流动,另一种流体则在另一侧螺旋流道中作轴向流动和螺旋流动的组合。这种形式适用于蒸气的冷凝冷却,蒸气先进入轴流部分冷凝,体积减小后再转入螺旋形流道进一步冷却。

由上述结构可见，流体在螺旋板间流动时的离心力形成二次环流和定距柱扰流作用，使流体在较低的雷诺准数下（Re＝1 400～1 800）就形成湍流，换热器中的允许流速较高（液体 2 m/s，气体 20 m/s），传热系数比较高。由于流体的流速较高，又是在螺旋形通道内流动，一旦流道某处沉积了污垢，该处的流通截面减小，流体在该处的局部流速相应提高，使污垢较易被冲刷掉，具有一定的自洁作用，适于处理悬浮液和黏度较大的流体。由于流道较长而且可实现逆流传热，故有助于精密控制流体的出口温度及有利于回收低温热能，在纯逆流的情况下，两流体的出口端温差最小，仅为 3 ℃。

螺旋板式换热器的主要缺点是操作压力和温度不能太高，一般只能在 2.0 MPa 以下、300～400 ℃运行，而且流动阻力较大。此外还存在检修和维护困难的问题。

2. 板式换热器

板式换热器主要由一组长方形的薄金属传热板片构成，用框架将板片夹紧组装于支架上。两相邻板片的边缘衬以橡胶或石棉垫片。板片四角有圆孔，形成流体通道。冷、热流体相间地在板片两侧流过，通过板片传热。板片一般压制成各种槽形或波纹形，既提高了板片的刚度，增强流体的扰流，也增加了传热面积，使流体在传热面上分布均匀。图 3-26(a)所示为人字形波纹板片，图 3-26(b)表示板式换热器中冷、热流体的流动。

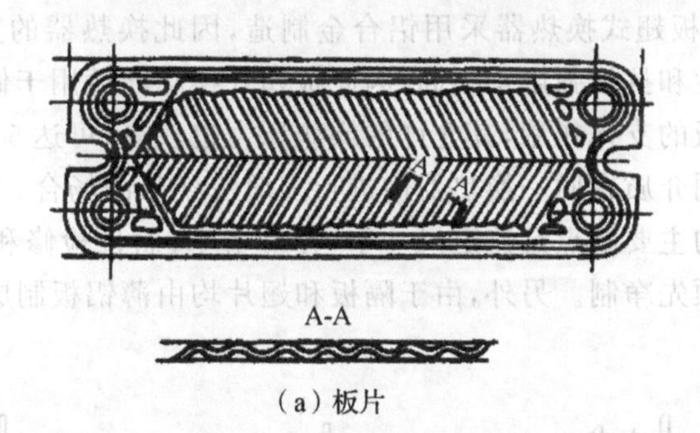

(a) 板片

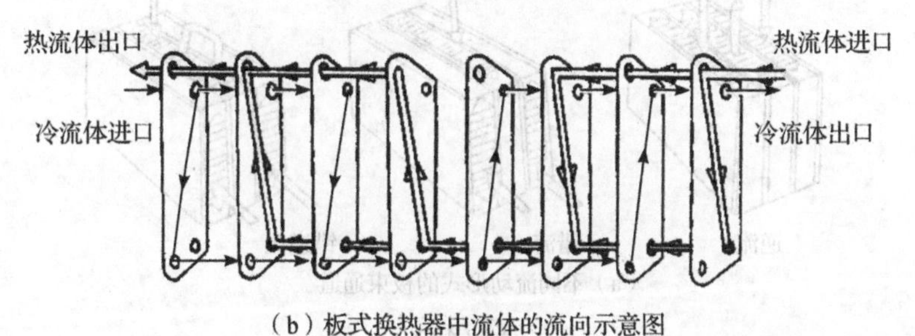

(b) 板式换热器中流体的流向示意图

图 3-26　板式换热器

板式换热器的主要优点是传热系数高。由于板片上有波纹或沟槽，可使流体在很低的雷诺准数下（Re＝200）达到湍流，而流动阻力却不大。板式换热器的结构紧凑，一般板片的间距为 4～6 mm，单位体积的传热面积可达 250～1 000 m^2/m^3，比列管式换热器（40～150 m^2/m^3）高很多。它还具有可拆卸结构，可根据传热过程需要，用增减板片数目的方法方便地调节传热面积，提高了换热器的操作灵活性。此外，板式换热器的检修和清洗都比较方便。

板式换热器的主要缺点是允许的操作压力和温度都比较低。通常操作压力低于 1.5 MPa，最高不超过 2.0 MPa，操作压力过高容易引起泄漏。它的操作温度受到板片密封垫片的耐热性限制，一般不超过 250 ℃。由于板片的间距较小，故操作的处理量也较小。

与螺旋板式换热器类似，板式换热器适用于操作压力和温度较低、流体的腐蚀性强而需要采用贵重材料的场合。

3. 板翅式换热器

板翅式换热器是一种更为高效、紧凑、轻巧的新型换热器。

隔板、翅片和封条三部分构成了板翅式换热器的结构基本单元。冷、热流体在相邻的基本单元体的通道中流动，通过翅片及与翅片连成一体的隔板进行热交换。将这样的基本结构单元根据流体流动方式的布置叠置起来，钎焊成一体组成板翅式换热器的板束或芯体。图 3-27(a)所示为常用的逆流、错流和错逆流板束，图 3-27(b)表示常用的翅片形式，主要有光直翅片、锯齿翅片和多孔翅片三种。一般情况下，从换热器的强度、绝热和制造工艺等要求出发，板束的顶部和底部还有若干层假翅片层，又称强度层。在板束两端配置适当的流体进出口集流箱即可组成板翅式换热器。

板翅式换热器的主要优点是传热性能好。由于翅片在不同程度上促进了湍流并破坏了传热边界层的发展，故传热系数很大。冷、热流体间的传热不仅仅以隔板为传热面，大部分热量是通过翅片传递的，结构高度紧凑，单位体积的传热面积可达2 500 m^2/m^3，最高可达4 300 m^2/m^3。通常板翅式换热器采用铝合金制造，因此换热器的重量轻。由于铝合金在低温条件下的延展性和抗拉强度均很高，因此板翅式换热器适用于低温和超低温操作场合。同时由于翅片对隔板的支撑作用，其允许的操作压力也较高，可达 5 MPa。此外板翅式换热器还可用于多种不同介质在同一换热器内进行多股流换热的场合。

板翅式换热器的主要缺点是流道尺寸小，容易堵塞，而且检修和清洗困难，因此所处理的物料应较洁净或预先净制。另外，由于隔板和翅片均由薄铝板制成，故要求换热介质不腐蚀铝材。

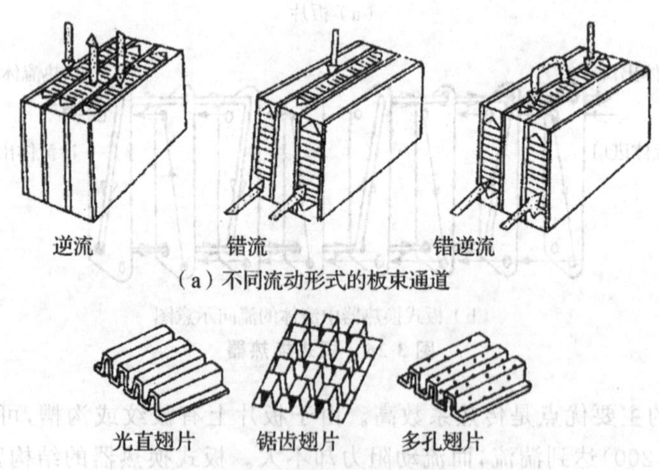

(a) 不同流动形式的板束通道

(b) 板翅式换热器的翅片形式

图 3-27　板翅式换热器

(四)夹套式换热器

夹套式换热器主要用于反应器的加热或冷却，如图 3-28 所示，夹套安装在容器外部，通常用钢或铸铁制成。在用蒸气进行加热时，蒸气由上部连接管进入夹套，冷凝水由下部连接管流出；在用冷却水进行冷却时，则冷却水由夹套下部进入，而由上部流出。

夹套式换热器由于传热面积的限制，常常难以满足及时移走大量反应热的换热需求，这时就需要在反应器内部加装冷却盘管，以保证反应器内一定的温度条件。有时为了提高夹套内冷却水一侧的对流传热系数，还在夹套内加设挡板，这样可使冷却水按一定的方向流动，并提高流速，从而增大传热系数。

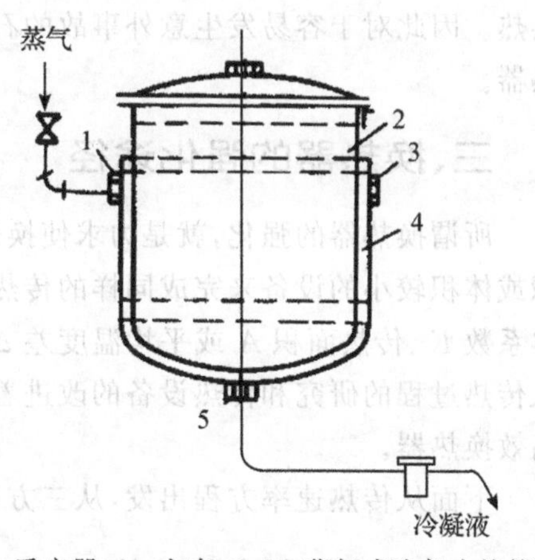

1—反应器；2—夹套；3，4—蒸气或冷却水接管；5—冷凝水或冷却水接管

图 3-28 夹套式换热器

（五）沉浸式换热器

沉浸式换热器是将金属管弯制成各种与容器相适应的形状（如蛇管或螺旋状盘管），并沉浸在容器内的液体中，如图 3-29 所示。这种换热器可用于液体的预热或蒸发，也可用作气体和液体的冷却。由于容器内管外液体的体积大，流速低，因而传热系数低，而且对工况的变化不够敏感。然而它具有构造简单，制造、维护方便和容易清洗等优点。由于更换管子方便，所以它还适用于有腐蚀性的流体。为了增强容器内液体的湍动程度，提高传热系数，可在容器内装搅拌器。

（六）喷淋式换热器

喷淋式换热器是将冷却水直接喷洒在管外，使管内的热流体冷却或冷凝，如图 3-30 所示。在上下排列的管子之间用 U 形弯管连接。为了分散喷淋水，在管组的上部装有带锯齿形边缘的斜槽，也可用喷头直接向排管喷淋。在换热器的下部设有水池，以收集流下来的水。

喷淋式换热器的优点是：结构简单，易于制造和检修，便于清除污垢；其传热系数通常比沉浸式换热器大，加上管外水的蒸发汽化以及空气冷却的共同作用，所以传热效果好。它适用于高压流体的冷却或冷凝。由于它可用耐腐蚀的铸铁管作冷却排管，因而可用于冷却具有腐蚀性的流体。它的主要缺点是：当冷却水过少时，下部的管子不能被润湿，几乎不参与

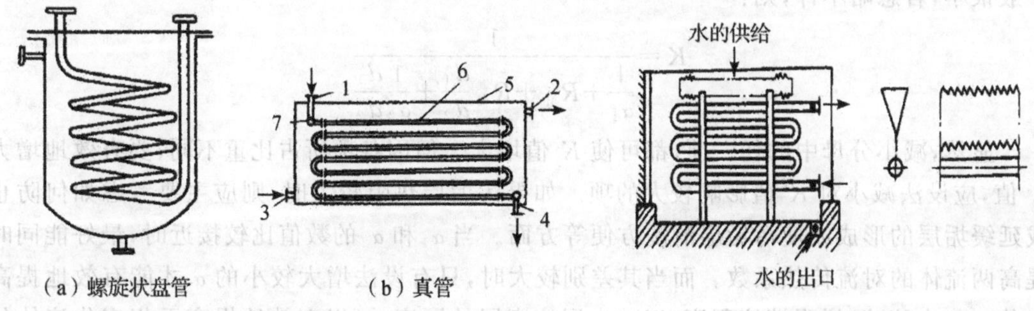

（a）螺旋状盘管　（b）真管

1—内管进口；2—外管出口；3—外管进口；4—内管出口；5—封箱；6—内管

图 3-29 沉浸式换热器　**图 3-30 喷淋式换热器**

换热。因此对于容易发生意外事故的石油产品或有机液体的冷却，不宜采用这种形式的换热器。

三、换热器的强化途径

所谓换热器的强化，就是力求使换热设备的传热速率尽可能增大，力图用较少的传热面积或体积较小的设备来完成同样的传热任务。从传热速率方程 $Q=KA\Delta t_m$ 可见，增大总传热系数 K、传热面积 A 或平均温度差 Δt_m 均可使传热速率 Q 提高，但换热器的强化应主要从传热过程的研究和传热设备的改进着手，提高现有的换热设备的生产能力和创造新型的高效换热器。

下面从传热速率方程出发，从三方面来探讨强化措施。

（一）单位体积内的传热面积 A

其方向可从改进传热面结构着手，例如翅片管换热器，就是在管子的外表面或内表面带有各种形状的翅片，或者以各种螺纹管代替光管。这样不仅增加传热面积，同时也增大流体的湍动程度，从而提高单位内传递的热量 Q。特别在对流传热系数小的一侧采用翅片对提高总传热系数更有效。一些高效紧凑换热器（如板式换热器、板翅式换热器等）就是从结构上加以改进，以达到强化传热的目的。

如果进行换热器的两种流体在工艺上允许直接接触，则设法增大两流体间的接触面积及相间的湍动程度，也就增加了对单位体积的传热速率。泡沫冷却塔和文丘利冷却器即是这种强化方法的例子。

（二）平均温差 Δt_m

平均温差的大小主要由冷、热两种流体的温度条件所决定，一般已为生产条件所确定。从节能的观点出发，应尽可能在低温差条件下进行传热。当两边流体均为变温的情况下，应尽可能考虑从结构上采用逆流或接近于逆流的流向以得到较大的 Δt_m 值。

（三）传热系数 K

传热系数 K 值取决于两流体的对流传热系数、污垢层的热阻和管壁热阻等，管壁热阻一般很小，若忽略不计，则：

$$K=\frac{1}{\frac{1}{\alpha_1}+R_{s1}+R_{s2}\frac{d_1}{d_2}+\frac{1}{\alpha_2}\frac{d_1}{d_2}}$$

显然，减小分母中的任一项，都可使 K 值增大。但因各项所占比重不同，要有效地增大 K 值，应设法减小对 K 值影响较大的项。如果污垢层热阻较大时，则应主要考虑如何防止或延缓垢层的形成或使污垢层清洗方便等方面。当 α_1 和 α_2 的数值比较接近时，最好能同时提高两流体的对流传热系数。而当其差别较大时，只有设法增大较小的 α 才能有效地提高 K 值。加大流速，增强湍流程度，以减少层流底层的厚度，可以有效地提高无相变化流体的对流传热系数，从而达到增大 K 值的目的。例如，增加列管换热器的管程数或在壳程中设置挡板，均可使流速增大。在管内装入各种强化添加物，能使湍流程度增大，且有破坏层流底层的作用。但与此同时，也会使流体阻力增加，管内流体流量的分配不易均匀，并使清洗、检修复杂化，故应全面加以权衡。

习 题

1.燃烧炉的内层为 460 mm 厚的耐火砖，外层为 230 mm 厚的绝缘砖。若炉的内表面温度 t_1 为1 400 ℃，外表面温度 t_3 为 100 ℃。试求导热的热通量及两砖间的界面温度。设两层砖接触良好，已知耐火砖的导热系数为 $\lambda_1=0.9+0.000\,7t$，绝缘砖的导热系数为 $\lambda_2=0.3+0.000\,3t$。两式中 t 可分别取为各层材料的平均温度，单位为℃，λ 的单位为 W/(m·℃)。

2.蒸气管道外包扎有两层导热系数不同而厚度相同的绝热层，设外层的平均直径为内层的两倍，其导热系数也为内层的两倍。若将两层材料互换位置，假定其他条件不变，试问每米管长的热损失将改变多少？说明在本题情况下，哪一种材料包扎在内层较为合适？

3.设计一燃烧炉，拟用三层砖，即耐火砖、绝热砖和普通砖。耐火砖和普通砖的厚度为 0.5 m 和 0.25 m。三种砖的导热系数分别为 1.02 W/(m·℃)、0.14 W/(m·℃)和 0.92 W/(m·℃)，已知耐火砖内侧为 1 000 ℃，外壁温度为 35 ℃。试问绝热砖厚度至少为多少才能保证绝热砖温度不超过 940 ℃，普通砖不超过 138 ℃？

4.某燃烧炉的平壁由耐火砖、绝热砖和普通砖三种砌成，它们的导热系数分别为 1.2 W/(m·℃)、0.16 W/(m·℃)和 0.92 W/(m·℃)，耐火砖和绝热转厚度都是 0.5 m，普通砖厚度为 0.25 m。已知炉内壁温为 1 000 ℃，外壁温度为 55 ℃，设各层砖间接触良好，求每平方米炉壁散热速率。

5.在外径 100 mm 的蒸气管道外包绝热层。绝热层的导热系数为 0.08 W/(m·℃)，已知蒸气管外壁 150 ℃，要求绝热层外壁温度在 50 ℃以下，且每米管长的热损失不应超过 150 W/m，试求绝热层厚度。

6.通过三层平壁热传导中，若测得各面的温度 t_1、t_2、t_3 和 t_4 分别为 700 ℃、500 ℃、300 ℃和 200 ℃，试求各平壁层热阻之比。假定各层壁面间接触良好。

7.在一石油热裂装置中，所得热裂物的温度为 300 ℃。今拟设计一换热器，用来预热石油，它的温度 $t_{进}=25$ ℃，拟预热到 $t_{出}=180$ ℃，热裂物的终温 $T_{出}$ 不得低于 200 ℃，试分别计算热裂物与石油在换热器中采用逆流与并流时的平均温差 Δt_m。

8.直径为 $\phi57\times3.5$ mm 钢管用 40 mm 厚的软木包扎，其外又用 100 mm 厚的保温灰包扎，以作为绝热层。现测得钢管外壁面温度为 −120 ℃，绝热层外表面温度为 10 ℃。软木和保温灰的导热系数分别为 0.043 W/(m·℃)和 0.07 W/(m·℃)，试求每米管长的冷量损失量。

9. 96%的硫酸在套管换热器中从 90 ℃冷却至 30 ℃。硫酸在直径为 $\phi25\times2.5$ mm、长度为 3 m 的内管中流过，流率为 800 kg/h。已知在管内壁平均温度下流体的黏度为 9.3 cP。试求硫酸对管壁的传热膜系数 α_i。

10. 98%的硫酸以 0.6 m/s 的流速在套管换热器的环隙间流动。硫酸的平均温度为 70 ℃，内管外壁的平均温度为 60 ℃。换热器内管直径为 $\phi25\times2.5$ mm，外管直径是 $\phi51\times3$ mm。试求单位传热面积的传热速率。

11.一套管换热器，用热柴油加热原油，热柴油与原油进口温度分别为 155 ℃和 20 ℃。

已知逆流操作时，柴油出口温度50 ℃，原油出口温度60 ℃，若采用并流操作，两种油的流量、物性数据、初温和传热系数皆与逆流时相同，试问并流时柴油可冷却到多少摄氏度？

12.在并流换热器中，用水冷却油。水的进、出口温度分别为15 ℃和40 ℃，油的进、出口温度分别为150 ℃和100 ℃。现因生产任务要求油的出口温度降至80 ℃，假设油和水的流量、进口温度及物性均不变，原换热器的管长为1 m，此换热器的管长增至多少米才能满足要求？设换热器的热损失可忽略。

13.在逆流换热器中，用初温为20 ℃的水将1.25 kg/s的液体[比热容为1.9 kJ/(kg·℃)，密度为850 kg/m^3]，由80 ℃冷却到30 ℃。换热器的列管直径为ϕ25×2.5 mm，水走管方。水侧和液体侧的对流传热系数分别为0.85 kW/(m^2·℃)和1.70 kW/(m^2·℃)，污垢热阻可忽略。若水的出口温度不能高于50 ℃，试求换热器的传热面积。

14.在列管式换热器中用冷水冷却油，水在直径为ϕ19×2 mm的列管内流动。已知管内水侧对流传热系数为3 490 W/(m^2·℃)，管外油侧对流传热系数为258 W/(m^2·℃)。换热器在使用一段时间后，管壁两侧均有污垢形成，水侧污垢热阻为0.000 26 m^2·℃/W，油侧污垢热阻为0.000 176 m^2·℃/W。管壁导热系数为45 W/(m·℃)，试求：

(1)基于管外表面积的总传热系数；

(2)产生污垢后热阻增加的百分数。

15.竖直蒸气管，管径100 mm，管长3.5 m，管外壁温度110 ℃，若周围空气温度为30 ℃，试计算单位时间内散失于周围空气中的热量。

16.一套管换热器，冷、热流体的进口温度分别为55 ℃和115 ℃。并流操作时，冷、热流体的出口温度分别为75 ℃和95 ℃。试问逆流操作时，冷、热流体的出口温度分别为多少？假定流体物性数据与传热系数均为常量。

17.以三种不同的水流速度对某台列管式换热器进行试验。第一次试验在新购进时，第二次试验在使用了一段时间之后。试验时水在管内流动，且为湍流，管外为饱和水蒸气冷凝。管子为ϕ25×2.5 mm的钢管。两次计算结果如下：

	第一次			第二次		
水流速度/(m·s^{-1})	1.0	1.5	3.0	1.0	1.5	3.0
基于外表面的总传热系数[W·(m^2·℃)$^{-1}$]	2 115	2 660	3 740	1 770	2 125	2 740

(1)试计算第一次试验中蒸气冷凝的膜系数。

(2)试分析在同一水流速度下，两次试验中总传热系数不同的原因。热阻相差的百分数为多少？

18.每小时500 kg的常压苯蒸气用直立管壳式换热器加以冷凝，并冷却至30 ℃，冷却介质为20 ℃的冷水，冷却水的出口温度不超过45 ℃，冷、热流体呈逆流流动。已知苯蒸气的冷凝温度为80 ℃，汽化潜热为390 kJ/kg，平均比热容为1.86 kJ/(kg·K)，并估算出冷凝段的传热系数为500 W/(m^2·K)，冷却段的传热系数为100 W/(m^2·K)，试求所需要的传热面积及冷却水用量。若采用并流方式，所需的最小冷却水用量为多少？

19.有一列管换热器，热水走管内，冷水在管外，逆流操作。经测定热水的流量为200 kg/h，热水进、出口温度分别为323 K、313 K，冷水的进、出口温度分别为283 K、296 K，换热器的传热面积为1.85 m^2。试求该操作条件的传热系数K值。

20.利用管外的水蒸气冷凝来加热管内的轻油，已知水蒸气冷凝的传热膜系数 $\alpha_1 = 10\ 000\ \mathrm{W/(m^2 \cdot K)}$，轻油加热的传热膜系数 $\alpha_2 = 200\ \mathrm{W/(m^2 \cdot K)}$。若钢管是 $\phi 57 \times 2.5$ mm的无缝钢管，其导热系数为 46.5 W/(m·K)。求传热系数 K。若考虑污垢热阻，已知水蒸气冷凝一侧的污垢热阻 R_{s1} 为 $0.09\ \mathrm{m^2 \cdot K/kW}$，轻油一侧的污垢热阻 R_{s2} 为 $1.06\ \mathrm{m^2 \cdot K/kW}$，求传热系数 K。

21.在一单程列管换热器中，用饱和蒸气加热原料油。温度为 160 ℃的饱和蒸气在壳程冷凝(排出时为饱和液体)，原料油在管程流动，并由 20 ℃加热到 106 ℃。列管换热器尺寸为：列管直径为 $\phi 19 \times 2$ mm，管长为 4 m，共有 25 根管子。若换热器的传热量为 125 kW，蒸气冷凝传热系数为 $7\ 000\ \mathrm{W/(m^2 \cdot ℃)}$，油侧污垢热阻可取为 $0.000\ 5\ \mathrm{m^2 \cdot ℃/W}$，管壁热阻和蒸气侧垢层热阻可忽略，试求管内油侧对流传热系数。

又若油的流速增加一倍，此时若换热器的总传热系数为原来总传热系数的 1.75 倍，试求油的出口温度。假设油的物性不变。

第四章 蒸 发

化学工业中的溶液多是水溶液，有时需要除去部分溶剂（水），这一操作称为浓缩，这是一个将均匀混合溶液中的溶质和溶剂部分分离的过程。浓缩具体包括蒸发、结晶、冷冻等方式，它们都是利用两相在分配上的某种差异而获得溶质和溶剂分离的。具体而言，蒸发是利用溶液中的溶质和溶剂挥发度的差异，加入热能，使挥发度高的发生汽化而达到分离目的。加热介质一般为饱和水蒸气。结晶是使溶质呈结晶状从溶液中析出的单元操作，使溶质从溶液中析出。冷冻浓缩是利用稀溶液与固态冰在凝固点下的平衡关系，部分水分因放热而结冰，用机械方法将浓缩液与冰晶分离，这是溶剂从溶液中析出的过程。

蒸发是化学工业中应用最为广泛的浓缩方法之一。它是化工、医药、海水淡化等领域中广泛应用的一种生产操作过程，例如硝铵、烧碱、制糖等生产中将溶液加以浓缩，在海水淡化中通过脱除溶液中的杂质以制取较纯溶剂。从原理上说，蒸发是利用加热的方法，使稀溶液中的溶剂在沸腾状态下部分汽化并将其移除的一种单元操作。被处理的料液通常是由不挥发的溶质和挥发性的溶剂组成，故蒸发亦是溶剂与溶质的分离过程，但过程的速率，即溶剂的汽化速率完全取决于传热，所以蒸发属于传热过程。其目的主要有：(1)除去产品中大量水分，便于包装、运输，并减少其费用；(2)提高产品浓度，增加产品的保藏性，因为浓缩液的糖分和盐分提高，使水分活度降低，从而使产品达到微生物学上安全的程度；(3)作为干燥和更完全脱水的预处理过程；(4)作为结晶操作的预处理过程。

蒸发操作总是从溶液中分离出部分溶剂，而过程的实质是传热壁面一侧的蒸气冷凝与另一侧的溶液沸腾的传热过程，溶剂的汽化速率由传热速率控制，故蒸发属于热量传递过程，但又有别于一般的传热过程。蒸发过程具有如下几个特点：

(1)传热特征。传热壁面一侧面为加热蒸气进行冷凝，另一侧为溶液进行沸腾，故属于壁面两侧流体均有相变化的恒温差传热过程。

(2)溶液性质。有些溶液在蒸发过程中有晶体析出，易结垢和生泡沫，高温下易分解或聚合；溶液的浓度在蒸发过程中逐渐增大，腐蚀性逐渐加强。

(3)溶液沸点的改变。含有不挥发溶质的溶液，其蒸气压较同温度下溶剂（即纯水）的低，换言之，在相同压强下，溶液的沸点高于纯水的沸点，故当加热蒸气一定时，蒸发溶液的传热温度差要小于蒸发水的温度差。溶液浓度越高，这种现象越显著。

(4)泡沫挟带。二次蒸气中常挟带大量液沫，冷凝前必须设法除去，否则不但损失物料，而且污染冷凝设备。

(5)能源利用。蒸发时产生大量二次蒸气，如何利用它的潜热，是蒸发操作中要考虑的关键问题之一。

第一节 蒸发设备

蒸发设备和一般传热设备并无本质上的区别。但蒸发时需不断除去产生的二次蒸气，所以蒸发设备除包括用来进行传热的加热室及进行气液分离的蒸发室（这两部分组成蒸发设备的主体——蒸发器）外，还应有使液沫得到进一步分离的除沫器和使二次蒸气全部冷凝的冷凝器；减压操作时还需真空装置。现分别介绍如下。

一、蒸发器的结构及特点

目前常用的间壁传热式蒸发器，按溶液在蒸发器中停留的情况，大致可分为循环型和单程型两大类。

（一）循环型蒸发器

这一类型的蒸发器，溶液都在蒸发器中作循环流动。由于引起循环的原因不同，又可分为自然循环和强制循环两类。

1.中央循环管式蒸发器

这种蒸发器又称作标准式蒸发器，其结构如图 4-1 所示。它的加热室由垂直管束组成，中间有一根直径很大的中央循环管，其余管径较小的加热管称为沸腾管。由于中央循环管较大，其单位体积溶液占有的传热面比沸腾管内单位溶液所占有的要小，即中央循环管和其他加热管内溶液受热程度不同，从而沸腾管内的气液混合物的密度要比中央循环管中溶液的密度小，加之上升蒸气向上的抽吸作用，会使蒸发器中的溶液形成由中央循环管下降、由沸腾管上升的循环流动。这种循环主要由溶液的密度差引起，故称为自然循环。这种作用有利于蒸发器内的传热效果的提高。为了使溶液有良好的循环，中央循环管的截面积一般为其他加热管总截面积的 40%～100%，加热管高度一般为 1～2 m，加热管直径在 25～75 mm 之间。这种蒸发器由于结构紧凑、制造方便、传热较好及操作可靠等优点，应用十分广泛，但是由于结构上的限制，循环速度不大。加之溶液在加热室中不断循环，使其浓度始终接近完成液的浓度，因而溶液的沸点高，有效温度差就减小。这是循环式蒸发器的共同缺点。此外，设备的清洗和维修也不方便，所以这种蒸发器难以完全满足生产的要求。

2.悬筐式蒸发器

为了克服循环式蒸发器中的蒸发液易结晶、易结垢且不易清洗等缺点，研究人员对标准式蒸发器结构进行了更合理的改进，这就是悬筐式蒸发器，其结构如图 4-2 示。加热室 4 像一个篮筐，悬挂在蒸发器壳体的下部，并且以加热室外壁与蒸发器内壁之间的环形孔道代替中央循环管。溶液沿加热管中央上升，而后循着悬筐式加热室外壁与蒸发器内壁间的环隙向下流动而构成循环。由于环隙面积为加热管总截面积的 100%～150%，故溶液循环速度比标准式蒸发器大，可达 1.5 m/s。此外，这种蒸发器的加热室可由顶部取出进行检修或更换，且热损失也较小。它的主要缺点是结构复杂，单位传热面积的金属消耗较多。

3.列文式蒸发器

上述的自然循环蒸发器循环速度不够大，一般均在 1.5 m/s 以下。为使蒸发器更适用

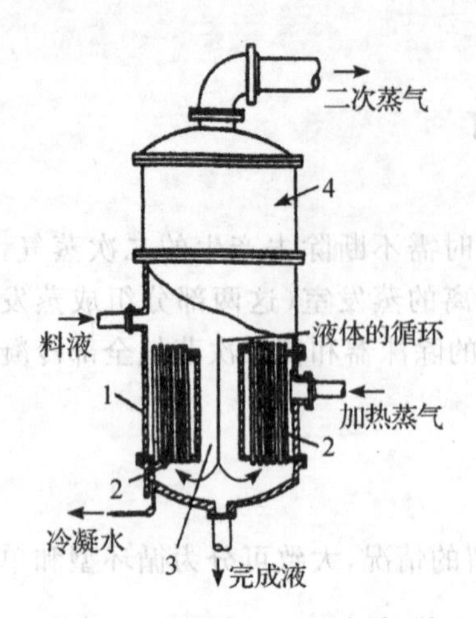

1—外壳；2—加热室；3—中央循环管；4—蒸发室

图 4-1　中央循环管式蒸发器

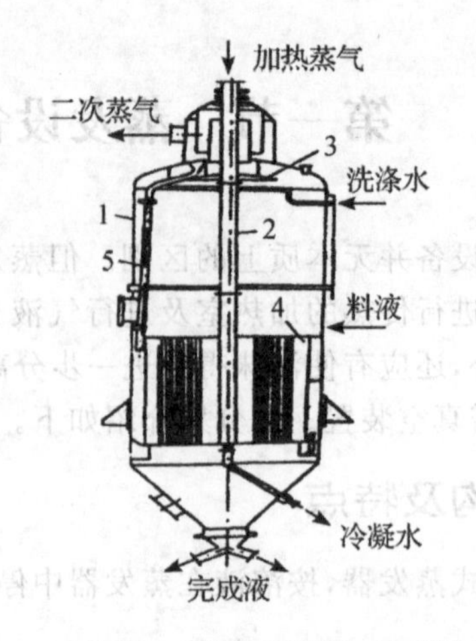

1—外壳；2—加热蒸气管；3—除沫器；4—加热室；5—液膜回流管

图 4-2　悬筐式蒸发器

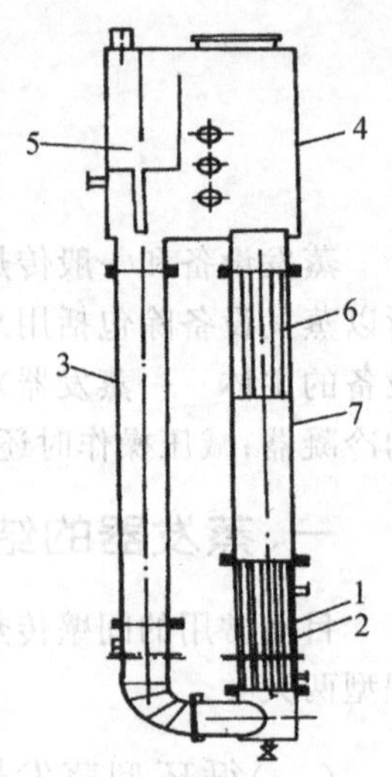

1—加热室；2—加热管；3—循环管；4—蒸发室；5—除沫器；6—挡板；7—沸腾室

图 4-3　列文式蒸发器

于蒸发黏度较大、易结晶或结垢严重的溶液，并提高溶液循环速度以延长操作周期和减少清洗次数，可采用图 4-3 所示的列文式蒸发器。

其结构特点是在加热室上增设沸腾室。加热室中的溶液因受到沸腾室液柱附加的静压力的作用而不在加热管内沸腾，直到上升至沸腾室内当其所受压力降低时才能开始沸腾，因而溶液的沸腾汽化由加热室移到了没有传热面的沸腾室，从而避免了结晶或污垢在加热管内的形成。另外，这种蒸发器的循环管的截面积为加热管的总截面积的 2～3 倍，溶液循环速度可达 2.5～3.0 m/s，故总传热系数亦较大。这种蒸发器的主要缺点是液柱静压头效应引起的温度差损失较大，为了保持一定的有效温度差，要求加热蒸气有较高的压力。此外，设备庞大，消耗的材料多，需要高大的厂房等。

除了上述自然循环蒸发器外，在蒸发黏度大、易结晶和结垢的物料时，还经常采用强制循环蒸发器。在这种蒸发器中，溶液的循环主要依靠外加的动力，用泵迫使它沿一定方向流动而产生循环。循环速度的大小可通过调节泵的流量来控制，一般在 2.5 m/s 以上。强制循环蒸发器的传热系数也比一般自然循环的大。但它的明显缺点是能量消耗大，每平方米加热面积需 0.4～0.8 kW。

(二)单程型蒸发器

这一大类蒸发器的主要特点是：溶液在蒸发器中只通过加热室一次，不作循环流动即成为浓缩液排出。溶液通过加热室时，在管壁上呈膜状流动，故习惯上又称为液膜式蒸发器。根据物料在蒸发器中流向的不同，单程型蒸发器又分以下几种。

1.升膜式蒸发器

升膜式蒸发器加热室由许多竖直长管组成，如图 4-4。常用的加热管直径为 25～50 mm，管长和管径之比为 100～150。料液经预热后由蒸发器底部引入，在加热管内受热沸腾

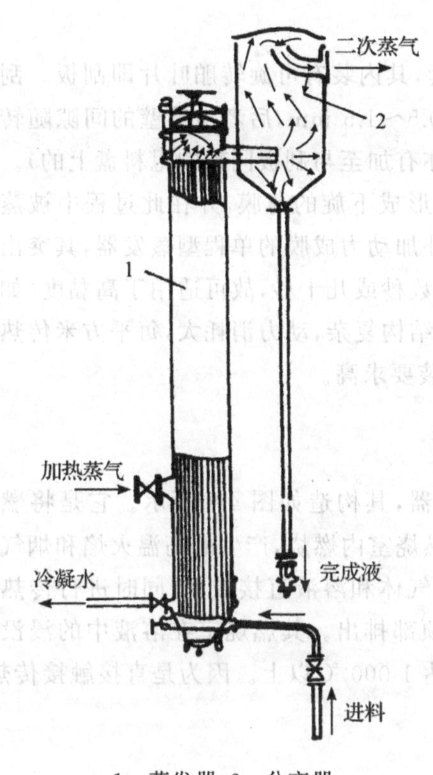

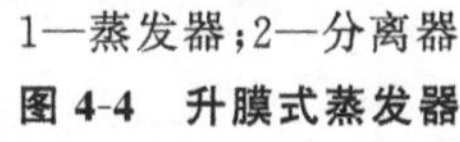

1—蒸发器；2—分离器

图 4-4 升膜式蒸发器

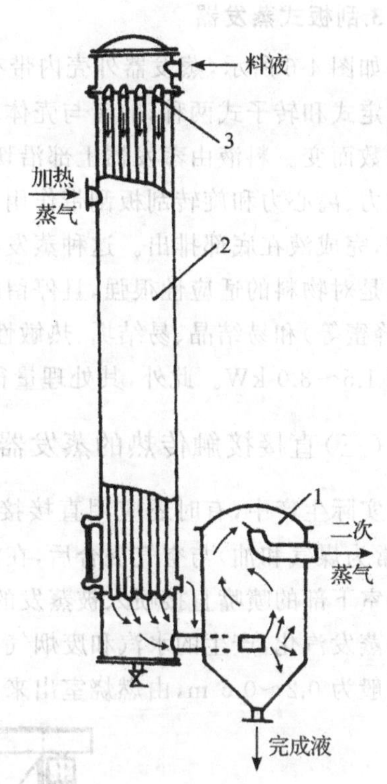

1—分离器；2—蒸发器；3—液体分布器

图 4-5 降膜式蒸发器

并迅速汽化，生成的蒸气在加热管内高速上升，一般常压下操作时适宜的出口速为 20～50 m/s，减压操作时气速可达 100～160 m/s 或更大。溶液则被上升的蒸气所带动，沿管壁成膜状上升并继续蒸发，气液混合物在分离器 2 内分离，完成液由分离器底部排出，二次蒸气则在顶部导出。需注意的是，如果从料液中蒸发的水量不多，就难以达到上述要求的气速，即升膜式蒸发器不适用于较浓溶液的蒸发；它对黏度较大、易结晶或易结垢的物料也不适用。

2.降膜式蒸发器

如图 4-5 所示，降膜式蒸发器和升膜式蒸发器的区别在于：料液是从蒸发器的顶部加入，在重力作用下沿管壁成膜状下降，并在此过程中蒸发增浓，在其底部得到浓缩液。由于成膜机理不同于升膜式蒸发器，故降膜式蒸发器可以蒸发浓度较高、黏度较大（例如在 0.05～0.45 $N \cdot s/m^2$ 范围内）、具有热敏性的物料。但因液膜在管内分布不易均匀，传热系数比升膜式蒸发器的较小，仍不适用于易结晶或易结垢的物料。

由于溶液在单程型蒸发器中呈膜状流动，因而对流传热系数大为提高，使得溶液能在加热室中一次通过，不再循环就达到要求的浓度，因此比循环型蒸发器具有更大的优点。溶液不循环带来的好处有：(1)溶液在蒸发器中的停留时间短，因而特别适用于热敏性物料的蒸发；(2)整个溶液的浓度不像循环型那样总是接近于完成液的浓度，因而这种蒸发器的有效温差较大。其主要缺点是：对进料负荷的波动相当敏感，当设计或操作不适当时不易成膜，此时，对流传热系数将明显下降。

3.刮板式蒸发器

如图 4-6 所示，蒸发器外壳内带有加热蒸气夹套，其内装有可旋转舶叶片即刮板。刮板有固定式和转子式两种，前者与壳体内壁的间隙为 0.5～1.5 mm，后者与器壁的间隙随转子的转数而变。料液由蒸发器上部沿切线方向加入（亦有加至与刮板同轴的甩料盘上的）。由于重力、离心力和旋转刮板刮带作用，溶液在器内壁形成下旋的薄膜，并在此过程中被蒸发浓缩，完成液在底部排出。这种蒸发器是一种利用外加动力成膜的单程型蒸发器，其突出的优点是对物料的适应性很强，且停留时间短，一般为数秒或几十秒，故可适用于高黏度（如栲胶、蜂蜜等）和易结晶、易结垢、热敏性的物料。但其结构复杂，动力消耗大，每平方米传热面约需 1.5～3.0 kW。此外，其处理量很小，且制造安装要求高。

（三）直接接触传热的蒸发器

实际生产中，有时还应用直接接触传热的蒸发器，其构造如图 4-7 所示。它是将燃料（通常为煤气和油）与空气混合后，在浸于溶液中的燃烧室内燃烧，产生的高温火焰和烟气经燃烧室下部的喷嘴直接喷入被蒸发的溶液中。高温气体和溶液直接接触，同时进行传热使水分蒸发汽化，产生的水汽和废烟气一起由蒸发器顶部排出。其燃烧室在溶液中的浸没深度一般为 0.2～0.6 m，由燃烧室出来的气体温度可达 1 000 ℃以上。因为是直接触接传热，

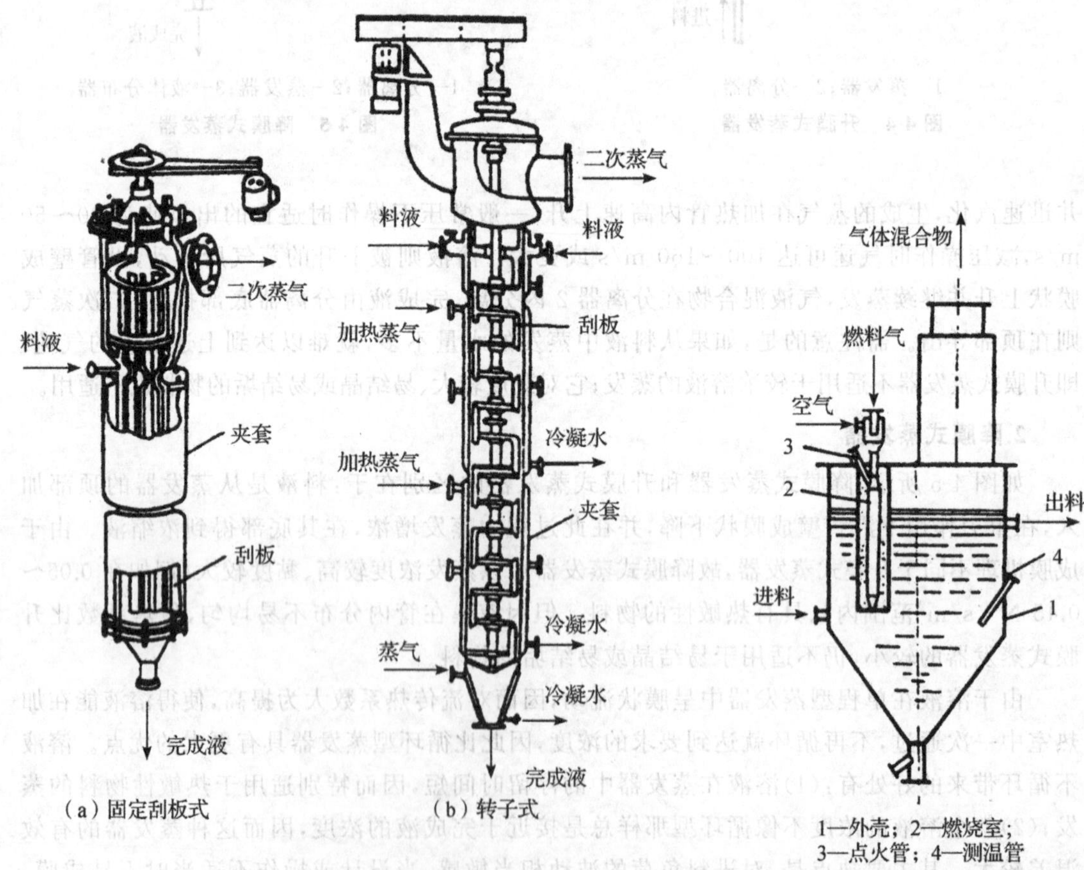

图 4-6 刮板式蒸发器

图 4-7 直接接触传热(浸没燃烧)蒸发器

故它的传热效果很好，热利用率高。由于不需要固定的传热壁面，故结构简单，特别适用于易结晶、易结垢和具有腐蚀性物料的蒸发。目前在废酸处理和硫酸铵溶液的蒸发中，已得到广泛应用。但若蒸发的料液不允许被烟气污染，则该类蒸发器一般不适用；而且由于有大量烟气的存在，限制了二次蒸气的利用。此外喷嘴由于浸没在高温液体中，较易损坏。

从上述介绍可以看出，蒸发器的结构形式很多，各有优缺点和适用的场合。在选型时，首先要看它能否适应所蒸发物料的工艺特性，包括物料的黏性、热敏性、腐蚀性以及是否容易结晶或结垢等，然后再要求其结构简单、易于制造、金属消耗量少、维修方便、传热效果好等。

二、除沫器、冷凝器和真空装置

（一）除沫器

蒸发操作时，产生的二次蒸气中往往携带有大量液体。虽然气、液分离主要是在蒸发室中进行，但为了较彻底地除去液沫，还需在蒸气出口附近装设除沫器（或称分离器），否则会造成产品的损失，并污染冷凝液和堵塞管道。除沫器的形式很多，常见的几种如图 4-8 所示，它们主要是利用液沫的惯性以达到气液分离。

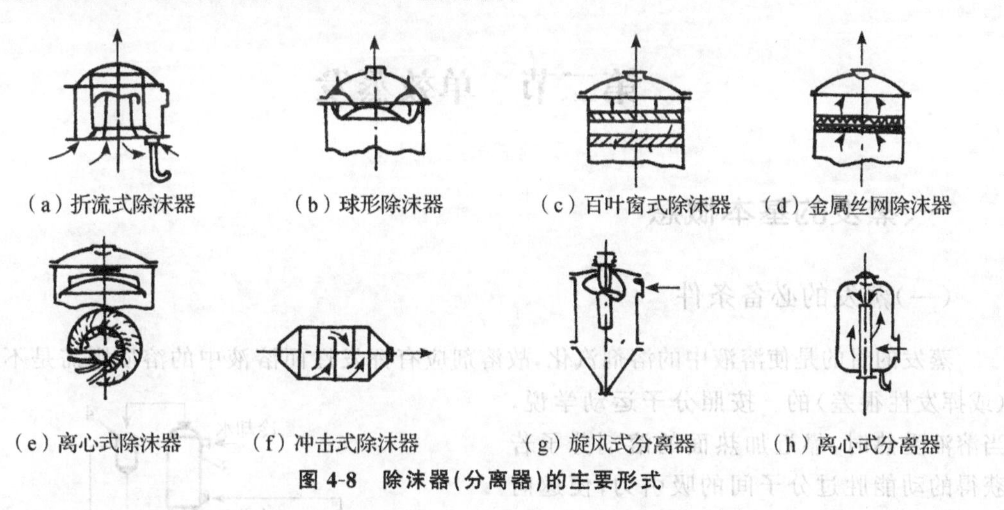

图 4-8 除沫器（分离器）的主要形式

（二）冷凝器和真空装置

除了二次蒸气是有价值的产品需要加以回收，或者它会污染冷却水的情况外，蒸发操作中，通常采用气液直接接触的混合式冷凝器来冷凝二次蒸气。常见的干式逆流高位冷凝器的构造如图 4-9 所示。冷却水由顶部加入，经淋水板的小孔或溢流堰流下，并与逆流上升的二次蒸气直接接触，使二次蒸气不断冷凝。水和冷凝液沿气压管（俗称“大气腿”）流至地沟后排走。空气和其他不凝性气体则由顶部抽出，在分离器 7 中与挟带的液沫分离后进入真空装置。由于气、液两相分别排出，故称干式；又因其气压管需要足够的高度（大于 10 m）才能使冷凝液自动流至地沟，所以称为高位式。工程中除干式高位冷凝器外，还有湿式、低位式冷凝器等。

无论采用何种冷凝器，均需于其后设置真空装置以排出不凝性气体，并维持蒸发所要求的真空度。常用的真空装置有水环式真空泵、喷射泵及往复式真空泵。

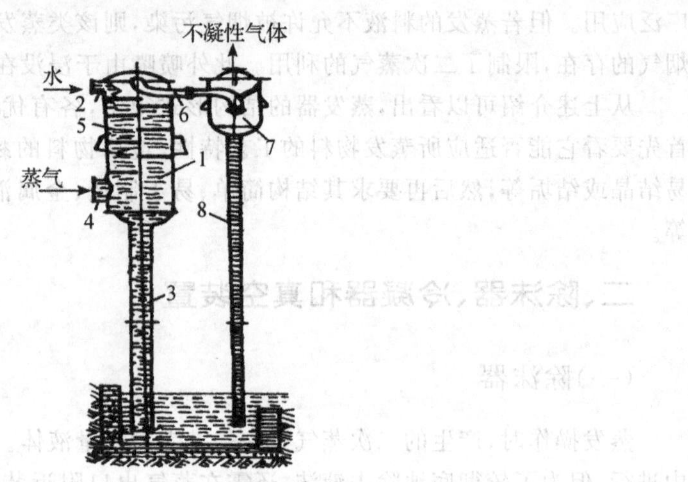

1—外壳；2—进水口；3，8—气压管；4—蒸气进口；5—淋水板；6—不凝性气体管；7—分离器

图 4-9 干式逆流高位冷凝器

第二节 单效蒸发

一、蒸发的基本概念

（一）蒸发的必备条件

蒸发的目的是使溶液中的溶剂汽化，故溶剂应有挥发性而溶液中的溶质则需是不挥发（或挥发性很差）的。按照分子运动学说，当溶液受热时，靠近加热面的溶剂分子若获得的动能胜过分子间的吸引力，便逸向液面上的空间，变为自由分子，此为汽化。因汽化而生成的蒸气若在逸向空间后不予除去，则蒸气与溶液之间将逐渐趋于平衡状态，使汽化不能继续进行。所以进行蒸发的必备条件为热能的不断供给和生成蒸气的不断排出。

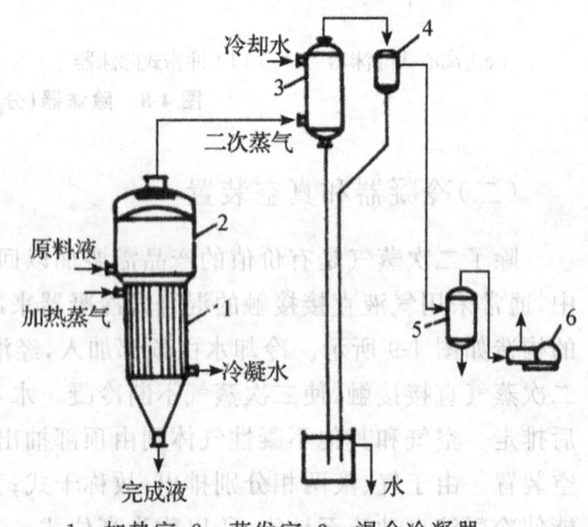

1—加热室；2—蒸发室；3—混合冷凝器；4—分离器；5—缓冲罐；6—真空泵

图 4-10 单效真空蒸发流程

（二）蒸发的流程

图 4-10 是单效真空蒸发流程，除了蒸发器外，还有一些附属装置，如冷凝器、真空泵、不凝气排出装置、除沫器及缓冲器

等。加热蒸气在加热室的管间冷凝，放出的热量通过管壁传给管内的溶液，被蒸发浓缩后的完成液由蒸发器的底部排出，蒸发时产生的二次蒸气至冷凝器与冷却水相混合而被冷凝，冷凝液由冷凝器的底旁排出。为了在负压下将冷凝液排出，冷凝器要具有足够的高度而依靠重力排水，或用泵抽出冷凝水。要维持蒸发室内所要求的真空度，冷凝器后连有真空泵。溶液中的不凝气体经分离器和缓冲罐，由真空泵抽出，排入大气。

（三）加热蒸气和二次蒸气

蒸发需要不断地供给热能，工业上常用水蒸气进行加热，称为加热蒸气；由于蒸发的物料多是水溶液，因而将蒸发时所产生的水蒸气称为二次蒸气。

（四）蒸发的分类

(1)按操作空间的压力可分为常压、加压或减压（即真空）蒸发。食品工业上蒸发以真空蒸发为主。

(2)按二次蒸气利用的情况可分单效和多效蒸发。将所产生的二次蒸气不再利用，而直接送冷凝器冷凝以除去的蒸发操作，称为单效蒸发。若将二次蒸气通过另一压力较低的蒸发器作为加热蒸气，则可以提高原来加热蒸气（亦称为生蒸气）的利用率。这种将多个蒸发器串联，使加热蒸气在蒸发过程中得到多次利用的蒸发过程称为多效蒸发。

二、单效蒸发

（一）单效蒸发的计算

对于单效蒸发，在给定生产任务和确定了操作条件后，通常需计算下面几个内容：

(1)水分蒸发量（以水溶液的蒸发为例）；

(2)加热蒸气消耗量；

(3)蒸发器的传热面积。

这些问题需应用物料衡算、焓衡算和传热速率方程等来解决。

1.水分蒸发量 W 的计算

如图 4-11，令 F 为溶液的进料量，kg/h；W 为水分蒸发量：kg/h；L 为完成液流量，kg/h；x_0 为料液中溶质的浓度，质量分率；x 为完成液中溶质的浓度，质量分率。

溶质在蒸发过程中不会挥发，进料中的溶质将全部进入完成液，故溶质的物料衡算应为：

$$Fx_0 = Lx = (F-W)x \tag{4-1}$$

则水分蒸发量为：

$$W = F\left(1-\frac{x_0}{x}\right) \tag{4-2}$$

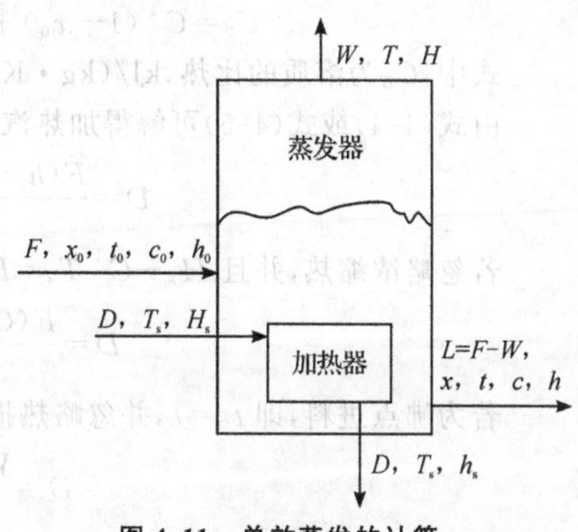

图 4-11　单效蒸发的计算

完成液的浓度：

$$x=\frac{Fx_0}{(F-W)} \tag{4-3}$$

2.加热蒸气消耗量 D 的计算

令：D 为加热蒸气消耗量，kg/h；

t_0 为料液温度，℃；

t 为蒸发器中溶液的温度(完成液温度或溶液沸点)，℃；

h_0 为料液的焓，kJ/kg；

C_0 为料液的比热，kJ/(kg·K)；

h 为完成液的焓，kJ/kg；

H 为二次蒸气(温度为 T 的过热蒸气)的焓，kJ/kg；

C 为完成液的比热，kJ/kg·K；

C^* 为纯水的比热，kJ/kg·K；

T_s 为加热蒸气的饱和温度，℃；

H_s 为加热蒸气的焓，kJ/kg；

h_s 为加热器中冷凝水的焓，kJ/kg；

Q_l 为热损失，kJ/h；

R 为温度为 T_s(与加热蒸气压 p_s 对应)时加热蒸气的蒸发潜热，kJ/kg；

r 为温度为 T(与蒸发压力 p 对应)时二次蒸气的蒸发潜热，kJ/kg。

当加热蒸气的冷凝液在饱和温度下排出时，由焓衡算有：

$$DH_s+Fh_0=Lh+WH+Dh_s+Q_l \tag{4-4}$$

整理得：

$$D(H_s-h_s)+Fh_0=(F-W)h+WH+Q_l \tag{4-5}$$

对于大多数物料的蒸发，可以不计溶液的浓缩热，而由比热求得其焓。习惯上取 0 ℃为基准，即令 0 ℃时液体的焓为零，有：

$$h_s=C^*T_s-0=C^*T_s,\ h_0=C_0t_0-0=C_0t_0,\ h=Ct-0=Ct$$

代入上式，有：

$$D(H_s-C^*T_s)+FC_0t_0=(F-W)Ct+WH+Q_l \tag{4-6}$$

式中料液的比热 C_0 和完成液的比热 C 可分别按下式近似地计算：

$$C_0=C^*(1-x_0)+C_Bx_0,\ C=C^*(1-x)+C_Bx$$

式中，C_B 为溶质的比热，kJ/(kg·K)。

由式(4-4)或式(4-5)可解得加热汽消耗量为：

$$D=\frac{F(h-h_0)+W(H-h)+Q_l}{H_s-h_s} \tag{4-7}$$

若忽略浓缩热，并且 $H_s-C^*T_s=R$，$H-Ct=r$，则有：

$$D=\frac{F(Ct-C_0t_0)+Wr+Q_l}{R} \tag{4-8}$$

若为沸点进料，即 $t_0=t$，并忽略热损失和比热 C 和 C_0 的差别，则有：

$$D=\frac{W(H-Ct)}{R}\approx\frac{Wr}{R} \tag{4-9}$$

或

$$\frac{D}{W}=\frac{H-Ct}{R}\approx\frac{r}{R} \tag{4-9a}$$

式中，$\frac{D}{W}$称为单位蒸气消耗量，用以表示蒸气利用的经济程度。

由于蒸气的潜热随温度的变化不大，即蒸发压力下二次蒸气的饱和温度 T 和加热蒸气饱和温度 T_s下的潜热 r 和 R 相差不多，故单效蒸发时，$\frac{D}{W}\approx 1$，即蒸发 1 kg 的水，约需 1 kg 的加热蒸气。若考虑到 r 和 R 的实际差别以及热损失等因素，$\frac{D}{W}$约为 1.1 或稍多。

3.蒸发器传热面积 A 的计算

由传热速率方程有：

$$A=\frac{Q}{K\Delta t_m}$$

式中，A 为蒸发器的传热面积，m^2；$Q=DR$ 为传热量，W；K 为传热系数，W/(m^2·K)；Δt_m为平衡传热温度差，K。

由于蒸发过程为蒸气冷凝 T_s和溶液沸腾 t 之间的恒温差传热，即 $\Delta t_m=T_s-t$，故有：

$$A=\frac{DR}{K(T_s-t)} \tag{4-10}$$

（二）蒸发设备中的温度差损失

蒸发器中的有效传热温度差 $\Delta t=T_s-t$（t 是被加热溶液的沸点温度）。当加热蒸气的饱和温度 T_s一定（如用绝压为 476 kN/m^2的水蒸气作为加热蒸气，其 T_s=150 ℃），若蒸发室内的压力为 1 个标准大气压且所蒸发的又是水（其沸点 T=100 ℃，也就相当于二次蒸气的饱和温度）而不是溶液（以 30%NaOH 溶液为例，其沸点取 t=115 ℃），则此时的最大传热温度差有 $\Delta t_T=T_s-T$=150 ℃－100 ℃=50 ℃，而有效传热温度差为 Δt=150 ℃－115 ℃=35 ℃，显然 Δt_m比 Δt_T要小一些，两者所减小的值，称为传热温度差损失，用符号 Δ 表示：

$$\Delta=\Delta t_T-\Delta t=(T_s-T)-(T_s-t)=t-T \tag{4-11}$$

结果表明：传热温度差损失 Δ 等于溶液的沸点 t 与同压下水的沸点（蒸发压力下二次蒸气饱和温度）T 之差，亦即在一定操作条件下，溶液的沸点升高正好等于传热的温度差损失。只要求得 Δ，就可求溶液的沸点 $t=T+\Delta$ 和有效传热温度差 $\Delta t=\Delta t_T-\Delta$。

蒸发过程中造成温度差损失的原因有：

1. 溶液的蒸气压下降

由于溶液的蒸气压较纯溶剂（水）在同一温度下的蒸气压低，致使溶液的沸点比纯溶剂（水）的高（见图 4-12），由此引起的温差损失为 Δ'：

$$\Delta'=t_A-T \tag{4-12}$$

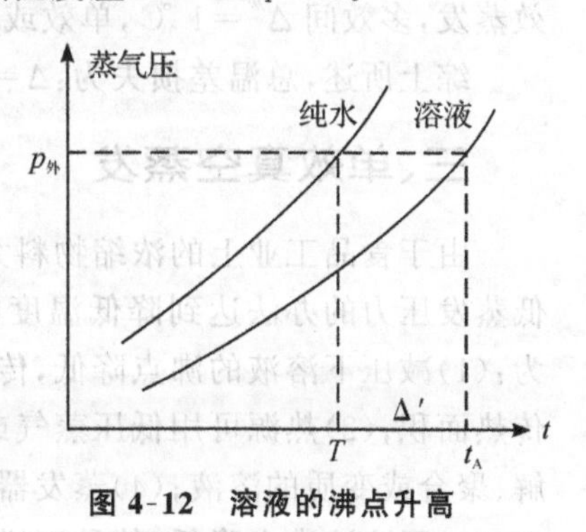

图 4-12 溶液的沸点升高

通常 t_A为常压下测定的溶液沸点。一些溶液的 t_A值可从本书附录或有关手册中查得。蒸发操作可在加压或减压下进行，故必须求出各种浓度的溶液在不同压力下的温度差损失。一般用下列近似计算式（吉辛柯公式）计算：

$$\Delta' = f\Delta_0 \tag{4-13}$$

式中，Δ_0 为常压下由于溶液蒸气压下降引起的温度差损失。f 为校正系数

$$f = 0.0162\,\frac{(T+273)^2}{r} \tag{4-14}$$

式中，r 为实际蒸发压力下纯水的汽化潜热，kJ/kg。

计算非常压下溶液沸点还可采用杜林(Dnhring)规则。该规则认为，某液体(或溶液)在两种不同压力下沸点之差($t_A - t_A^0$)，与另一标准液体在相应压力下的沸点之差($t_w - t_w^0$)的比值是一个常数，即$\dfrac{t_A - t_A^0}{t_w - t_w^0} = K$。求得 K 后，进而可求出任一压力下某液体或溶液的沸点：$t_A = t_A^0 + K(t_w - t_w^0)$。所选用的标准液体通常为水。

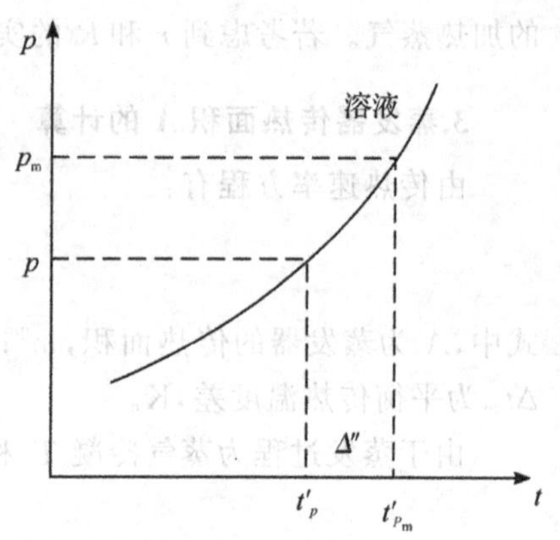

图 4-13　液柱静压力引起的温差损失

2. 蒸发器中液柱静压力引起的温度差损失 Δ''

蒸发器内液体总有一定的液柱高度，故蒸发器中液体内部压力大于液面的压力，使内部的沸点较液面处的高，如图 4-13，二者之差称为液柱静压引起的温差损失 Δ''。一般液体内部的压力，按液面与底部间的平均压力计算，则由静力学基本方程有：

$$p_m = p + \frac{\rho g h}{2} \tag{4-15}$$

式中，p_m 为蒸发器中液面和底部间的平均压力，N/m²；p 为蒸发器中液面的压力，N/m²；ρ 为溶液的密度，kg/m³；h 为液柱高度，m。

因此，静压引起的温差损失 Δ'' 为：

$$\Delta'' = t'_{p_m} - t'_p \tag{4-16}$$

式中，t'_{p_m} 为平均压力 p_m 时溶液的沸点，℃；t'_p 为液面上压力 p 时溶液的沸点，℃。

3. 蒸气管道流动阻力产生的压力降所引起的温度差损失 Δ'''

此温度差损失与其在管道流速、物性、管道尺寸及保温情况有关。一般取经验值，若多效蒸发，多效间 $\Delta''' = 1$ ℃，单效或多数的末效与冷凝器间 $\Delta''' = 1 \sim 1.5$ ℃。

综上所述，总温差损失为：$\Delta = \Delta' + \Delta'' + \Delta'''$。　　(4-17)

三、单效真空蒸发

由于食品工业上的浓缩物料大多数具有热敏性，需尽可能在低温下操作，因而可利用降低蒸发压力的办法达到降低温度的目的。因此，真空蒸发在食品工业上应用很广，其优点为：(1)减压下溶液的沸点降低，传热推动力增加，故对于一定的传热量，可以节省蒸发器的传热面积；(2)热源可用低压蒸气或废热蒸气；(3)适用于处理热敏性物料，即在高温下易分解、聚合或变质的溶液；(4)蒸发器的热损失可减少。与此同时，真空蒸发也存在如下一些缺点：(1)因溶液沸点降低，使黏度增大，导致总传热系数下降；(2)需要有真空装置，并消耗一定的能量。

例 4-1　用连续真空蒸发器将固体含量 11% 的桃酱浓缩至 40%，器内的真空度为

700 mmHg,液层深度为 2 m,采用 100 ℃的蒸气加热。试求液体沸点升高和液层静层静压效应所引起的温差损失及蒸发器的有效温差。桃酱(40%)的相对密度为 1.18。

解:查得 700 mmHg 真空度下,水蒸气的饱和温度 $T_1=41.6$ ℃,$r=2\ 400$ kJ/kg。

(1)液体的沸点升高

常压下 40%的料液的沸点升高 $\Delta_0=1.0$ ℃,则由吉辛柯公式得:

$$\Delta'=0.016\ 2\frac{(T_1+273)^2}{r}\Delta_0=0.016\ 2\frac{(41.6+273)^2}{2\ 400}\times 1=0.668(℃)$$

(2)静压效应引起温差损失

$$p_m=p_0+\frac{\rho gh}{2}=(760-700)\times 133+\frac{1\ 180\times 9.8\times 2}{2}=1.95\times 10^5\ (\text{Pa})$$

查压力为 1.95×10^5 Pa 的水蒸气饱和温度为 59.6 ℃,则

$$\Delta''=t_m-T_1=59.6-41.6=18(℃)$$

(3)有效温差

总温差损失:$\Delta=\Delta'+\Delta''=0.668+18=18.668(℃)$

最大传热温差:$\Delta t_T=T_s-T_1=100-41.6=58.4(℃)$

有效传热温差:$\Delta t=\Delta t_T-\Delta=58.4-18.66=39.732(℃)$

例 4-2　番茄汁在单效薄膜式蒸发器中从固体含量 12%浓缩至 28%,番茄汁已经预热到最高许可温度 60 ℃后进料,采用加热蒸气压力为 0.7 kgf/cm^2(表压)的饱和水蒸气,设蒸发器传热面积为 0.4 m^2,传热系数为 1 500 W/(m^2·K),试近似估算蒸气消耗量和原料量。

解:适当地选取操作的真空度,保证器内料液沸点为 60 ℃。根据加热饱和水蒸气的压力,查得饱和温度 $T=114.5$ ℃,汽化潜热 $R=2\ 210$ kJ/kg;60 ℃下水的汽化潜热 $r=2\ 355$ kJ/kg。

传热速率为:$Q=KA\Delta t_m=1\ 500\times 0.4\times(114.5-60)=32.7(\text{kJ/s})$

蒸气消耗量:$D=\dfrac{Q}{R}=\dfrac{32.7}{2\ 210}=0.014\ 8(\text{kg/s})=53.3(\text{kg/h})$

蒸发量:$W=\dfrac{Q}{r}=\dfrac{32.7}{2\ 355}=0.014(\text{kg/s})=50.3(\text{kg/h})$

原料液流量:$F=\dfrac{W}{1-\dfrac{x_0}{x_1}}=\dfrac{50.3}{1-\dfrac{0.12}{0.28}}=88(\text{kg/h})$

[**实例 1**]蒸发 20%NaOH 水溶液时,求:①分离室的绝对压力为 101.3 kPa 及 50 kPa 时,利用附录的有关数据计算溶液的沸点;②利用附录求 50 kPa 时溶液的沸点;③利用经验公式(杜林规则)计算 50 kPa 时溶液的沸点。

[**实例 2**]在中央循环管蒸发器内,蒸发 20% $CaCl_2$ 水溶液,已测得二次蒸气的绝对压力为 40 kPa。加热管内液层深度为 2.3 m,溶液平均密度为 1 200 kg/m^3。试求因溶液静压力引起的温度差损失及溶液沸点。已知操作条件下因溶液蒸气压下降引起的温度差损失为6.25 ℃。

第三节　多效蒸发

一、多效蒸发的基本概念

由前面可知，无论在常压、加压或真空下进行单效蒸发，从溶液中蒸发出 1 kg 水都需要消耗不少于 1 kg 的加热蒸气。在化学工业生产中，蒸发大量的水分，必须消耗大量的加热蒸气。为了减少这项消耗，可采用多效蒸发。

将多个蒸发器连接起来一同操作，即可组成一个多效蒸发器。每一蒸发器称为一效，通入生蒸气的蒸发器为第一效，利用第一效的二次蒸气来加热的，称为第二效，依此类推。由于各效(除最后一效外)的二次蒸气都作为下一效蒸发器的加热蒸气，这就提高了生蒸气的利用率。即蒸发同样数量的水分 W，采用多效时所消耗的生蒸气量 D 远比单效时小。也就是说，采用多效蒸发的根本目的是减少加热蒸气量。

根据经验，最小$\frac{D}{W}$的大致数值如表 4-1。

表 4-1　蒸发 1 kg 水所消耗的生蒸气(D/W)

效数	单效	二效	三效	四效	五效
D/W	1.10	0.57	0.40	0.30	0.27

二、多效蒸发的操作流程

多效蒸发操作按加料方式不同，可有如下三种方法：

(1)并流(顺流)加料法：即溶液与蒸气成并流的方法；

(2)逆流加料法：即溶液与蒸气成逆流的方法；

(3)平流加料法：即每一效都加入原料液并且各效都出料的方法。

下面以三效为例加以说明，当效数有所增减时，其原则不变。

(一)并流法

它是化学工业最常用的方法。如图 4-14 所示，溶液流向与蒸气相同，即由第一效顺序流至末效。因为后一效蒸发室的压力较前一效低，故各效之间可无需用泵输送溶液，此为并流法的优点之一。其另一优点为前一效的溶液沸点较后一效高，因此，当溶液自前一效进入后一效内，即成过热状态而立即自行蒸发，可以生成更多的二次蒸气，从而能在次一效蒸发更多的溶液。存在的缺点是：由于后一效的溶液的浓度较前一效大，而温度又较低，黏度的增加很大，因而总传热系数就小得多。这种情况在最末一、二效尤为严重，可使整个蒸发系统的生产能力减低。因此，如果遇到溶液的黏度随浓度的增加而增加幅度很大的情况，则宜采取下述的逆流法。

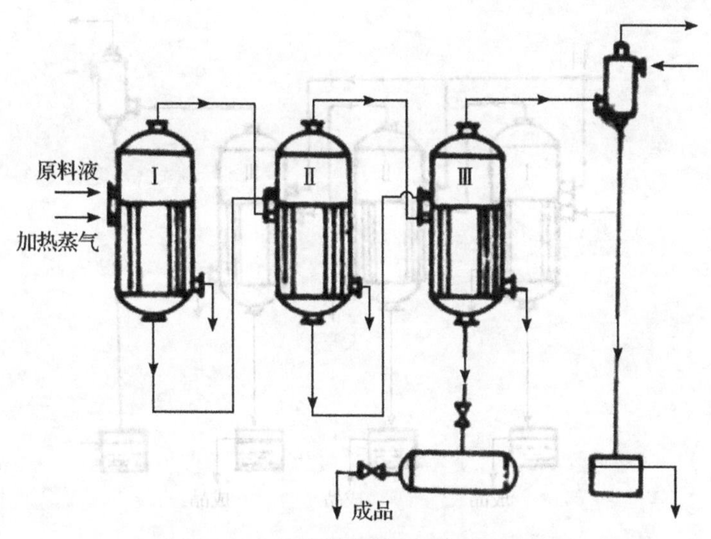

图 4-14　并流多效设备流程简图

(二)逆流法

如图 4-15 所示,原料液由末效流入,而由泵打入前一效。其优点在于:溶液的浓度愈大时蒸发的温度亦愈高,因此各效溶液均不致出现黏度太大的情况,因而总传热系数也就不致过小。其缺点是:除了进入末效的溶液外,效与效之间需要用泵输送溶液,又各效进料温度(末效除外)都低于沸点,故与并流法比较,所生成的二次蒸气量减少。

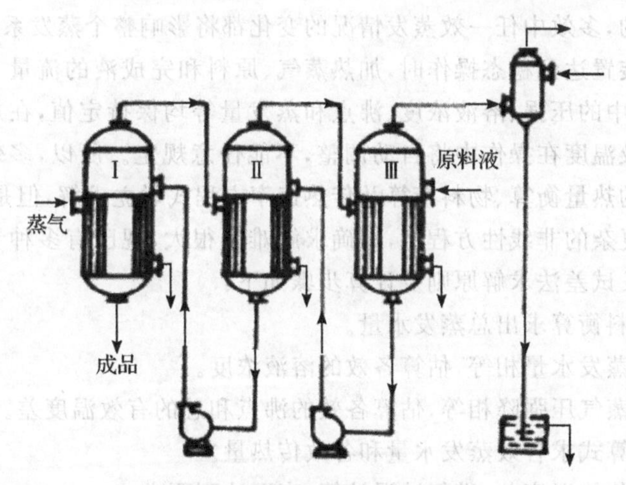

图 4-15　逆流多效设备流程简图

(三)平流法

如图 4-16 所示。此法适用于在蒸发过程中同时有结晶体析出的场合。例如食盐溶液,当蒸发至 27%左右的浓度时即达饱和,若继续蒸发,就有结晶析出;而这些结晶体不便在效与效之间输送,故需采用此种流程将含晶体的浓溶液自各效分别取出。在多效蒸发设备中,

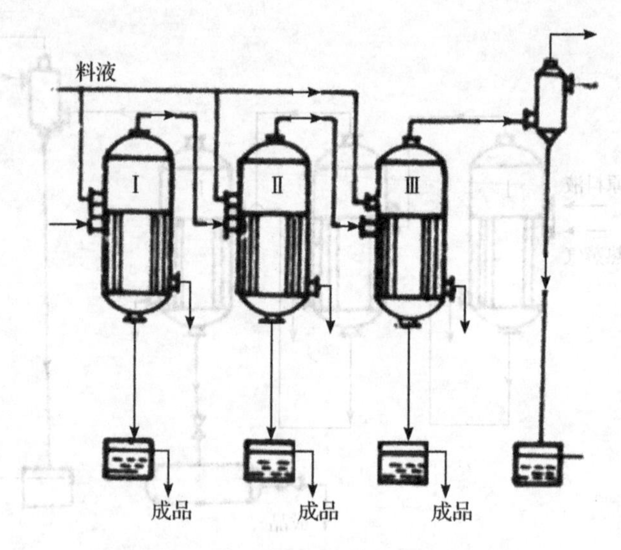

图 4-16　平流多效设备流程简图

有时并不完全将某效产生的二次蒸气引到次一效去加热，而可引出一部分以预热进入蒸发设备第一效的溶液，或用于与蒸发设备本身无关的其他设备作为热源。这种由某效所引出的、不通入次一效而用于别处的二次蒸气，称为额外蒸气。

三、多效蒸发的计算

多效蒸发由多个单效蒸发串联而成，因此，各效的计算和单效相同。但是各效间的工艺参数是相互联系的，多效中任一效蒸发情况的变化都将影响整个蒸发系统。

在多效蒸发装置达到稳态操作时，加热蒸气、原料和完成液的流量与状态（温度、浓度、压强等）以及各效中的压强、溶液浓度、沸点和蒸发量等均保持定值，在规定的操作条件下，各效溶液的浓度及温度在操作中将自动调整，不能任意规定。所以，多效蒸发的计算，原则上是对各效所做的热量衡算、物料衡算及传热速率方程式联立求解，但是由于描述多效蒸发过程的方程组是复杂的非线性方程组，精确求解难度很大，现已有多种专门解法，可参阅有关专著。多效蒸发试差法求解原则及计算步骤如下：

（1）根据总物料衡算求出总蒸发水量。

（2）假设各效蒸发水量相等，估算各效的溶液浓度。

（3）假设各效蒸气压强降相等，估算各效的沸点和总的有效温度差。

（4）由热量衡算式求各效蒸发水量和各效传热量。

（5）分配有效传热温度差，进行试误计算，直至达到要求。

四、蒸发器的生产能力、蒸发强度、生产强度

（一）基本含义

1.蒸发器的生产能力：单位时间内蒸发的水分量（kg/h）。其大小取决于通过传热面的传热速率 Q，因此也可用蒸发器的传热速率来衡量其生产能力。

2.蒸发器的蒸发强度:单位面积上的传热速率(W/m^2)。

3.蒸发器的生产强度:单位传热面积上单位时间内蒸发的水分量[$kg/(m^2 \cdot h)$]。它是衡量蒸发器性能的标准。

①表达式:$U=\frac{W}{A}\approx\frac{DR}{rA}=\frac{Q}{rA}=\frac{K\Delta t}{r}$。

②影响因素:有效温差 Δt、总传热系数 K、温度为 t 时二次蒸气的蒸发潜热。

(二)单效蒸发与多效蒸发的比较

1.温差损失:在相同的操作条件下(即加热蒸气和末效冷凝器压力相同时),多效蒸发的总温度差损失大。

2.经济性:从生蒸气耗量看,多效蒸发较单效蒸发经济。

3.生产强度:多效蒸发的生产强度远小于单效蒸发的生产强度。

4.生产能力:多效蒸发的生产能力小于单效蒸发的生产能力。

5.蒸发强度:多效蒸发的蒸发强度小于单效蒸发的蒸发强度。

结论:多效蒸发是以降低生产强度来换取蒸发经济性的提高。

五、多效蒸发中效数的限制及最佳效数

蒸发装置中效数越多,温度差损失越大,且对某些浓溶液的蒸发还可能发生总温度差损失大于或等于总有效温度差,此时蒸发操作就无法进行,所以多效蒸发的效数有一定的限制。多效蒸发中,一方面随着效数的增加,单位蒸气的耗用量减少,使操作费用降低;另一方面,效数增加,装置的投资费也增加,而且所节省的蒸气耗用量也越来越少,同时,生产能力和强度又不断降低,每效分配到的温度差不宜小于 5~7 ℃。

由上分析可知,最佳效数要通过经济权衡决定,而单位生产能力的总费用为最低时的效数即为最佳效数。

六、提高蒸发经济性的其他措施

(一)额外蒸气的引出

在满足工艺要求,即保证产品浓度、选定生蒸气和冷凝器操作参数的前提下,应最大限度地抽取额外蒸气,做到全面利用,使进入冷凝器的二次蒸气量降到最低,额外蒸气可作其他加热设备的热源。

(二)冷凝水自蒸发和冷凝水回收的利用

冷凝水的饱和温度随压力的减小而降低,所以多效蒸发中,可以将前一效温度较高的冷凝水通过冷凝水自蒸发器,减压至下一效压强,使冷凝水因自蒸发而产生一部分蒸气,所得蒸气与前一效的二次蒸气一起作为后一效的加热蒸气。其流程见图 4-17。

多效蒸发的冷凝水也应适当利用,如第五效冷凝水可作锅炉补给水,其余各效冷凝水可作其他工艺用水等。

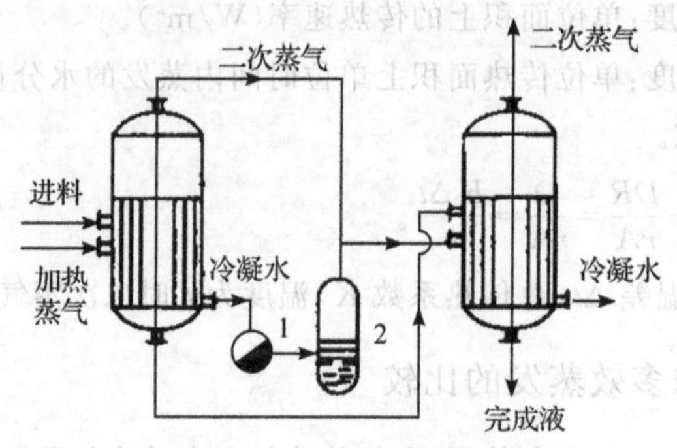

1—疏水器;2—冷凝水自蒸发器

图 4-17 冷凝水自蒸发流程

(三)热泵蒸发器

热泵蒸发的工作原理是将二次蒸气经绝热压缩,提高其压强和饱和温度后再送回原蒸发器作加热蒸气,这样,只需对二次蒸气补充少量压缩功或高压蒸气,便可重新利用二次蒸气潜热,除开工时外,不需另行供给生蒸气,蒸发即可进行,而且节省了冷凝器,不消耗冷却水。

压缩二次蒸气常用两种方法:一种是机械再压缩,如图 4-18(a);另一种是用蒸气喷射泵如图 4-18(b)。

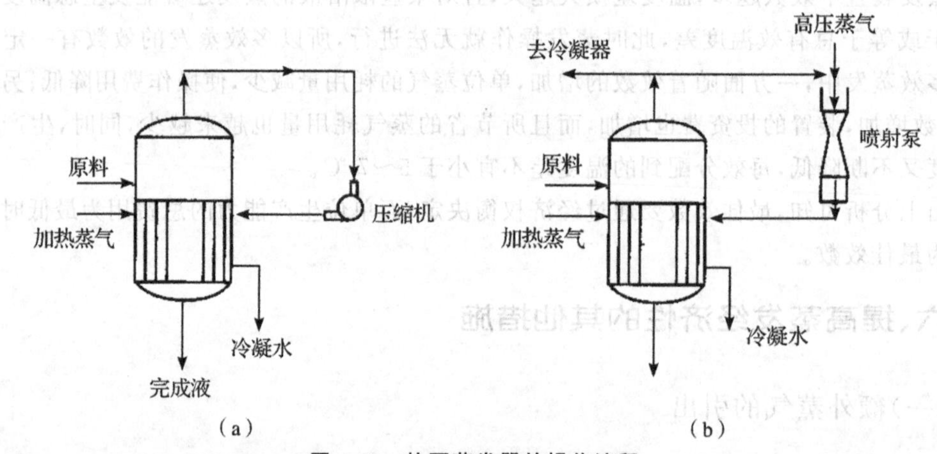

图 4-18 热泵蒸发器的操作流程

热泵蒸发适于在缺水地区及船舶上应用,不适于沸点升高较大的物料,因其所需压缩比较大,经济上不合理。此外,热泵蒸发的压缩机投资较大,经常要维修,耗电也较多,这些因素在一定程度上限制了热泵蒸发器的应用。

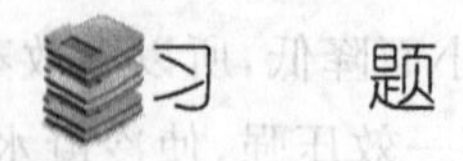

习 题

1.用一单效蒸发器将 2 500 kg/h 的 NaOH 水溶液由 10%浓缩到 25%(均为质量分数),已知加热蒸气压力为 450 kPa,蒸发室内压力为 101.3 kPa,溶液的沸点为 115 ℃,比热容为 3.9 kJ/(kg · ℃),热损失为 20 kW。试计算以下两种情况下所需加热蒸气消耗量和单位蒸气消耗量：(1)进料温度为 25 ℃；(2)沸点进料。

2. 试计算 30%(质量分数)NaOH 水溶液在 60 kPa 压力(绝)下的沸点。

3. 在一常压单效蒸发器中浓缩 $CaCl_2$ 水溶液，已知完成液浓度为 35.7%(质量分数)，密度为 1 906 kg/m^3，若液面平均深度为 2 m，加热室用 0.2 MPa(表压)饱和蒸气加热，求传热的有效温差。

4. 用一双效并流蒸发器将 10%(质量分数，下同)的 NaOH 水溶液浓缩到 45%，已知原料液量为 5 000 kg/h，沸点进料，原料液的比热容为 3.76 kJ/kg。加热蒸气用蒸气压力为 500 kPa(绝)，冷凝器压力为 51.3 kPa，各效传热面积相等，已知一、二效传热系数分别为 $K_1=2\ 000\ W/(m^2 \cdot K)$，$K_2=1\ 200\ W/(m^2 \cdot K)$，若不考虑各种温度差损失和热量损失，且无额外蒸气引出，试求每效的传热面积。

第五章 干燥

第一节 概述

化学工业生产中的许多原料、半成品含有大量的水分，为使产品具有良好的保藏性和便于贮存、运输、加工及满足工艺对含水率的要求，需要除去其中的湿分(水或有机溶剂)。一般去湿有如下三种方式：一是机械去湿，即借助机械能的作用，如压榨、抽吸、沉降、过滤、离心分离等，常用于物料含水量较多的场合，较为经济，但难以满足要求；二是吸附去湿，即利用某些物质本身所具有的吸湿能力，如生石灰、浓硫酸、无水氯化钙、分子筛、硅胶等，一般只用于含少量水的场合；三是热能去湿，即借助热能使物料中的湿分汽化并将产生的湿气由惰性气体带走或抽真空抽走的方法来排除——干燥。干燥是化学工业中应用最为广泛的单元操作之一，果蔬的干制，奶粉的制造，面包、饼干的焙烤，淀粉的制造以及酒糟、酵母、麦芽、砂糖等的干燥都是典型的例子。

一、干燥的传质特征

被除去的湿分从固相转移到气相中去，这是干燥的传质特征，也是干燥过程的本质。

二、干燥介质

所谓干燥介质，是指在干燥过程中能够为湿物料中湿分汽化提供热能并将所产生的湿气排出的物质。因此，干燥介质既是载热体又是载湿体，如(湿)空气、烟道气、过热蒸气或惰性气体等。

三、干燥得以进行的条件

只有当物料表面湿分的蒸气压(p'_w)超过干燥介质中湿分蒸气分压(p_w)时，干燥介质才具有吸湿能力，使得物料表面的湿分能够汽化。而正是由于表面湿分的不断汽化，物料内部的湿分方可继续向表面移动。

四、干燥的分类

按热能供给物料的方式来分，分为以下几类。

(一)对流干燥(热风干燥)

使干燥介质与湿物料直接接触，由干燥介质提供的热能以对流方式加入物料，所产生的

蒸气为干燥介质带走。其形式包括厢式、洞道式、气流式、沸腾式、喷雾式等,如香精香料的喷雾干燥。对流干燥有如下三个特点:一是传热与传质同时发生,但方向相反;二是干燥介质既是载热体,又是载湿体;三是传递过程包括气固之间的传递和固体内部的传递。

(二)传导干燥

热能通过传热壁面以传导方式加热物料,产生的蒸气被干燥介质带走或用真空泵排走。其形式包括滚筒式、冷冻式、真空干燥等,如各种液状食品的干燥。传导干燥的特点是热能利用率较高,但与传热壁面接触的物料在干燥时易因局部过热而变质。

(三)辐射干燥

由辐射器产生的辐射能以电磁波的形式到达物料表面,为物料所吸收而重新转变为热能,从而使物料中的湿分汽化。其形式有红外线干燥等,如影片、涂层和相纸等薄层物料的红外线加热干燥。辐射干燥的特点是:与上述两种干燥方式相比,生产强度大,设备紧凑,干燥时间短,产品干燥均匀而洁净,但能耗大。

(四)介电加热干燥(高频干燥)

将需要干燥的物料置于高频电场(约 10 MHz)内,由于高频电场的交变作用,依靠电能加热物料并使湿分汽化。其形式有微波干燥等,如可可豆、面包等的干燥。介电加热干燥的特点是比较适用于干燥过程中表面易结壳或皱皮(收缩)或内部水分难以去除的物料,但费用大,使用上受到一定的限制。

五、干燥的目的

1.便于贮运。

2.满足生产工艺对原料含水率的要求,否则会影响产品质量等。如通常必须将食品中的含水率降低到 5%(湿基)以下,以符合食品的风味和营养。

六、干燥的本质

干燥本质上是传质过程,干燥速率由传质速率 $G_w = k_H(H_w - H)$ 所支配,但伴随着热量的传递。

七、干燥应注意的一些问题

1.应保证产品的品质、特性、外观等。如对水果等食品而言应避免变味等。

2.应有效地利用能源。干燥是一个耗能过程,应充分考虑能源的综合利用,包括干燥方式的有机结合、废气循环利用、减少热损失等。

第二节 湿空气的性质

一、描述干燥介质(湿空气)的性质参数

在干燥过程中,湿空气中的水汽量是不断变化的,但绝干空气的量则是不变的,以此为基准来确定湿空气的各项参数。

(一)湿空气中水汽含量的表示方法

1.水汽分压 p_w

空气中水汽分压愈大,水汽含量就愈高。依道尔顿(Dalton)分压定律,有:

$$\frac{p_w}{p_a}=\frac{p_w}{p-p_w}=\frac{m_w}{m_a}$$

其中,p 为湿空气的总压,p_a为干空气分压,m_w、m_a分别为水汽和干气的摩尔数。

2.(绝对)湿度 H

单位质量干空气中所含水汽的量,其单位为 kg 水汽/kg 干气。

$$H=\frac{\text{kg 水汽}}{\text{kg 干气}}=\frac{m_w\times M_w}{m_a\times M_a}=\frac{p_w}{p-p_w}\times\frac{M_w}{M_a}$$

其中,M_w、M_a分别为水汽和干气的摩尔质量,$M_w\approx 18$ kg/kmol, $M_a\approx 29$ kg/kmol ,则:

$$H=0.622\,\frac{p_w}{p-p_w}$$

3.相对湿度 φ

用 p_w 或 H 只能表明湿空气中所含水汽的绝对量,并未反映其接受水分的能力。为了表示距离饱和状况(吸水能力的体现)的程度,引入相对湿度 φ 这个概念。对于一定的空气温度 t,对应有一个饱和水蒸气压 p_s,p_s是在 t 时水汽在空气中的最大分压。定义 $\varphi=\frac{p_w}{p_s}$,显然,只有在 $p_w<p_s$时,空气才能接受从湿物料中所汽化的水分。因此,φ 值大小代表了作为干燥介质的湿空气吸水能力的强弱或距离饱和状况的程度,只有 $\varphi<1$ 的湿空气,才可当作干燥介质使用。将 $p_w=\varphi p_s$代入 $H=0.622\,\frac{p_w}{p-p_w}$,得:$H=0.622\,\frac{\varphi p_s}{p-\varphi p_s}$。在相同温度下,$\varphi$ 值减小,则 H 值也减小;随温度升高,p_s增大,则 φ 值减小,有利于提高干燥能力。

(二)湿空气的焓(I)和湿比热(C_H)

用空气作为干燥介质干燥物料时,空气与湿物料之间不仅有湿分的转移,也有热量的传递。为此,引入湿空气的焓(I)。以 1 kg 干气为基准,并以 0 ℃作温度基准,则:

$$I=I_a+I_w=C_a(t-0)+(C_wt+r_0)H=(C_a+C_wH)t+r_0H$$

其中，I_a、I_w分别为干气、水汽的焓；C_a、C_w分别为干气、水汽的比热，$C_a=1.01$ kg/(kg·K)或0.24 kcal/(kgf·℃)，$C_w=1.88$ kg/(kg·K)或0.45 kcal/(kgf·℃)；r_0为0 ℃时水的汽化潜热，$r_0=2\,492$ kJ/kg或595 kcal/kgf。即

$$I=(1.01+1.88H)t+2\,492H\text{ 或 }(0.24+0.45H)t+595H$$

这里 $C_H=C_a+C_wH=1.01+1.88H$（或 $0.24+0.45H$），称为湿比热。

显然，I 是 t 及 H 的函数，随 H，t 的增加而增大；而 C_H 仅是 H 的函数。

(三)湿空气的比容(v_H)

1.定义

湿空气中单位质量干气(G_a)的干气体积(V_a)与所带水汽的体积(V_w)之和，即

$$v_H=\frac{V_a}{G_a}+\frac{V_w}{G_a}=v_a+v_w$$

2.推导

由理想气体状态方程 $pV=nRT=\frac{G}{M}RT$，得：

$$V_a=\frac{G_aRT}{p\cdot M_a},V_w=\frac{(G_a\cdot H)RT}{p\cdot M_w}$$

又对于理想气体在标准状态下有 $p\times 22.4=1\times R\times 273$，则：

$$\frac{V_a}{G_a}=\frac{22.4T}{29\times 273}=0.773\,\frac{T}{273}=v_a$$

$$\frac{V_w}{G_a}=\frac{22.4T\cdot H}{18\times 273}=1.244\,\frac{T}{273}H=v_w$$

故 $v_H=(0.773+1.244H)\frac{T}{273}=(0.773+1.244H)\frac{273+t}{273}=(2.83+4.56H)(273+t)\times 10^{-3}$

显然，v_H是t、H 的函数，且随 t、H 的增加而增大，其中 v_a称为干气比容，只与 t 有关。

(四)湿空气的温度表示

1.干球温度 t

即用普通温度计所测得的温度。

2.湿球温度 t_w

将普通温度计的感温球包以纱布，并将纱布的一部分浸入水中，以保持纱布足够湿润，即构成湿球温度计。这种温度计在温度为 t、湿度为 H 的不饱和空气流中，在绝热条件下达到平衡时所显示的温度，即为湿球温度 t_w。

3.绝热饱和温度(t_{as})

即将湿空气在绝热条件下与足量水相接触达到饱和时的温度。

(1)空气增湿塔——绝热冷却过程分析

如图 5-1 所示，具有初始湿度 H_1和温度 t_1的未饱和空气由塔底引入。若设备保温良好，则可认为此过程是绝热进行的。

水由塔底经循环水泵送往塔顶的喷头，喷淋而下，与空气成逆流接触，然后回到塔底再循环使用。空气在与水逆流接触过程中，由于 $p'_w > p_w$，水分向空气中汽化，水分汽化时所需的潜热 Q_1，只有取自空气的显热 Q_2，从而导致空气的温度逐渐下降($t_1 \downarrow$)，又由于空气接受所汽化的水汽从而导致空气的湿度增加($H_1 \uparrow$)，并逐渐为水汽所饱和，当此空气离开塔顶时达到饱和，温度不再下降，最终达到一稳定的温度，此即空气的绝热饱和温度(t_{as})，对应的湿度为 H_{as}。由于在与空气接触过程中，水分不断向未饱和空气汽化，所以必须要向塔内补充一部分温度为 t_{as} 的水。

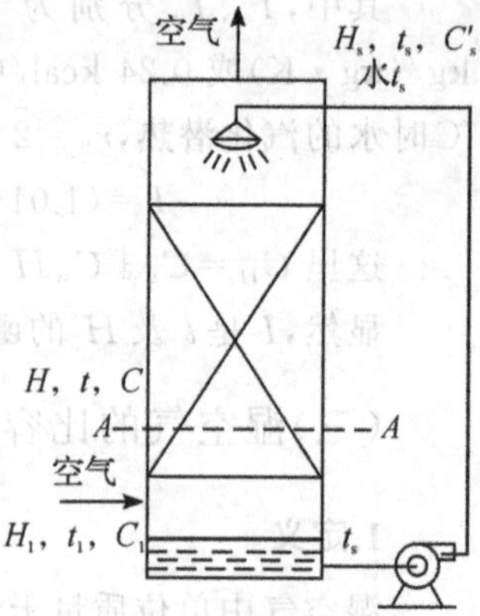

图 5-1　空气增湿塔绝热冷却过程分析

(2)热量衡算

在塔内任取一截面 AA，其状态为 H, t, C_H。设在塔顶空气达到饱和，其温度由 t 降为 t_{as}，湿度由 H 增加为 H_{as}。以 1 kg干气为基准，在截面 AA 与塔顶之间列热量衡算。以 t_{as} 为基准温度，则补充水所带入的焓为 0。在稳定情况下，空气释放的显热 $Q_2 = C_H(t - t_{as})$，应等于水分汽化后返回空气所带的潜热 $Q_1 = (H_{as} - H)r_{as}$，即 $C_H(t - t_{as}) = (H_{as} - H)r_{as}$，整理得：$\frac{H_{as} - H}{t_{as} - t} = -\frac{C_H}{r_{as}}$ 或 $t_{as} = t - \frac{r_{as}}{C_H}(H_{as} - H)$，其中 r_{as}、H_{as} 同是 t_{as} 的函数而不是独立变量，r_{as} 为 t_{as} 时的汽化潜热。

4.露点(t_d)

空气在湿度 H 不变的情况下冷却达到饱和时的温度即为露点，此时开始有水珠冷凝出来。t_d 对应的饱和蒸气压为 p_d，有 $p_d = \frac{Hp}{0.622 + H}$。

5.利用干、湿球温度确定空气的湿度

湿纱布表面的空气湿度 H_{ws}(湿纱布温度 t_w 下的饱和湿度)比空气主流中的湿度 H 大，于是当两者接触时，湿纱布表面的水分向空气主流汽化，并通过表面上的气膜向空气主流中扩散。汽化所需的潜热，首先取自湿纱布的显热，使其温度下降，从而使气流与纱布之间产生温差，引起对流传热，湿纱布从空气取得热量以供水分汽化之用。当达到绝热、稳定状态时，空气向湿纱布传递显热的速率 $Q_1 = \alpha A(t - t_w)$ 应等于汽化水分所需的潜热速率 $Q_2 = G_w A r_w = K_H(H_{ws} - H)A r_w$，即 $\alpha A(t - t_w) = K_H(H_{ws} - H)A r_w$。整理为：

$$\frac{H_{ws} - H}{t_w - t} = \frac{\alpha}{K_H r_w}$$

其中，A 为湿纱布与空气的接触面积；α 为空气与湿纱布之间的对流传热系数；t、t_w 为干、湿球温度；G_w 为水分汽化速率；K_H 为以湿度差为推动力的传质系数[kg/(m² · s)]；r_w 为 t_w 下水的汽化潜热(kJ/kg)；H_{ws} 为空气在 t_w 下的饱和湿度；H 为空气的湿度。

对于空气-水系统，在绝热条件下，当空气速度 u 在 3.8～10.2 m/s 时，有 $\alpha / K_H \approx C_H$，因而可得：

$$\frac{H_{ws} - H}{t_w - t} = -\frac{C_H}{r_w} \text{ 或 } t_w = t - \frac{r_w}{C_H}(H_{ws} - H)$$

讨论：①在绝热情况下操作的干燥器中，只要湿物料表面足够湿润，则在稳定情况下，任一截面上湿物料汽化所需的潜热等于空气传给湿物料的显热，此时，湿物料的表面温度 t' 即为湿球温度 t_w。

②对于空气-水系统，显然应有 $t_w=t_{as}$，但对其他物系如空气-甲苯系统，则因 $\frac{\alpha}{K_H}=1.8C_H$，此时有 $t_w>t_{as}$。

二、空气的温湿图（t-H 图）

采用 t-H 图的优点是图上 $\varphi=1$ 线以下各点都代表温度和湿度均明确的湿空气。

（一）总压为一个标准大气压时 t-H 图的制作

1.等干球温度线（等 t 线）

以横轴代表温度轴，所有垂直于横轴的线均为等 t 线。

2.等湿度线（等 H 线）

以纵轴代表湿度轴，所有垂直于纵轴的线均为等 H 线。

3.等相对湿度线（等 φ 线）

由 $H=0.622\frac{\varphi p_s}{p-\varphi p_s}$，确定某一个 φ 值，作出 t-H 的关系曲线即为等 φ 线。其中，$\varphi=1$ 时为饱和线，在此线以上为超饱和区，空气中含雾状水滴，不宜作干燥介质。

4.绝热冷却线（t_{as} 线）

由 $\frac{H_{as}-H}{t_{as}-t}=-\frac{C_H}{r_{as}}$，进而作出 t-H 的关系曲线即为 t_{as} 线。

5.等焓线（等 I 线）

由 $I=C_H\cdot t+\gamma_0 H$，确定某一个 I，描述 t-H 的关系曲线即为等 I 线。

由于 t_{as} 线与等 I 线都近似为一直线，且斜率相近，为避免混淆，分别绘成两张 t-H 图。

6.湿比热线（C_H 线）

由 $C_H=1.0+1.88H$，作出 C_H-H 的关系线，其中将 C_H 标绘在坐标图上方。

7.干气比容线（v_a 线）

由 $v_a=0.773\frac{273+t}{273}$，作出 v_a-t 的关系线，其中 v_a 绘在坐标图左方。

8.饱和比容线（v_{Hs} 线）

由 $v_{Hs}=(0.773+1.244H_s)\frac{273+t}{273}$，其中 $H_s=0.622\frac{p_s}{p-p_s}$，绘制 v_{Hs}-t 的关系曲线，并将 v_{Hs} 绘在坐标图的左方。

(二)t-H 图的应用

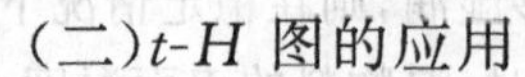

1.由测定的参数确定湿空气的状态

例 5-1 已知某湿空气的有关参数为 $t=30$ ℃，$H=0.02$，试确定其状态。

解：过 $t=30$ ℃的点作等 t 线，过 $H=0.02$ 的点作等 H 线，两线之交点即为该空气的状态，如图 5-2。

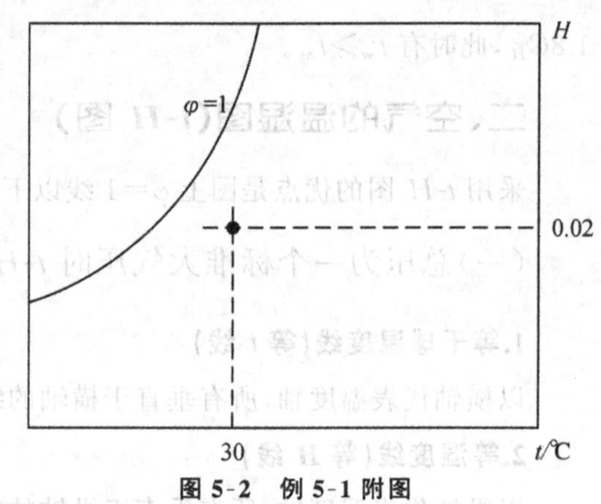

图 5-2 例 5-1 附图

2.已知湿空气的某两个独立参数，求该湿空气的其他参数

例 5-2 由干、湿球温度计测得空气的干球温度 $t=50$ ℃，湿球温度 $t_w=28.5$ ℃，求该空气的湿度 H 和相对湿度 φ。

解：对于空气-水系统，t_w 碰巧等于 t_{as}，即 $t_w=t_{as}=28.5$ ℃，在图 5-3 上找出饱和线与 $t_{as}=28.5$ ℃的交点 A，由点 A 沿 t_{as} 线与 $t=50$ ℃的等 t 线交于 B 点，即得 $t=50$ ℃，$t_w=28.5$ ℃时的空气状态，并由此读出 $H=0.015$，$\varphi=0.2$。

3.根据干燥过程变化的特点确定湿空气状态随过程的变化

例 5-3 已知湿空气的总压为一个标准大气压，相对湿度 70%，干球温度 293 K。(1)试用图解法求出 H、p_w、t_d、I。(2)若将空气预热到 370 K 进入干燥器，对于每小时 100 kg 干气，所需的热量是多少？(3)求每小时送入预热器的湿空气体积。

解：(1)如图 5-3 所示。已知湿空气的干球温度 $t=20$ ℃，在 t-H 图的横坐标上找到 $t=20$ ℃这一点，作垂线，交 $\varphi=0.7$ 的等 φ 线，此点即为所求的空气状态点，用 A 点表示。

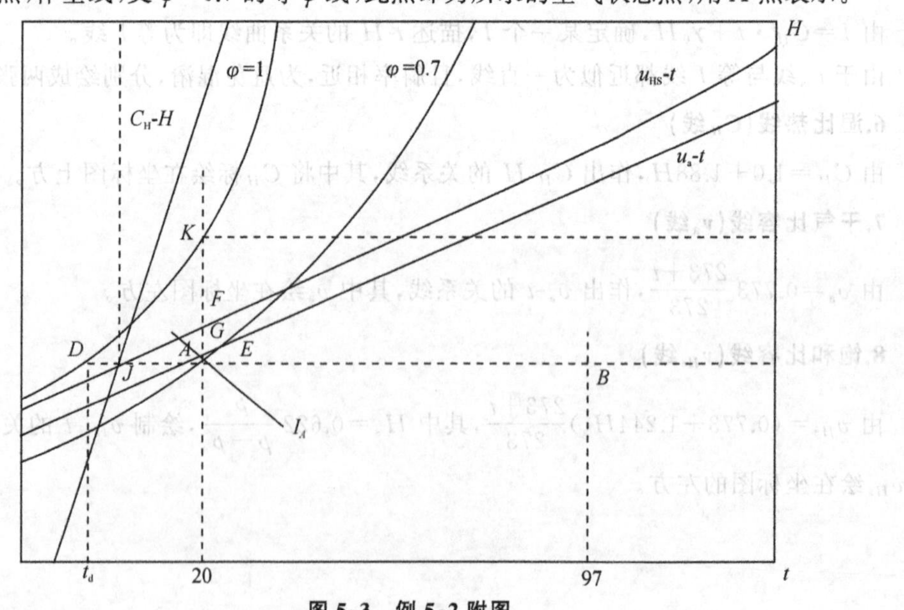

图 5-3 例 5-2 附图

H:由点 A 沿等 H 线向右,直接读出 $H=0.01$(kg 水汽/kg 干气)或由

$$H=0.622\frac{\varphi P_s}{P-\varphi P_s}=0.622\times\frac{0.7\times 2.33}{101.3-0.7\times 2.33}=0.010\ 2$$

p_w:$p_w=\varphi P_s=0.7\times 2.33=1.631(\mathrm{kN/m^2})$

t_d:由 A 点沿等 H 线向左交 $\varphi=1$ 的饱和湿度线于 D 点,垂直向下交横坐标于一点,即得 $t_d=14$ ℃。

I:从图上 A 点所在位置的等焓线可读出 $I_A=46$ kJ/kg 干气,或由 $I=(1.01+1.88\times 0.010\ 2)\times 20+2\ 492\times 0.010\ 2=46.0$(kJ/kg 干气)。

(2)预热空气所需热量 Q

法 1:由 A 点沿等 H 线向左与湿比热线(C_H-H)交于一点 J,再由该点垂直向上与横坐标相交,可读出 $C_H=1.02$ kJ(/kg·℃),则 $Q=100$ kg 干气/h×1.02 kJ/(kg 干气·℃)×(97−20)℃=7 854 kJ/h=2.18 kW。

法 2:由 A 点沿等 H 线向右与 $t=97$ ℃的线交于一点,读出此点的 $I=125$ kJ/kg,则 $Q=100$ kg 干气/h×(125−46)kJ/kg 干气=7 900 kJ/h=2.19 kW。

法 3:直接由 $Q=100\times(1.01+1.88\times 0.010\ 2)\times(97-20)=7\ 924.6$(kJ/h)=2.2(kW)。

(3)每小时进入预热器的湿空气体积 V

由点 A 垂直向上分别与干气比容线、饱和比容线、$\varphi=1$ 相对湿度线相交于 E、F 及 B,由点 B 可在 H 坐标上读出 $H_s=0.05$ kg 水汽/kg 干气。$\dfrac{H_1}{H_s}=\dfrac{0.01}{0.05}=0.67$,在 EF 线段中内插定出 G 点,由该点沿等湿线在比容坐标上查出 $v_H=0.84\ \mathrm{m^3}$/kg 干气,故 $V=100\times 0.84=84(\mathrm{m^3/h})$。

或由 $V=100v_H=100\times(0.773+1.244\times 0.010\ 2)\times\dfrac{293}{273}=100\times 0.786\times\dfrac{293}{273}=84.3(\mathrm{m^3/h})$。

三、湿空气的湿焓图(H-I 图)

(一)制作

1.等湿度线(等 H 线)群

平行于纵轴的线群,其读数范围为 0~0.2 kg 水汽/kg 绝干气。

2.等焓线(等 I 线)群

平行于斜轴的线群,其读数范围为 0~680 kJ/kg 绝干气。

3.等干球温度线(等 t 线)群

将 $I=(1.01+1.88H)t+2\ 492H$ 改写为 $I=1.01t+(1.88\ t+2\ 492)H$,在固定的总压下,任意规定一个温度 t_1,即可描述出此温度下的 I 与 H 的关系式,并将它绘在 H-I 图中,得到一条温度为 t_1 的等 t_1 线。依此类推,从而得到一系列的等 t 线群。需注意的是,斜率 $(1.88t+2\ 492)$ 是温度的函数,故各等 t 线是不平行的。其读数范围为 0~250 ℃。

4.等相对湿度线(等 φ 线)群

由 $H=0.622\dfrac{\varphi p_s}{p-\varphi p_s}$ 知,在总压一定时,任意规定一个相对湿度 φ_1,即可描述此相对

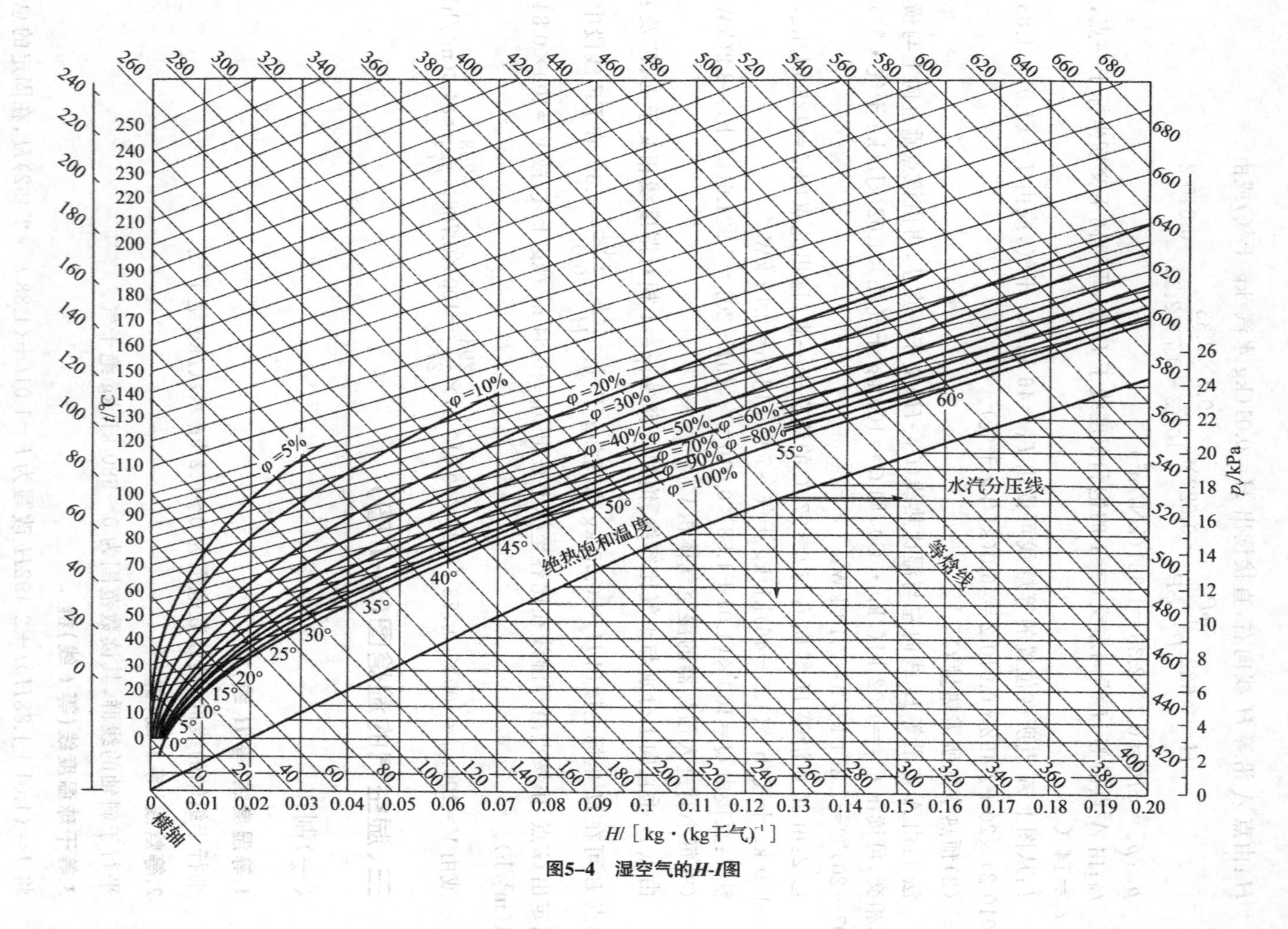
p/kPa
H/[kg·(kg干气)^-1]
t/℃
水汽分压线
等焓线
绝热饱和温度
横轴
φ=5%
φ=10%
φ=20%
φ=30%
φ=40%
φ=50%
φ=60%
φ=70%
φ=80%
φ=90%
φ=100%

图5-4 湿空气的H-I图

湿度 φ_1 下的 H 与 p_s 的关系式，亦即 H 与 t 的关系式，并将它绘在 H-I 图中，得到一条相对湿度为 φ_1 的等 φ_1 线。依此类推，从而得到一系列的等 φ 线群。图中共绘出 11 条等 φ 线，由 $\varphi=5\%$ 到 $\varphi=100\%$。$\varphi=100\%$ 的等 φ 线称为饱和空气线，此时空气为水汽所饱和。

5.蒸气分压线

将 $H=0.622\dfrac{p_w}{p-p_w}$ 改写为 $p_w=\dfrac{Hp}{0.622+H}$，总压一定时，上式表示水汽分压与湿度的关系，因为 $H\ll 0.622$，故上式近似看作线性方程。将此关系式绘在 H-I 图上，得到蒸气分压线。为保持图面的清晰，蒸气分压线描绘在 $\varphi=100\%$ 的等 φ 线下方。

(二)应用

在 H-I 图(图 5-4)上重做例题 5-3。

第三节　干燥器的物料与热量衡算

一、空气干燥器的操作原理

(一)含义

利用干燥介质热空气与被干燥物料相接触，并提供热量以供物料中的湿分汽化，同时将所产生的湿气带走的一种对流传质设备。

(二)流程

如图 5-5 所示。湿物料 G_1 由进口 1 送入干燥室 2，借输送装置沿干燥器移动，干燥后的物料 G_2 经出料口 3 卸出。冷空气由抽风机 4 抽入，经预热器 5 被预热到一定温度后，通入干燥器中与湿物料相接触，使物料表面的水分汽化并将水汽带走。此项蒸发所需的热量或全部由空气供给或由空气供给一部分，而另在干燥室中设置加热器 6 来补充。

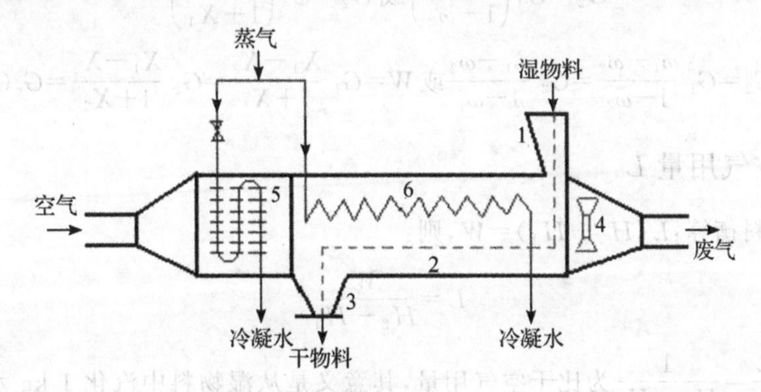

1—进料口；2—干燥室；3—卸料口；4—抽风机；5，6—空气预热器

图 5-5　空气干燥器的操作流程示意图

（三）特点

(1)干燥前后绝干物料量(G_c)是不变的；(2)干燥前后绝干空气用量(L)是不变的；(3)预热前后湿空气的湿度(H)是不变的。

二、物料中含水率的表示

（一）湿基含水率(ω)

$$\omega=\frac{\text{湿物料中的水分量}}{\text{湿物料总量}}\times 100\%=\frac{G-G_c}{G}\times 100\%$$

（二）干基含水率(X)

$$X=\frac{\text{湿物料中的水分量}}{\text{湿物料中的绝干物料量}}\times 100\%=\frac{G-G_c}{G_c}\times 100\%$$

（三）ω 与 X 的关系

$$X=\frac{\omega}{1-\omega}\text{，或 }\omega=\frac{X}{1+X}$$

三、空气干燥器的物料衡算

（一）干燥后物料量 G_2 与水分汽化量 W

由 $G_1=G_2+W$，又 $G_c=(1-\omega)G=(1-\omega_1)G_1=(1-\omega_2)G_2$ 或 $G_c=\frac{G}{(1+X)}=\frac{G_1}{(1+X_1)}=\frac{G_2}{(1+X_2)}$，得：

$$G_2=G_1\left(\frac{1-\omega_1}{1-\omega_2}\right)\text{或 }G_2=G_1\left(\frac{1+X_2}{1+X_1}\right)$$

$$W=G_1-G_2=G_1\frac{\omega_1-\omega_2}{1-\omega_2}=G_2\frac{\omega_1-\omega_2}{1-\omega_1}\text{或 }W=G_1\frac{X_1-X_2}{1+X_1}=G_2\frac{X_1-X_2}{1+X_2}=G_c(X_1-X_2)$$

（二）干空气用量 L

对水做物料衡算：$L(H_2-H_1)=W$，则：

$$L=\frac{W}{H_2-H_1}$$

定义 $l=\frac{L}{W}=\frac{1}{H_2-H_1}$ 为比干空气用量，其意义是从湿物料中汽化 1 kg 水分所需的干空气用量。显然，比干空气用量只与空气的最初和最终湿度有关，而与干燥过程中所经历的途径无关。实际的湿空气用量为 $L'=L(1+H_1)$。

四、空气干燥器的热量衡算

以汽化 1 kg 水为基准，0 ℃为基准温度，对整个干燥器做热量衡算，如表 5-1 所示。

表 5-1 干燥器的热量衡算

输入热量 $q_1(Q_1/W)$	输出热量 $q_2(Q_2/W)$
1.湿物料(G_1)所带入的热量： ①干物料(G_2)所带入$\frac{G_2 t_{M1} C_M}{W}$ ②水分 W 带入 $C_l t_{M1}$	1.干物料(G_2)所带走热量$\frac{G_2 t_{M2} C_M}{W}$
2.随空气带入的热量 lI_0	2.随空气带走的热量 lI_2
3.预热器内加入的热量 $q_p = l(I_1 - I_0)$	3.散失于周围的热量 q_l
4.干燥器内补充的热量 q_d	

注：C_M为干燥后物料的比热，$C_M = (1-\omega_2)C_s + \omega_2 C_l$，$C_s$为绝干物料的比热，$C_l$为水的比热，$t_{M1}$、$t_{M2}$分别为物料的进、出口温度；$I_0$，$I_2$分别为空气的进、出口焓。

显然，应有$\frac{G_2 C_M t_{M1}}{W} + C_l t_{M1} + lI_0 + q_p + q_d = \frac{G_2 C_M t_{M2}}{W} + lI_2 + q_l$，则：

汽化 1 kg 水分所需加入的热量 $q_p + q_d = \frac{G_2 C_M (t_{M2} - t_{M1})}{W} + l(I_2 - I_0) + q_l - C_l t_{M1}$

令 $q_M = \frac{G_2 C_M (t_{M2} - t_{M1})}{W}$，$\sum q = q_M + q_l$ 可看作总热损失。

五、实际干燥过程的确定

作为干燥介质的空气 $A(t_0, t_{w0})$经预热至状态 $B(t_1, t_{w1})$而后进入干燥器，一方面作为载热体提供物料内的水分汽化所需的潜热，另一方面又作为载湿体接收物料中所汽化出来的水分，离开干燥器的状态为 $C(t_2, t_{w2})$。

由式 $q_p + q_d = l(I_2 - I_0) + \sum q - C_l t_{M1}$，又 $q_p = l(I_1 - I_0)$得：

$$l(I_2 - I_0) + \sum q - C_l t_{M1} - q_d = l(I_1 - I_0)$$

即：
$$l(I_2 - I_1) = (q_d + C_l t_{M1}) - \sum q$$

定义：$\Delta = (q_d + C_l t_{M1}) - \sum q$，则 $\Delta = l(I_2 - I_1) = \frac{I_2 - I_1}{H_2 - H_1}$，从而可知 Δ 的物理意义：

①代表干燥过程中补充热量$(q_d + C_l t_{M1})$与损失热量$(\sum q = q_M + q_l)$之差。

②代表连接点 $B(H_1, I_1)$与点 $C(H_2, I_2)$直线的斜率。当 $\Delta = 0$ 时，有 $I_2 = I_1$，即为等焓干燥过程（理想干燥过程）；当 $\Delta > 0$ 时，有 $I_2 > I_1$ 或当 $\Delta < 0$ 时，有 $I_2 < I_1$，均为非等焓干燥过程（实际干燥过程）。

由$\Delta = \frac{I_2 - I_1}{H_2 - H_1} = \frac{I - I_1}{H - H_1}$，其中点 $N(H, I)$为点 $C(H_2, I_2)$与点 $B(H_1, I_1)$连线上的任一点，又由 $I = C_H t + r_0 H$ 代入得：

$$\frac{C_{H2} t_2 + r_0 H_2 - C_{H1} t_1 - r_0 H_1}{H_2 - H_1} = \frac{C_H t + r_0 H - C_{H1} t_1 - r_0 H_1}{H - H_1} = \Delta$$

近似用 $C_{H1}\approx C_{H2}\approx C_H\approx 1.01+1.88H_1$，则：

$$\frac{C_{H1}(t_2-t_1)+r_0(H_2-H_1)}{H_2-H_1}=\frac{C_{H1}(t-t_1)+r_0(H-H_1)}{H-H_1}=\Delta$$

整理得：$\dfrac{t_2-t_1}{H_2-H_1}=\dfrac{t-t_1}{H-H_1}=\dfrac{\Delta-r_0}{C_{H1}}$

当 t_2 为已知时，直接代入上式求出 t_2。当 φ 为已知时，采用作图方法：在计算出 Δ 值之后，可取任一适宜的值如 $H=H_e$，代入上式求出对应的 $t=t_e$，则点 $E(t_e,H_e)$ 必落在直线 BC 上，这样在 t-H 图上定出点 E 后，连接 BE，此线的延长线与干燥器出口废气的相对湿度 φ_2 有个交点，即为所求的点 $C(H_2,I_2)$。

六、干燥器的效率

（一）干燥器的热效率

$$\eta_d=\frac{t_1-t_2}{t_1-t_0}\times 100\%$$

（二）干燥器的干燥效率

$$\eta_h=\frac{q'}{q}=\frac{r_0+C_w t_2-C_l t_w}{q_p+q_d}\times 100\%$$

其中，q' 为用于汽化 1 kg 水分所需的理论热量；q 为汽化 1 kg 水分干燥过程中所需加入的热量；$C_l=4.187$ kg/kg ℃，$C_w=1.88$ kJ/(kg·℃)，$r_0=2\ 492$ kJ/kg。

（三）提高干燥器效率的途径

(1)提高废气的湿度（还可减少空气用量）或降低废气的温度（以减少热损失）。但空气湿度的增大会导致湿物料表面与空气间的传质推动力（H_w-H）下降，因而汽化速率 G_w 也下降。

(2)废气的循环使用。除可提高干燥效率外，还可改善产品品质，如防止翘曲、龟裂等。

(3)减少设备及管道等的热损失等。

例 5-4 某干燥器每小时将 2 t 含水率为 50%的湿物料干燥到 5%（均为湿基），空气预热前温度 16 ℃，湿度 0.01，预热至 80 ℃进入干燥器。离开干燥器的废气温度为 40 ℃，干燥器的热损失为 116 kW，补充热量为 0。忽略物料升温和水分带入的热量。试求：(1)空气用量；(2)预热器消耗的热量；(3)风机安装在预热器与干燥器之间的风量（m^3/h）；(4)干燥器的热效率和干燥效率。

解：由 $G_1=2\ 000$ kg/h，$\omega_1=50\%$，$\omega_2=5\%$ 得：$G_2=G_1\dfrac{1-\omega_2}{1-\omega_1}=2\ 000\times\dfrac{1-0.5}{1-0.05}=1\ 052.4$(kg/h)

$W=G_1-G_2=2\ 000-1\ 052.4=947.6$(kg/h)，$Q_l=116$ kW，$q_l=\dfrac{Q_l}{W}=\dfrac{116\times 3\ 600}{947.6}=440.8$(kJ/kg)

又 $t_0=16$ ℃，$H_0=0.01$，$t_1=80$ ℃，$t_2=40$ ℃，$H_1=H_0=0.01$，并查得 $t_{w1}=30.7$ ℃。

(1)实际空气用量

$L'=L(1+H_1)=\dfrac{W(1+H_1)}{H_2-H_1}$,其中 H_2 的计算如下:

由$\dfrac{t_2-t_1}{H_2-H_1}=\dfrac{(\Delta-r_0)}{C_{H1}}$,且有:$Q_d=0,G_2C_M(t_{M2}-t_{M1})\approx0,C_lt_w\approx0$

则:$\Delta=(q_d+C_lt_{M1})-\left[\dfrac{G_2C_M(t_{M2}-t_{M1})}{W}+q_l\right]=-440.8(\text{kJ/kg})$

将 $t_1=80$ ℃,$t_2=40$ ℃,$H_1=0.01$ 等代入,解得:$H_2=0.024$

从而 $L'=\dfrac{947.6\times(1+0.01)}{0.024-0.01}=68\ 194.0(\text{kg/h})$

$L=\dfrac{L'}{1+0.01}=67\ 518.8(\text{kg/h})$

(2)预热器消耗的热量

$Q_p=L(I_1-I_0)=67\ 518.8\times(1.01+1.88\times0.01)\times(80-16)=4\ 445\ 654(\text{kJ/h})=1\ 235(\text{kW})$

(3)风机安装在预热器与干燥器之间的风量

$v_H=(0.773+1.244\times0.01)\times\dfrac{273+80}{273}=1.015\ 6(\text{m}^3/\text{kg})$

$V=Lv_H=67\ 518.8\times1.015\ 6=68\ 572(\text{m}^3/\text{h})$

(4)干燥器的热效率和干燥效率

$\eta_d=\dfrac{t_1-t_2}{t_1-t_0}=\dfrac{80-40}{80-16}=62.5\%$

$\eta_h=\dfrac{-t_{w1}\times4.187+2\ 492+1.88\times t_2}{q_p+q_d}=\dfrac{-30.7\times4.187+2\ 492+1.88\times40}{1\ 235\times3\ 600/947.6+0}\approx52\%$

第四节 干燥时间与速度

一、物料中所含水分的性质

(一)按物料中所含水分在干燥过程中能否除去来分

1.平衡水分

当物料与一定温度、湿度的空气相接触,必然会释放出或吸收水分而达到一定的值。只要空气状况不变,这一定的值将不再随与空气接触时间的延长而变化,那么,这个定值便称为该物料在一定空气状况下的平衡水分(X^*)。平衡水分代表物料在一定空气状况下可以干燥到的限度,亦即在一定的空气状况下,物料中的平衡水分是无法除去的。只有当空气状况发生改变时,平衡水分才会发生相应的改变。

2.自由水分

即在干燥过程中能够除去的水分,只是物料中超过平衡水分的那部分水分。

(二)按物料中所含水分在干燥过程中除去难易程度来分

1.非结合水分

其水蒸气压等于同温度下纯水的蒸气压,主要是以机械方式与物料相结合,易于除去。$a \approx 1.0$。

2.结合水分

其水蒸气压低于同温度下纯水的蒸气压,它们与物料间有结合力,较难除去。$a<1$。

图 5-6 说明上述各种水分之间的关系。

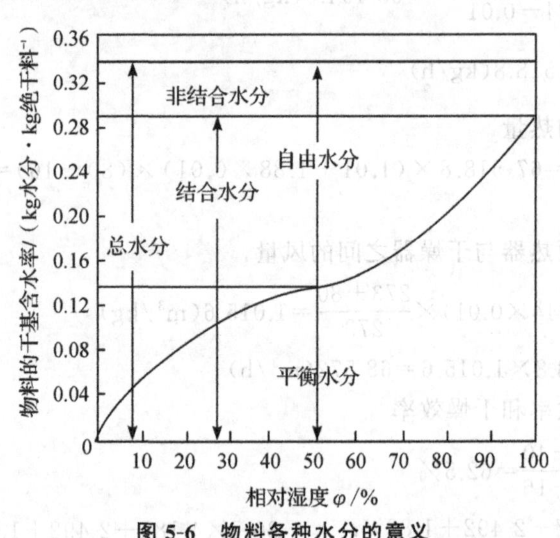

图 5-6 物料各种水分的意义

(三)按物料中所含水分与物料本身的结合方式来分

1.附着水分

物料表面上机械附着的水分。在任何温度下,湿物料表面上的附着水分的蒸气压等于纯水在同温度下的蒸气压,属于非结合水分。

2.毛细管水分

湿物料内毛细管中所含的水分。毛细管存在于由颗粒或纤维所组成的多孔性复杂网状结构的物料中,对直径较大的毛细管($d>1\ \mu m$),如同附着水分一样,容易除去,属于非结合水分;对直径较小的毛细管($d<1\ \mu m$),由于凹表面曲率的影响,不易除去,属于结合水分。

3.溶胀水分

指物料细胞壁或纤维皮壁内的水分,是物料组成部分,属于结合水分。

二、恒定干燥条件下的干燥速度 U

(一)定义

干燥速度是指单位时间内单位表面积上所汽化的水分量,即

$$U=\frac{\mathrm{d}W}{A\cdot \mathrm{d}\theta}=\frac{\mathrm{d}(G_c(X_1-X_2))}{A\mathrm{d}\theta}=-\frac{G_c}{A}\frac{\mathrm{d}X}{\mathrm{d}\theta}$$

(二)干燥过程曲线

根据 X 与 θ 的对应关系在 θ-X 直角坐标中所绘制的曲线，如图 5-7 所示。

(三)干燥速度曲线

根据 X 与 U 的对应关系在 X-U 直角坐标中所绘制的曲线，如图 5-8 所示。

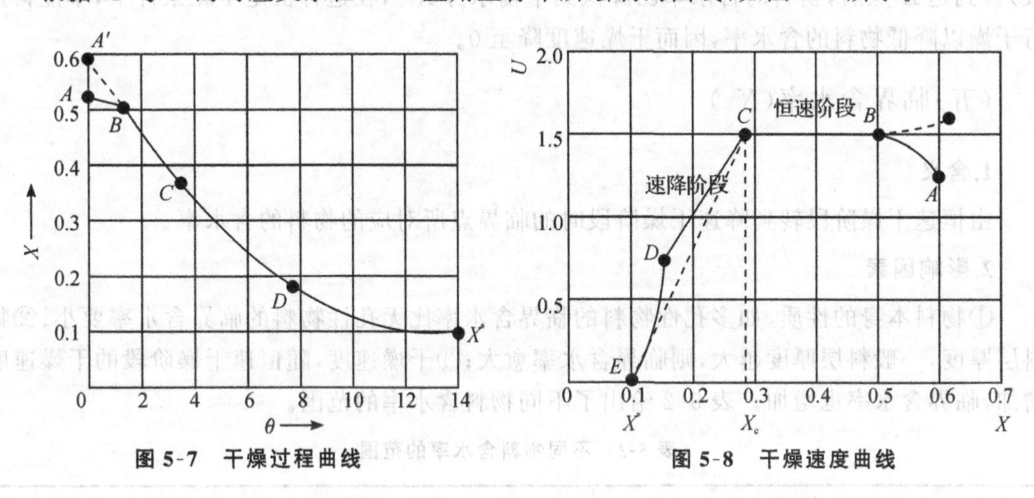

图 5-7　干燥过程曲线　　图 5-8　干燥速度曲线

(四)干燥速度曲线的理论分析

1.准备阶段(调整阶段，初始阶段)

即图 5-8 中的 AB 或 $A'B$ 段。若物料表面的温度原来便低于空气的湿球温度(见图中 A 点)，则曲线 AB 段中的物料表面温度首先上升到 t_w，同时汽化速度也上升；若物料表面的温度原来便高于空气的湿球温度(见图中 A'点)，则曲线 $A'B$ 段中的物料表面温度首先下降到 t_w，同时汽化速度也下降。由于这一段时间在整个干燥阶段所占份额较小，一般可以忽略不计。

2.恒速干燥阶段(BC 段)

物料经过调整阶段之后，整个表面都有充分的非结合水分，物料表面的蒸气压与同温度下水的蒸气压相等，与物料内部水分的存在及运动无关，此时干燥速度由水的表面汽化速度控制，即 $U_c=G_w=k_H(H_{ws}-H)$，这里，k_H 是以湿度差为推动力的传质系数，H_{ws} 为气体在物料表面湿度 t_w 下的饱和湿度。当空气的速度以及它与物料接触方式不变时，k_H 可看作常数。绝热对流干燥是传热与传质同时进行的过程，汽化所需的潜热取自空气的显热，当达到平衡时，物料表面温度将保持不变，并且当物料表面保持湿润时，物料表面温度正好等于空气的湿球温度，即有($H_{ws}-H$)保持不变，从而有 U_c 是一个定值。

3.降速干燥阶段(CDE 段)

随着干燥过程的进行，达到 C 点(即临界点)后，物料内部水分转移到表面的速度已赶不上表面水分在湿球温度下的汽化速度，亦即物料表面就不能再维持全部湿润，部分表面上所汽化的是结合水分，干燥过程速度已转为由水分从物料内部移到表面的速度控制，而且随着干燥操作的进一步继续，湿润表面不断减少，因而以总表面为准的干燥速度U值将不断降低。这一阶段称为降速第一阶段（CD段）。当达到D点后，全部物料表面都不再有非结合水分，物料内部结构也将进一步变得更为“紧凑”（“收缩”），特别是物料汽化表面也将会发生表面硬化、表面结皮等现象。一方面内部水分向表面迁移变困难了，另一方面热量传递也变困难了，从而导致干燥速度比前一阶段下降得更快，这一阶段称为降速第二阶段（DE段）。到达E点后，物料的含水率已降低到平衡水分X^*，在这种恒定干燥条件下，不能再进行干燥以降低物料的含水率，因而干燥速度降至0。

（五）临界含水率（X_c）

1.含义

由恒速干燥阶段转到降速干燥阶段时的临界点所对应的物料的含水率。

2.影响因素

①物料本身的性质，如多孔性物料的临界含水率比无孔性物料的临界含水率要小；②物料层厚度，一般料层厚度越大，则临界含水率愈大；③干燥速度，随恒速干燥阶段的干燥速度增加，临界含水率也增加。表5-2给出了不同物料含水率的范围。

表5-2　不同物料含水率的范围

有机物料		无机物料		临界含水量/%（干基）
特征	例子	特征	例子	
		粗核无孔的物料大于50（筛目）	石英	3～5
很粗的纤维	未染过的羊毛	晶体的、粒状的、孔隙较少的物料，颗粒大小为50～325（筛目）	食盐、海砂、矿石	5～15
晶体的、粒状的、孔隙较小的物料	麸酸结晶	细晶体有孔物料	硝石、细砂、黏土料、细泥	15～25
粗纤维细粉	粗毛线、醋酸纤维、印刷纸、碳素颜料	细沉淀物、无定形和胶体状态的物料、无机颜料	碳酸钙、细陶土、普鲁士蓝	25～50
细纤维，无定形的和均匀状态的压紧物料	淀粉、纸浆、厚皮革	浆状，有机物的无机盐	碳酸、碳酸镁、二氧化钛、硬脂酸钙	50～100
分散的压紧物料，胶体状态和凝胶状态的物料	鞣制皮革、糊墙纸、动物胶	有机物的无机盐、触媒剂、吸附剂	硬脂酸锌、四氯化锡、硅胶、氢氧化铝	100～300

3.研究意义

①对干燥速度、干燥时间的计算是十分必要的，X_c值越大，便越早进入降速阶段，在相

同的干燥任务下所需的干燥时间越长；②对如何强化具体的干燥过程也十分有意义，如降低物料层厚度、对物料增加搅动等都有利于降低 X_c，从而缩短干燥时间等。

(六)干燥规律

在恒速干燥阶段，水分由物料内部移到表面的速度始终能够保持全部表面都有非结合水分，干燥速度由气膜的扩散阻力（或表面水分的汽化速率）控制，此时的干燥速度取决于空气的温度、湿度、流速及流向等；在降速干燥阶段，物料表面不能全部保持有非结合水分，干燥速度由物料内部水分的移动阻力（或物料内部水分向表面的移动速度）控制，此时的干燥速度主要取决于物料本身的性质、形状以及水分在物料内部的移动速度等。

三、恒定干燥条件下的干燥时间

(一)恒定干燥条件下恒速干燥阶段的干燥时间

由 $U=\dfrac{G_c}{A}\cdot\dfrac{dX}{d\theta}$，选取积分区间：$\theta=0$ 时，$X=X_1$；$\theta=\theta_1$时，$X=X_c$，则：

$\theta_1=\int_0^{\theta_1}d\theta=\int_{X_1}^{X_c}-\dfrac{G_c}{AU}dX=\int_{X_c}^{X_1}\dfrac{G_c}{AU}dX=\dfrac{G_c}{AU_c}(X_1-X_c)$，其中 U_c为恒定干燥速度。

(1)直接利用给定的干燥速度曲线查取 U_c。

(2)利用对流传热系数 α 或传质系数 k_H确定 U_c。

为简化计算，假定为绝热汽化过程，即忽略以辐射及传导方式传递给物料的热量，则表面水分汽化所需的热量全部由空气依对流传热方式达到物料表面，而被汽化的水分将扩散到空气的主体。在稳定的情况下，汽化所需的热量（潜热）等于热空气传入的热量（显热），这时物料表面温度 t'即为空气的湿球温度 t_w。

热空气提供的热量由对流传热速率方程所决定，即 $Q_1=\alpha A(t-t')=\alpha A(t-t_w)$。

水分汽化所需的热量由传质速率方程所决定，即 $Q_2=G_wAr_w=k_H(H_w-H)r_wA$。在稳定情况下，有 $Q_1=Q_2$，即 $U_c=G_w=\dfrac{\alpha(t-t_w)}{r_w}=k_H(H_w-H)$，其中：$G_w$为表面水分的汽化速率，即为恒速干燥阶段的干燥速度 U_c，A 为气固接触面积，r_w为 t_w的汽化潜热，t、t_w、H、H_w由空气状态所决定。

(1)当空气流动方向与物料表面平行，且其质量流速 $G=\rho u$ 在 2 500～30 000 kg/(m^2 · h)（或流速 $u=0.6\sim8.0$ m/s）时，可用 $\alpha=0.0204G^{0.8}$（SI 制）或 $\alpha=0.0175G^{0.8}$（工程制）。

(2)当空气流动方向与物料表面垂直，且其质量流速 $G=\rho u$ 在 4 000～20 000 kg/(m^2 · h)（或流速 $u=0.9\sim4.6$ m/s）时，可用 $\alpha=1.17G^{0.37}$（SI 制）或 $\alpha=1.01G^{0.37}$（工程制）

[注：α 的 SI 制为 W/(m^2 · k)，α 的工程制为 kcal/(m^2 · ℃)]

影响 U_c的因素分析如下：

(1)空气的流速 u。由 $U_c\propto\alpha$，$\alpha\propto G$，$G\propto u$，则 $U_c\propto u$。

(2)空气的湿度 H。当 t 不变时，随 H 的降低，t_w也降低，如图 5-9 所示，从而有 U_c升高。

(3)空气的温度 t。当 H 不变时，随 t 的升高，t_w也略有上升，但由于 t 上升的幅度比 t_w上升的幅度大，如图 5-9 所示，从而有 U_c升高。

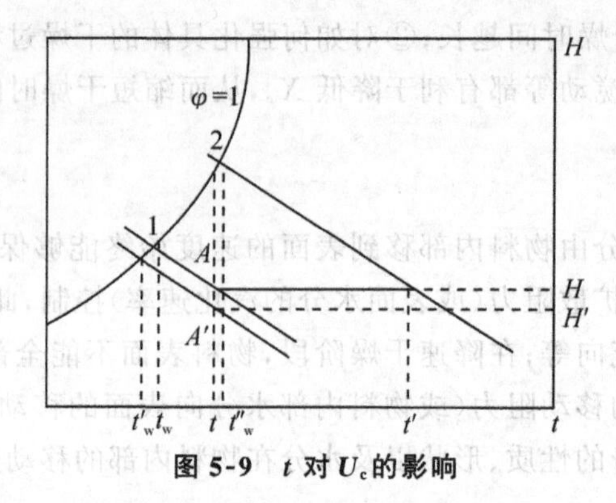

图 5-9　t 对 U_c 的影响

(二)恒定干燥条件下降速干燥阶段干燥时间

仍由 $U=-\dfrac{G_c}{A}\dfrac{dX}{d\theta}$，选取积分区间：$\theta=0$ 时，$X=X_c$；$\theta=\theta_2$时，$X=X_2$，则：

$$\theta=\int_0^{\theta_2}d\theta=\int_{X_c}^{X_2}-\frac{G_c}{AU}dX=\frac{G_c}{A}\int_{X_2}^{X_c}\frac{dX}{U}$$

1.应用图解积分法

将 $1/U$ 对各对应的 X 进行标绘，如图 5-10 所示，算出介于所得曲线与横轴两界限 $X_2\sim X_c$之间的面积 S，即 $S=\int_{X_2}^{X_c}\dfrac{dX}{U}$，从而得：$\theta_2=\dfrac{G_c}{A}S$。

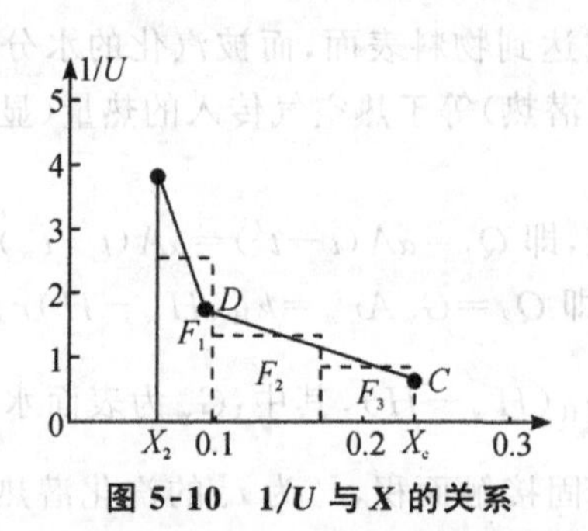

图 5-10　$1/U$ 与 X 的关系

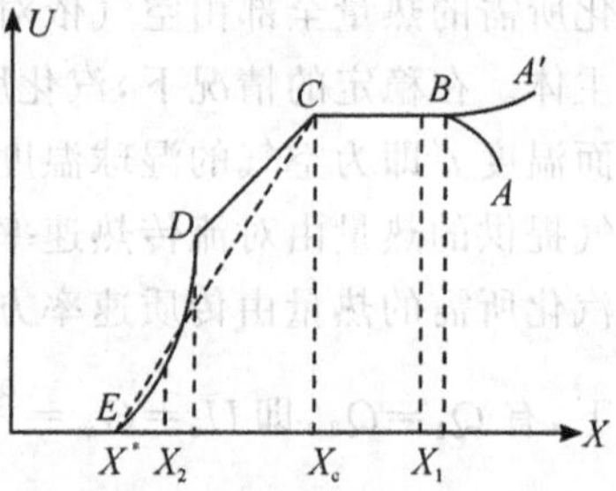

图 5-11　近似计算处理示意图

2.近似计算法

先做近似处理，连接临界点 C 与平衡含水率 E 的直线，取代降速干燥阶段的干燥速度曲线(CDE)，如图 5-11 所示。即假定在降速阶段中，干燥速度 U 与物料中的自由水分($X-X^*$)成正比：$U=-\dfrac{G_c}{A}\dfrac{dX}{d\theta}=k_X(X-X^*)$，其中 k_X 为比例系数，$k_X=\dfrac{U_c}{X_2-X^*}$，亦即虚线 CE 的斜率。将 U 代入 $\theta_2=\dfrac{G_c}{A}\int_{X_2}^{X_c}\dfrac{dX}{U}$ 得：

$$\theta_2=\frac{G_c}{Ak_X}\int_{X_2}^{X_c}\frac{dX}{X-X^*}=\frac{G_c(X_c-X^*)}{AU_c}\int_{X_2-X^*}^{X_c-X^*}\frac{d(X-X^*)}{X-X^*}$$
$$=\frac{G_c(X_c-X^*)}{AU_c}\ln\frac{X_c-X^*}{X_2-X^*}$$

综合 θ_1 与 θ_2，得干燥所需的总时间：

$$\theta=\theta_1+\theta_2=\frac{G_c}{AU_c}(X_1-X_2)+\frac{G_c}{AU_c}(X_c-X^*)\ln\frac{X_c-X^*}{X_2-X^*}$$

例 5-5　在常压逆流操作的干燥器中，采用热空气干燥某种湿物料。干燥过程中物料干基含量由 0.9 kg/kg 降至 0.1 kg/kg，热空气进干燥器温度 $t_1=80$ ℃，湿球温度 $t_{w1}=30$ ℃，绝干空气量与绝干物料量的质量比为 50。空气在干燥器中第一干燥阶段经历等焓干燥过程。由间歇干燥实验得知物料在第一、二干燥阶段的干燥速率分别为：$-\frac{dX}{d\theta}=20\Delta H$[kg/(kg 绝干料·h)]，$-\frac{dX}{d\theta}=0.8X$[kg/(kg 绝干料·h)]。试计算干燥所需时间。

解：第一干燥阶段为等焓干燥过程，在此阶段中，可视为物料的表面水分汽化，物料温度等于湿球温度，即 $t_m=t_w$，但不恒定，因 t_w 不变，而 t 改变，从传热推动力 $\Delta t=t-t_w$ 看，不为定值。解题关键是分别按两个干燥阶段的微分表达式积分，以算出两个阶段的干燥时间 θ_1 及 θ_2。这首先就要确定积分上、下限。从空气湿含量变化看：$H_1\rightarrow H_c\rightarrow H_2$；从物料含水量变化看：$X_1\rightarrow X_c\rightarrow X_2$。连接这两个阶段交点（临界点），首先应找出这一临界点参数 H_c 及 X_c。在寻找 H_c 及 X_c 之前，先找出空气在干燥器的入口状态。由已知条件 $t_1=80$ ℃及 $t_w=30$ ℃在 t-H 图上找到空气入口状态点，由该点可读出 $H_1=0.01$ kg/kg 绝干气，湿球温度下的饱和湿度为 $H_{s,tw}=0.03$ kg/kg 绝干气，因第一干燥阶段为等焓过程，干燥器中 t_w 不变，则 $H_{s,tw}$ 不变。第一干燥阶段干燥速率微分式中的 ΔH 项为传质推动力，即 $\Delta H=H_{s,tw}-H$。

(1)求 H_c 及 X_c

因在临界点处，两阶段的干燥速率相等，即

$$20\Delta H=0.8X,\ 20(H_{s,tw}-H_c)=0.8X_c,\ 20(0.03-H_c)=0.8\ X_c$$

列第一干燥阶段的物料衡算式：$L(H_2-H_c)=G(X_1-X_c)$，$\frac{L}{G}=\frac{X_1-X_c}{H_2-H_c}$，$\frac{L}{G}=50$，$X_1=0.9$

空气出干燥器湿度 H_2 需通过干燥器总物料衡算确定。列整个干燥器的物料衡算式：$\frac{L}{G}=\frac{X_1-X_2}{H_2-H_1}$，即 $\frac{0.9-0.1}{H_2-0.01}=50$，解得：$H_2=0.026$ kg/kg 绝干气。将 $H_2=0.026$ 代入第一干燥阶段的物料衡算式：$\frac{L}{G}=\frac{0.9-X_c}{0.026-H_c}=50$，即 $50\times(0.026-H_c)=0.9-X_c$，联立解出：$H_c=0.015\ 33$ kg/kg 绝干气，$X_c=0.367$ kg/kg 绝干料。

(2)求 θ

先求 θ_1：$-\frac{dX}{d\theta}=20(H_{s,tw}-H)$，应统一变量，可通过物料衡算微分式找出 dH 与 dX 的关系：$LdH=-GdX$，则：$-dX=\frac{L}{G}dH=50dH$，将其代入第一干燥阶段干燥速率微分式：$50\frac{dH}{d\theta}=20(0.03-H)$，分离变量并积分：

$$\theta_1=\frac{50}{20}\int_{H_2}^{H_c}\frac{dH}{0.03-H}=2.5\int_{0.026}^{0.015\ 33}\frac{dH}{0.03-H}=2.5\ln\frac{0.03-0.015\ 33}{0.03-0.026}=3.25h$$

再求 θ_2，由 $-\frac{dX}{d\theta}=0.8X$ 得：

$$\theta_2=\int_{X_2}^{X_c}\frac{dX}{0.8X}=\int_{0.1}^{0.367}\frac{dX}{0.8X}=\frac{1}{0.8}\ln\frac{0.367}{0.1}=1.625$$

则 $\theta=\theta_1+\theta_2=3.25+1.625=4.875(h)$。

第五节　干燥器

在化学工业生产中，由于被干燥物料的形状（如块状、粒状、溶液状、浆体状及膏糊状等）、大小和性质（如耐热性、含水量、分散性、黏性、酸碱性、防爆性及湿态等）都各不相同，生产能力或生产规模悬殊，对于干燥后的产品要求（包括含水量、形状、强度、粒径等）也不尽相同，因此所采用的干燥方法和干燥器的形式也是多种多样的。对干燥器的一般要求是：保证产品质量，干燥速度快，干燥时间短，能耗少，操作控制方便，劳动条件好，适宜环保要求等。

正是由于干燥器种类繁多，因而可以采用不同的方法分类，如按操作压力分为常压干燥器和真空干燥器；按操作方式分为连续式干燥器和间歇式干燥器；按干燥介质和物料的相对运动方式分为顺流、逆流和错流干燥器；按供热方式分为对流干燥器、传导干燥器、辐射干燥器及介电加热干燥器。

在产品干燥上，介质与物料的相对运动方向具有很重要的意义，它不仅影响产品干燥的速度，同时也影响产品的质量。对顺流干燥器，由于产品移动方向与介质流动方向一致，因而湿度高的产品原料与温度高、湿含量低的介质在进口端接触，此时干燥推动力大，而在出口端则相反，故较适于下列产品的干燥：①湿度大时快速干燥不会引起裂纹或焦化现象的产品；②干后不耐高温而易发生分解、氧化的产品；③干后吸潮性小的产品。同样，顺流干燥器的缺点也很明显：由于推动力沿物料移动方向逐渐变小，因而在干燥的最后阶段，干燥推动力变得很小，干燥速度很慢而影响生产能力。对逆流干燥器，产品移动的方向与介质流动方向相反，进口处湿度高的产品与湿度大、温度低的介质接触，而在出口处湿度低的产品与温度高、湿度大的介质接触，因此干燥器内各部分的干燥推动力相差不大，分布比较均匀，较适于以下产品的干燥：①湿度大时不允许快速干燥以免发生龟裂现象的产品；②干后吸潮性大的产品；③干后能耐高温，不致发生分解、氧化现象的产品；④要求过程速度大、时间短的情形。同样，逆流干燥器也存在如下缺点：入口处物料温度较低而干燥介质湿度较大，接触时，介质中的水会冷凝在物料上，使物料湿度增加，延长了干燥时间，从而影响了生产能力。有时为了取长补短，强化生产，采用了顺流-逆流联合操作方式，即错流干燥。对于错流干燥器，产品移动方向与介质流动方向垂直，产品表面各部分都与湿度小、温度高的介质相接触，因而干燥推动力于表面各部分都很大，较适于以下产品的干燥：①产品在湿度高时或低时都能耐受快速干燥和高温者；②要求过程速度大而允许介质和能量消耗大一些。

由于供热方式的不同，不仅影响干燥器的结构形式，而且也影响干燥的机理。本节将对干燥器按其供热方式做简要介绍。

一、对流干燥器

(一)厢式干燥器(盘架式干燥器)

属常压间歇式干燥器。如图 5-12 为一典型的厢式干燥器。干燥器做成厢式,厢内有多层框架,器内有供空气循环用的风机,强制引入新鲜空气与循环废气混合,并流过加热器加热,而后流经物料。其优点是制造和维持简便,使用灵活性大。在食品工业上,厢式干燥器常用于需要长时间干燥的物料、数量不多的物料以及需要有特殊干燥条件的物料,如水果、蔬菜、香料等。缺点是干燥不均匀,控制困难,装卸物料劳动强度大,热能利用不经济,每汽化 1 kg 水分,约需 2.5 kg 以上的蒸气。

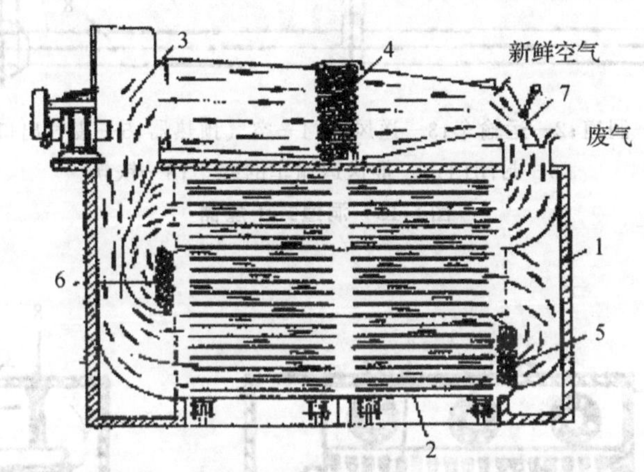

1—干燥室;2—盘架车;3—送风机;4—空气预热器;
5,6—中间加热器;7—调节风门;8—废气出口;9—空气入口

图 5-12　典型的厢式干燥器

(二)洞道式干燥器

属常压连续式干燥器。有些物料如木材、砖瓦制坯及陶瓷制品制坯等的干燥速度不宜快,以防止物料的龟裂和变形。在温度较高时,要求较湿的空气作为干燥介质,在大量干燥这类物料时,宜用如图 5-13 所示的洞道式干燥器。在食品工业上,洞道式干燥器多用于大量果蔬如蘑菇、葱头、叶菜等的干燥。

(三)带式干燥器

属常压连续式干燥器,它是使用环带作为输送物料装置的干燥器,如图 5-14 所示。带式干燥器的特点是:①被干燥的湿物料必须事先制成适当的分散状态,使空气能顺利流过带上的物料层;②由于有较大的物料表面暴露在干燥介质中,物料内部水分移出的路程较短,并且物料和空气接触紧密,故干燥速率甚高;③设备造价高,为保证有效利用,通常制品被干燥到含水 10%~15%后,再移至别的干燥器中。在食品工业上,带式干燥器适用于切片或切丁的果蔬的干燥,但不适于未去皮的梅子、葡萄等水果的干燥。在带式干燥器上还可实现所谓的泡沫层干燥技术,而获得具有多孔结构的食品。其方法是:将液状食品混以少量的食用起泡剂,在多孔的环带上铺成薄层(约 5 mm)。干燥介质通过薄层,使每一带孔上形成一个喷口。

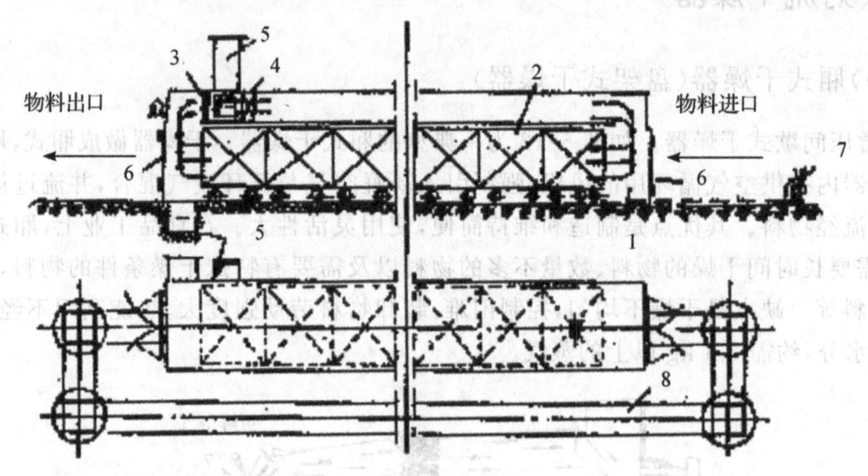

1—洞道;2—运输车;3—送风机;4—空气预热器;5—废气出口;
6—封闭门;7—推送运输车的绞车;8—铁轨

图 5-13　洞道式干燥器

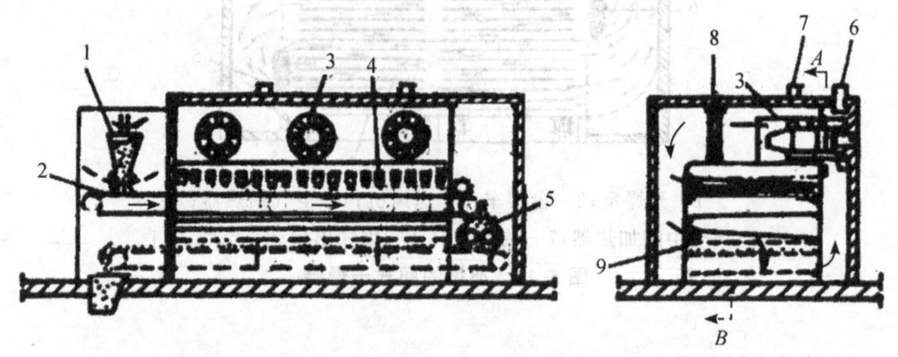

1—加料器;2—传送带;3—风机;4—热空气喷嘴;5—压碎机;
6—空气入口;7—空气出口;8—加热器;9—空气再分配器

图 5-14　带式干燥器

(四)涡轮干燥器

属常压连续干燥器。它是利用干燥器中间安置的涡轮的作用,造成干燥器内部循环的热风,并与适当布置的加热器配合,达到中间加热或分段加热的目的。被干燥物料则在各种输送装置上围绕涡轮运动。图 5-15 为一螺旋带式涡轮干燥器。其特点是占地小,适于需要长时间干燥的物料。

(五)沸腾床干燥器(流化床干燥器)

属常压连续式干燥器。它是近年来发展起来的一类新型干燥器。图 5-16 为一单层圆筒沸腾床干燥器。其工作原理是将热空气强制通过床层并与湿物料接触,使气速控制在使固体颗粒物料保持在悬浮状态。空气既起流化介质作用,又起干燥介质的作用,因此,被干

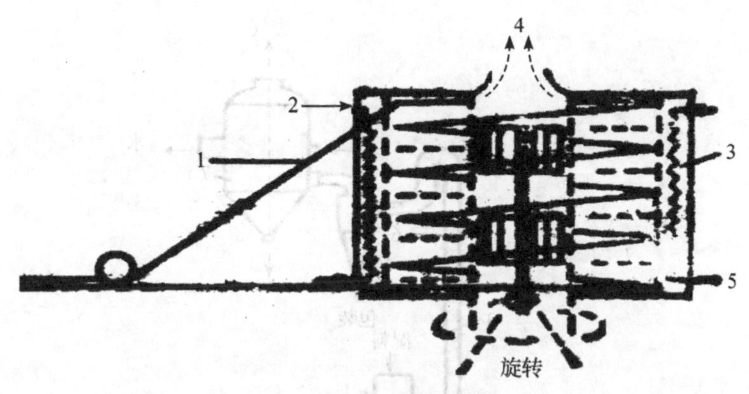

1—进料；2—空气；3—空气加热器；4—排气；5—干燥产品

图 5-15 螺旋带式涡轮干燥器

燥固体颗粒物料在热气流中上下翻动，互相混合与碰撞，进行传热和传质而达到干燥的目的。它具有设备小、生产能力大、逗留时间灵活、装置结构简单、占地面积小、设备费用低、物料易流动等优点。主要缺点：一是操作控制比较复杂；二是由于颗粒在床中与气流高度混合，为了限制颗粒经由出口带出，保证物料干燥均匀，则需延长颗粒子在床内停留时间，因而就需要很高的沸腾床层，以致造成气流压力降增加。为降低压力降，保证产品均匀干燥，降低床层高度，可采用卧式多室的沸腾床干燥器。在食品工业中，可采用此法干燥砂糖、干酪素、葡萄糖酸钙等。沸腾床干燥器适于处理粉状且不易结块的物料。同时由于物料在沸腾床内的停留时间可以任意调节，因而对于气流干燥或喷雾干燥后的物料中所含的结合水分需要经过较长时间的降速干燥时，则更为合适。

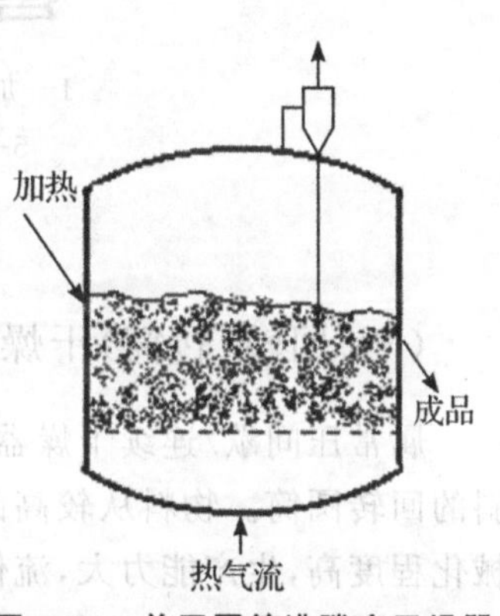

图 5-16 单层圆筒沸腾床干燥器

(六)气流干燥器

属常压连续式干燥器。它是利用高速的热气流将潮湿的粉粒状、块状物料分散成粒状而悬浮于气流中，一边与热气流并流输送，一边进行干燥。对于潮湿状态仍能在气体中自由流动的颗粒物料如面粉、谷物、葡萄糖、食盐、味精、离子交换树脂、水杨酸、切成粒状或小块状的马铃薯、肉丁以及各种粒状食品，均可采用气流干燥器进行干燥，如图 5-17 所示。气流干燥器的特点是：①干燥强度大；②干燥时间快，特别适于热敏性物料的干燥；③由于干燥器具有很大的容积传热系数及温差，对于完成一定的传热量所需的干燥器体积可大为减小，即能实现小设备大生产的目的；④热损失小，热效率高；⑤可以省去专门的固体输送装置；⑥操作连续稳定，由于整个过程可在密闭条件下进行，减少物料飞扬，防止杂质污染，既改善了产品质量，又提高了回收率；⑦适用性广。其缺点是：①由于全部产品气流带出，因此分离器的负荷大；②由于气速较高，粒子有一定的磨损，不宜用于对晶形有一定要求的物料，也不宜用于需要在临界湿含量以下干燥的物料以及对管壁黏附性强的物料；③由于气速大，全系统阻力大，因而动力消耗大；④干燥管较长(一般在 10 m 以上)。

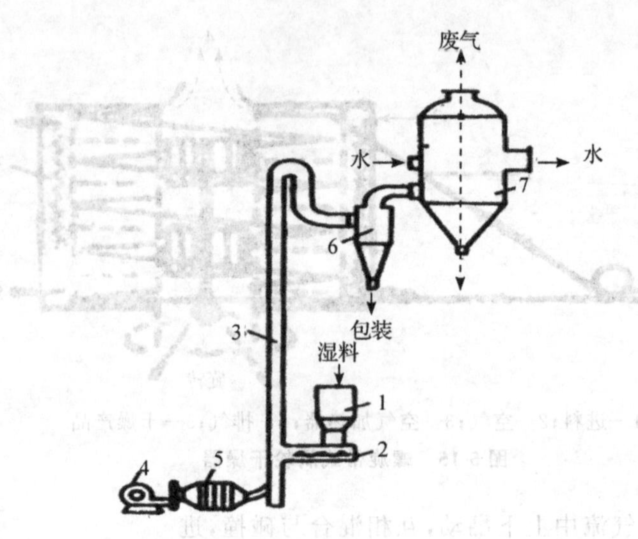

1—加料斗；2—螺旋加料器；3—干燥管；4—风机；
5—预热器；6—旋风分离器；7—湿式除尘器

图 5-17 气流干燥器

(七)回转(转筒)干燥器

属常压间歇/连续干燥器。如图 5-18 所示，其主要组成部分是一个与水平方向略微倾斜的回转圆筒。物料从较高的一端进入，随着圆筒的转动而移到较低的一端。其优点是：机械化程度高，生产能力大，流体阻力小，对物料适应性强，操作弹性大，操作方便，干燥均匀。缺点是：体积较大，比较笨重，钢材耗用量大，占地大，结构复杂。它不仅适用于散粒状物料的干燥，而且还可用于黏性膏糊状物料或含水量较高的物料的干燥。在食品工业上目前主要用于砂糖、粮食、甜菜废丝、发酵废糟等物料的干燥。

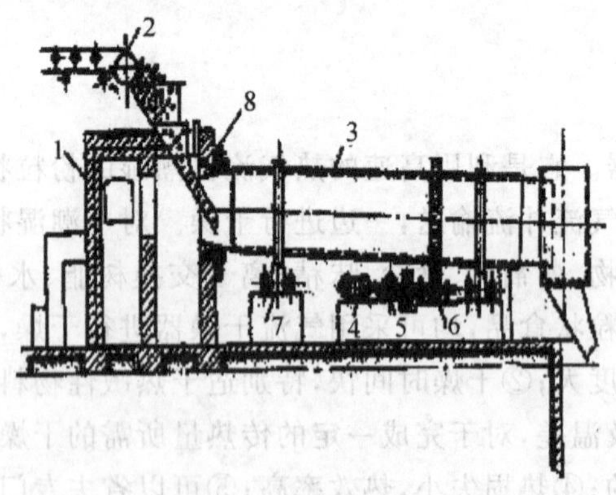

1—炉灶；2—加料器；3—转筒；4—马达；5—减速箱；6—传送齿轮；7—支撑托轮；8—密封装置

图 5-18 回转干燥器

(八)喷雾干燥器

喷雾干燥是以单一工序，将溶液、乳浊液、悬浮液或膏糊状物料加工成粉状、颗粒状干制

品的一种干燥方法，如图5-19。它是液体通过雾化器的作用，喷洒成极细的雾状液滴，并依靠干燥介质（热空气、烟道气或惰性气体）与雾滴均匀混合，进行热交换和质交换，使水分（或溶剂）汽化的过程。

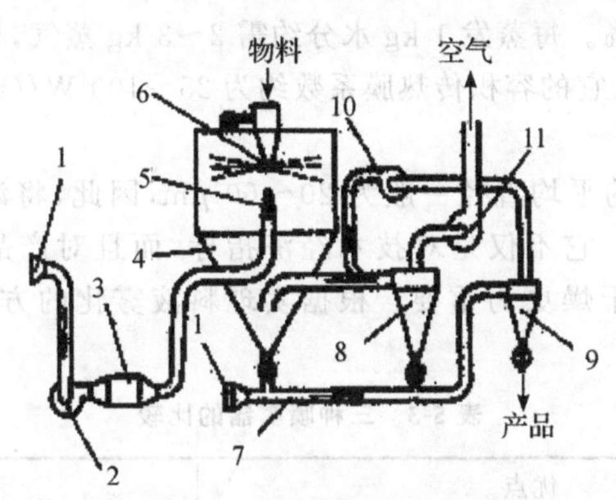

1—空气过滤器；2—送风机；3—预热器；4—干燥器；5—热空气分散器；6—雾化器；7—产品输送及冷却管道；8—1号分离器；9—2号分离器

图5-19　喷雾干燥器

喷雾干燥具有如下几方面的特点：

(1)干燥速度快，时间短。由于料液被雾化成几十微米大小的液滴，所以液体的比表面积很大。例如，若平均直径以50 μm计，则每升牛奶可分散成146亿个微小雾滴，其总表面积达5 400 m^2，有这样大的表面积与高温热介质接触，故所进行的热交换和质交换非常迅速，一般只需几秒到几十秒钟就可干燥完毕，具有瞬间干燥的特点。

(2)干燥温度较低。虽然采用较高温度的干燥介质，但液滴有大量水分存在时，它的干燥温度一般不超过热空气的湿球温度。对于奶粉干燥，约为50～60 ℃。因此，非常适宜于热敏性物料的干燥，能保持产品的营养、色泽和香味。

(3)制品有良好的分散性和溶解性。根据工艺要求选用适当的雾化器，可使产品制成粉末或空气球。因此，制品的疏松性、分散性好，不粉碎也能在水中迅速溶解。

(4)产品纯度高。由于干燥是在密闭的容器中进行的，杂质不会混入产品中，此外还改善了劳动条件。

(5)生产过程简单，操作控制方便。即使是含水量达90%的料液，不经浓缩同样也能一次获得均匀的干燥产品。大部分产品干燥后无需粉碎和筛选，简化了生产工艺流程。此外，对于产品粒度和含水量等质量指标，可通过改变操作条件进行调整，且控制管理都很方便。

(6)适于连续化生产。干燥后的产品经连续排料，在后处理上结合冷却器和气力输送，组成连续生产作业线，有利于实现自动化大规模生产。

由于喷雾干燥的上述特点，故特别适用于食品的干燥，主要的用途有：

(1)乳蛋制品：牛奶、奶油、冰淇淋、代乳粉、可可、蛋品等。

(2)糖类及粮食制品：葡萄糖、麦精、淀粉、啤酒、谷物等。

(3)酵母制品：酵母粉、饲料酵母。

(4)果蔬制品：番茄、辣椒、洋葱、大蒜、香蕉、杏子、柑橘、水解蛋白等。

(5)饮料、香料：速溶咖啡、速溶茶、天然香料、合成香料等。

(6)肉类、水产制品：血浆、鱼粉、鱼蛋白质等。

喷雾干燥的主要缺点是单位产品的耗热量大，设备的热效率低。在进风温度不高时，一般热效率约为30%～40%。每蒸发1 kg水分约需2～3 kg蒸气，且介质消耗量大。另一个缺点是容积干燥强度小。它的容积传热膜系数约为25～100 W/(m^3·K)，所以干燥器的体积庞大，基建费用大。

喷雾干燥要求雾滴的平均直径一般为20～60 μm，因此，将溶液分散成极细的雾滴，是喷雾干燥的一个关键。它不仅是对技术经济指标，而且对产品质量均有极大的影响，特别是对热敏性物料的干燥更为重要。根据实现料液雾化的方法，可分为三种喷雾器，如表5-3所示。

表5-3　三种喷雾器的比较

形式	优点	缺点
离心式	1.操作简单，对物料性质适应性较强，适于高浓度、高黏度物料的喷雾 2.操作弹性大，在液量变化±25%时，对产品质量和粒度分布均无多大影响 3.不易堵塞，操作压力低 4.产品粒子呈球状，粒子外表规则、整齐	1.喷雾器结构复杂，造价高，安装要求高 2.仅适用于立式干燥器，且并流操作 3.干燥器直径大 4.制品松密度小
压力式	1.喷嘴结构简单，维修方便 2.可采用多喷嘴(1～12个)，提高设备生产能力 3.可用于并流、逆流卧式或立式干燥器 4.动力消耗低 5.制品松密度大 6.塔径较小	1.喷嘴易堵塞、腐蚀和磨损 2.不适宜处理高黏度的物料 3.操作弹性小
气流式	1.可制备粒径5 μm以下的产品 2.可处理黏度较大的物料 3.塔径小 4.并、逆流操作均适宜	1.动力消耗大 2.不适宜于大型设备 3.粒子均匀性差

二、传导干燥器

(一)滚筒式干燥器

图5-20为一常压单滚筒干燥器。滚筒在槽内回转，槽内的料液利用泵从贮料槽送入，空气沿外壳的内面流过，流动方向与滚筒方向正好相反。已干燥的薄膜层用刮刀刮下，而后由螺旋输送器运走。图5-21为一真空双滚筒干燥器。由于真空滚筒干燥器的进料、卸料、刮刀等的调节必须做成在真空干燥室外部来操纵，故成本较高，常只用于干燥极为热敏的物料。

滚筒干燥器的优点是：干燥速度快，热能利用经济。但这类干燥器仅限用于液状、胶状

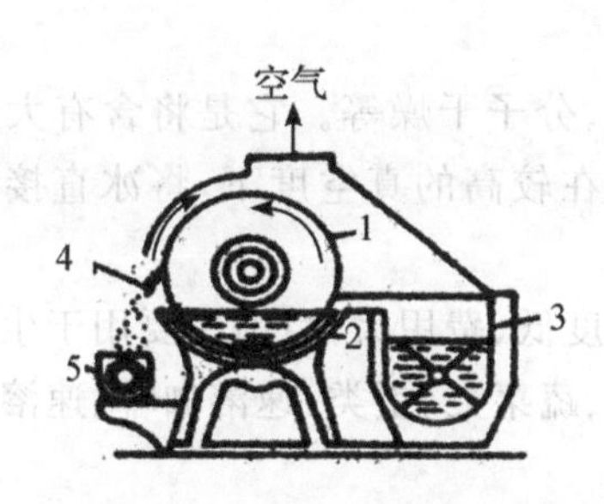

1—滚筒；2—料槽；3—贮料槽；
4—刮刀；5—螺旋输送器

图 5-20 常压单滚筒干燥器

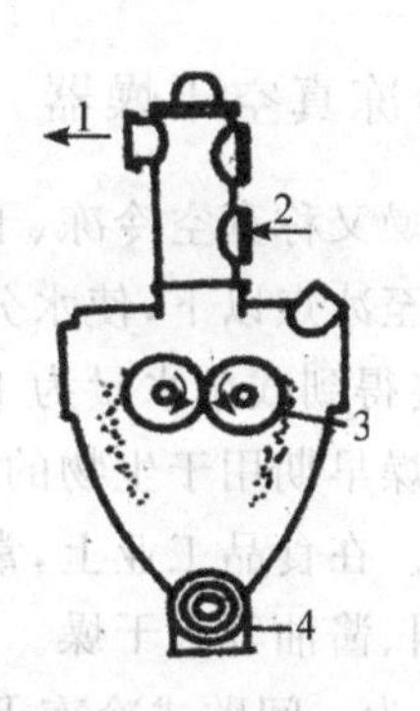

1—至真空系统；2—物料入口；
3—滚筒；4—卸料口

图 5-21 真空双滚筒干燥器

或膏糊状的食品的干燥。这些物料在短时间(2～30 s)内要能承受较高的温度。滚筒干燥器常用于牛奶、各种汤粉、淀粉、酵母、果汁、婴儿食品、豆浆及其他液状食品的干燥。它不适用于含水量低的热敏物料。

(二)真空干燥橱

它是一种在真空条件下操作的传导干燥器，是适于固体或液体热敏性食品物料的干燥器。其特点是：初期干燥速率甚快，但当食品干后收缩，则与干燥盘的接触程度逐渐变低，传热速率也逐次下降；加热面温度需要严加控制，以防与干燥盘接触的食品局部过热。

(三)带式真空干燥器

如图 5-22 所示。主要用于液状和浆状物料的干燥，如用于干燥果汁、番茄汁浓缩液和咖啡浸出液。真空干燥器在食品工业中有广泛的用途。凡是含有丰富的色、香、味及营养成分且具有显著热敏性的食品以及要求具有良好复水性的食品，干燥时的温度和压强与质量有密切的关系。真空干燥适用于以下几类食品的干燥：①在高温下易发生化学或物理变化的食品，如含有丰富蛋白质、维生素等营养物质的食品；②在有氧条件下易氧化的食品，如含油脂丰富的食品；③要求制品疏松、易碎和复水性好的食品，如麦乳精等。必须指出，真空干燥虽然在干燥的第一阶段物料温度可以保持在低温下，但在后期的第二阶段，料温可以升得很高。所以不加分析笼统地说真空干燥下物料必须是低温的说法并不正确。因此，对于间歇式真空干燥器在干燥的第二阶段，可采取代温热源温度或提高真空度的办法来调节物料的温度，而对连续真空设备，则必须对前、后两个不同阶段分别调节。

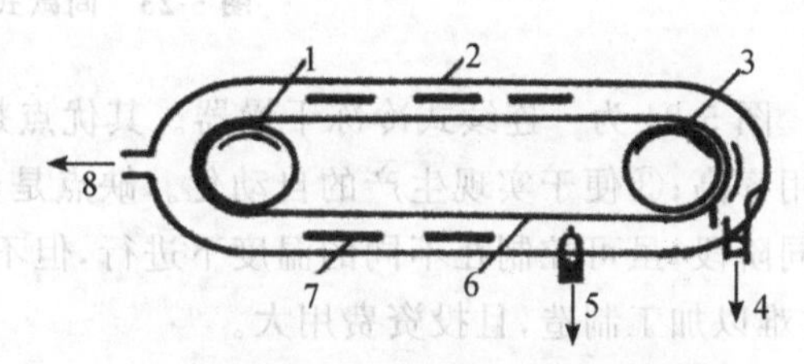

1—加热滚筒；2—真空室；3—冷却滚筒；
4—制品出口；5—原料进口；6—不锈钢管；
7—辐射加热器；8—至真空系统

图 5-22 带式真空干燥器

（四）冷冻真空干燥器

冷冻干燥又称真空冷冻、干燥冷冻、升华干燥、分子干燥等。它是将含有大量水的湿物料预先冻结至冰点以下，使水分变为固态冰，然后在较高的真空度下，将冰直接转化为蒸气而除去，最终得到残余水量为1%～4%的干物料。

冷冻干燥早期用于生物的脱水。由于过程强度低、费用大，目前主要用于生物制药工业和食品工业。在食品工业上，常用于肉类、水产类、蔬菜类、蛋类、速溶咖啡、速溶茶、水果粉、香料、辛辣料、酱油等的干燥。

图5-23为一间歇式冷冻干燥装置。其优点在于：①适于多品种小产量的生产，特别适于季节性强的食品生产；②单机操作；③便于设备的加工制造和维修保养；④便于控制物料干燥时不同阶段的加热温度和真空度的要求。缺点是：①由于装料、卸出、起动等预备操作占用时间，设备利用率低；②要满足一定产量的要求，往往需多台单机，势必增加费用。

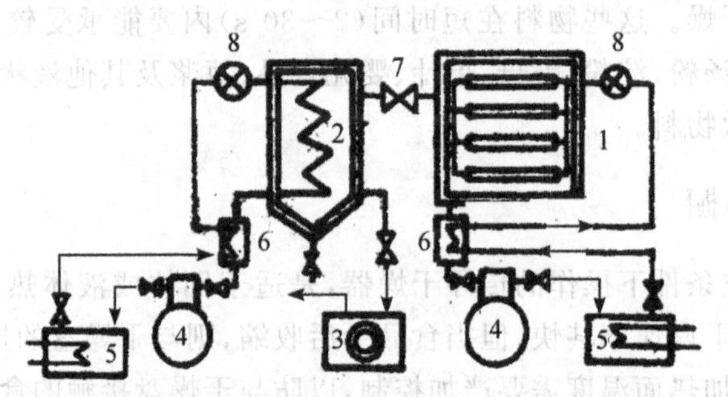

1—干燥箱；2—冷阱；3—真空泵；4—制冷压缩机；
5—冷凝器；6—热交换器；7—冷阱进阀；8—膨胀阀

图5-23　间歇式冷冻干燥装置

图5-24为一连续式冷冻干燥器。其优点是：①处理能力大，适合于单品种生产；②设备利用率高；③便于实现生产的自动化。缺点是：①不适于多品种小批量的生产；②在干燥的不同阶段，虽可控制在不同的温度下进行，但不能控制在不同真空度下进行；③设备复杂、庞大，难以加工制造，且投资费用大。

三、辐射干燥器

（一）红外线干燥器

图5-25为灯泡式红外线干燥器，图5-26为装辐射体的红外线干燥器，均为连续式的辐射干燥器。在器内，物料由输送带载送，经过红外线热源下方，干燥时间由输送带的移动速度来调节。当干燥热敏性高的物料时，采用短波灯泡；当干燥热敏性不太高的物料时，可用长波辐射器。

其特点包括：①干燥速度快。这是由于红外线干燥时，传给物料的热量比对流或传导干燥要大得多，且被干燥物料的分子直接把红外线辐射能转变为热能，中间不需通过任何媒介物。在辐射干燥中，一部分辐射线要透过毛细孔物料内部，其深度可达0.1～2.0 mm。辐射线一旦穿入毛细孔，由孔壁的一系列反射几乎全部被吸收。因此，红外线干燥具有很大的传

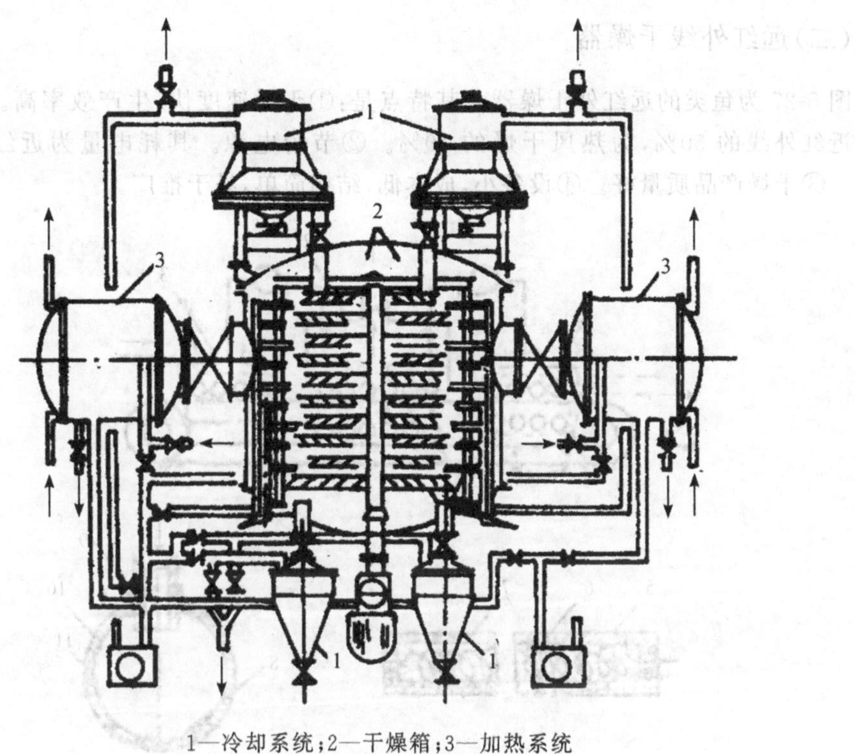

1—冷却系统；2—干燥箱；3—加热系统

图 5-24　连续式冷冻干燥器

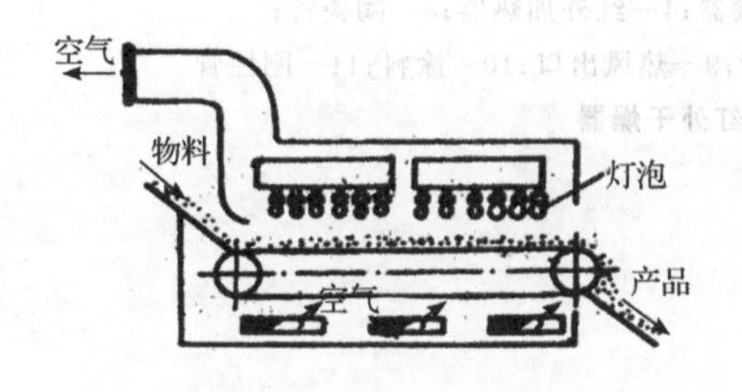

图 5-25　灯泡式红外线干燥器

1—物料进口；2—煤气；3—辐射体；
4—吸风装置；5—制品出口

图 5-26　装辐射体的红外线干燥器

热系数。但因干燥速度不仅取决于传热速度，还取决于水分在物料内部移动的速度，故料层厚度对红外线干燥有明显的影响；同时，对于非多孔性物料，采用红外线干燥时，物料层深处的温度低于表面温度，只有干燥终了时才接近表面温度。此时，物料内部与湿度梯度相反的温度梯度将变得很大，大大影响水分内部扩散速率，故用红外线干燥非多孔性厚层物料是不适宜的。②干燥设备紧凑，使用灵活，占地面小，便于连续和自动化。③干燥时间短，从而降低了生产成本，提高了生产效率，操作安全、简单。④有利于干燥外形复杂的物料。因为它可以使用不同强度的局部辐射，因而可以调节水分从成品各部分移向表面的速度。

（二）远红外线干燥器

图 5-27 为鱼类的远红外干燥器。其特点是：①干燥速度快，生产效率高。干燥时间一般为近红外线的 50%，为热风干燥的 10%。②节约电源。其耗电量为近红外线干燥的 50%。③干燥产品质量好。④设备小，成本低，结构简单，易于推广。

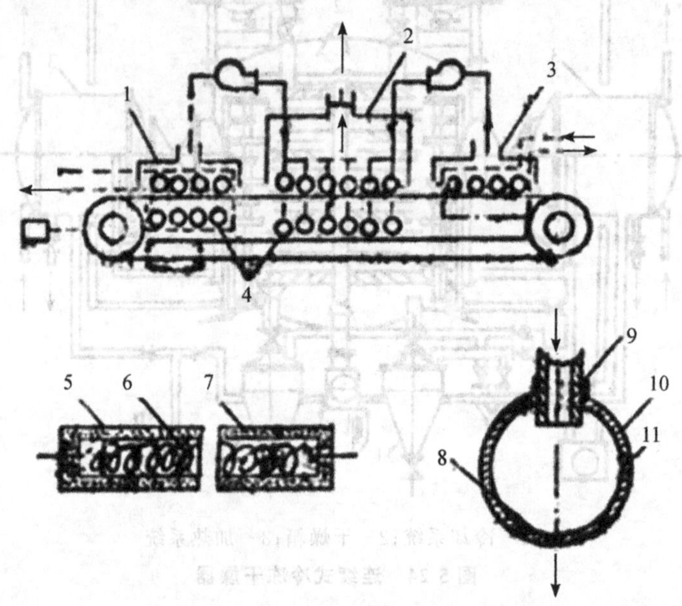

1—预热器；2—第一干燥器；3—第二干燥器；4—红外加热器；5—陶瓷管；
6—镍铬耐热合金丝；7—热辐射管；8—热风管；9—热风出口；10—涂料；11—刚性管

图 5-27　鱼类的远红外干燥器

四、介电加热干燥器

（一）高频电场干燥器

它是将需要干燥的物料置于高频电场中，借助高频电场的交变作用使物料加热脱水以达到干燥的目的，其特征是物料内部水分向表面移动是靠温度梯度和湿度梯度的同向传质推动力。它比较适宜于干燥厚而难干燥的物料，因为在这种情况下，物料干燥时间受厚度的影响可大为缓和。其特点是：①加热速度比其他加热方法快；②局部过热减少，从而减少了对食品成分的破坏；③操作干净且连续，易于自控；④加热发生在食品内部某一深度，不存在食品的表面褐变。其缺点是能耗大，汽化 1 kg 水分需要不少于 2.0～3.5 kW·h 的能量。因此，用该法干燥除去大量水分是不合适的。此外，高频干燥器的结构及使用都比较复杂，设备及维修成本高。

（二）微波干燥器

微波是指波长为 1 mm～1 m、频率在 20 MHz～30 GHz 之间的电磁波，它可产生高频电磁场。我国食品工业中规定使用和常用的频率有 915 MHz 和 2 450 MHz。

微波加热是最早发现的微波特性,可用于食品加工方面的有干燥、焙烤、膨化、杀菌、烹调、解冻及微波加热萃取等。

1.微波加热原理

介质材料中的极性分子在电磁场中随着电磁场频率不断改变极性取向,使分子来回振动,产生摩擦热。此时,电磁场的场能转变为热能,使介质温度不断升高,因为电磁场的频率甚高,极性分子振动的频率很大,产生的热量也是很可观的。物料在微波中被整体加热,也可称为"体积加热"。因不依赖于物料的导热性质,因而加速度快,物料受热均匀,不会有表面结壳现象。

2.微波干燥机理及其特点

干燥是一种水分迁移和蒸发同时进行的加工方式。微波加热从内部产生热量,在物料内部迅速生成的蒸气形成巨大的驱动力,产生一种"泵送效应",驱动水分以水蒸气的状态移向表面,有时甚至产生很大的总压梯度,使部分水分还未来得及被汽化就已经排列到物料表面,因此干燥速率极快。由于蒸发作用,表面温度比内部的低,不必担心会造成物料表面过热、烧焦或内外干燥不均。由于加热时间短,可以保证加工物料的色、香、味,并且维生素的破坏作用也减小,产品质量高。因此,可避免一般加热干燥过程中容易引起的表面硬化及不均匀等现象。

利用微波加热时,开机几分钟即可正常运转,调整微波输出功率,物料加热情况立即无惰性地随着改变,便于自动化控制,节省人力。

当频率和电场强度一定时,物料在干燥过程中对微波功率的吸收主要取决于介质损耗因素之值。不同干燥物质的损耗因素不同,如水比干物质大,故吸收能量多,水分蒸发快,因此,微波不会集中在干的物质部分,避免了物质的过热现象,具有自动平衡性能,从而保证了物质原有的各种特性。

近年来,许多研究者进行了微波干燥机理的研究。一般认为微波干燥分四个阶段:内部调整、液体流动、等干燥速率和下降速率阶段。每一个阶段都有各自特定的温度、湿度分布。但总的来说,物料内部的温度梯度和浓度梯度很小,在温度接近100 ℃时,压强急速升高,而物料中心处压强最高,沿径向渐减,形成压力梯度。这表明由蒸气压造成的传质方向是由里向外的。

物料的传热方向、蒸气压迁移方向、压力梯度、温度梯度的方向一致,即传热和传质的方向一致,热阻小,而且物料吸收能量和排湿并不完全依赖于干燥介质和自身的热传导速率,从而大大提高了传热效率(热效率可达80%)和干燥速率,同时避免了环境高温,改善了劳动条件。此外,微波加热设备体积也较小,与普通加热干燥方法相比,所需厂房面积小。

干燥速率的影响因素有很多,除了物料的介电特性、水分含量、组分、厚度、形状等外,还随微波炉的输出功率增加而显著增加。

通常在加工生产中,为了节约能源,降低成本,充分发挥微波加热的特点和优点,微波常与其他常规干燥方法结合起来使用,如微波/热风干燥、微波/真空干燥和微波/冷冻干燥等技术。

3.微波干燥技术及其应用

(1)微波/热风干燥技术及其应用

微波的加热特性和干燥原理不同,尤其适用于在低水分含量(小于20%)物料的干燥,此时水分迁移率低，但微波能将物料内的水分驱出。若食品过湿，应用微波加热将导致食品过热。一般是先将物料用热风干燥至水分含量在20%左右，而后用微波干燥至终点，热风则将表面的水蒸气携带除去。

常规的热风干燥一般要用2/3的加工时间来除去最后1/3含量的水分，而且会破坏物料中的热敏感或热不稳定组分，造成溶质迁移，使物料表面形成硬壳。与其相比，微波/热风干燥技术加热时间短，速度快；不加热周围空气或物料表面，因结合热风干燥，故节能，成本低；液相中溶质迁移少，表皮不会硬化；可以调节加工条件使温度控制在一定值以下，对色素、维生素、脂肪、蛋白质等营养素的破坏作用小，保存率高；可以杀灭物料中的细菌；产品复水性好。如先用热风处理洋葱使水分含量降到10%，而后用微波干燥至5%，整个过程比热风干燥节能30%，可杀死约90%的细菌。

一般来说，提高热风温度或加大微波功率输出都可提高干燥速率，在实际应用中，物料后期的操作步骤和加热条件，如热空气温度、湿度、是否间断进行热风换向、传送带速率以及微波功率大小等的确定，应据产品的质量要求和物料特性及所期望的加工产量酌情处理。原则是在确保产品质量的前提下，尽量使生产成本降低。

用这项技术可加工干燥土豆片、薯片、香菇、玉米片、乳儿糕、豆类产品等。

(2)微波/真空干燥技术及其应用

微波/真空技术是把微波干燥和真空干燥两项技术结合起来，充分发挥微波干燥和真空干燥各自优点的一项综合干燥技术。

真空干燥中随着工作压强的降低，水分扩散速率加快，物料的沸点也降低，因而可使物料处在低温状态下进行脱水，较好地保护物料中的成分。微波为真空干燥提供热源，克服真空状态下常规对流方式热传导速率慢的缺点，对物料进行整体加热，温升迅速，而不仅仅依赖介质的存在。此项技术最适合热敏性物料的加工处理。

在加工过程中，终产品的质量随温度、真空度及微波照射水平的不同而不同，而且由于击穿场强在真空中降低易引起电晕打火现象，因此需要特别注意。加工中各参数的确定和要求类同微波/热风干燥技术。

水果、蔬菜、肉类及其他食品若未经适当处理不能长期保存，为了延长其货架期及保证高质量，需采取微波/真空干燥技术这种快速而温和的干燥方法。如用微波/真空干燥处理香蕉片，在真空度为0.002 5 MPa、微波功率为150 W条件下，干燥30 min即可，整个过程中温度不超过70 ℃。终产品色泽呈亮黄色，风味极佳，未发现回缩现象。水分含量在5%～8%之间，对应的水分活度为0.3～0.4，产品的复水速率是常规干燥的两倍。产品质量可与冷冻干燥产品媲美。除此以外，微波/真空干燥还可加工生产蔬菜粉、蛋黄粉，进行脱水葡萄的制取，使葡萄不但可快速干燥，体积维持不变，而且对内含的维生素也有较高的保存率。

另外，微波/真空干燥可与热风结合使用，利用热风进行第二次干燥。如用真空微波/热风干燥开发高档干燥蔬菜制品，整个过程加工温度控制在35～45 ℃之间，产品质量好，投资省，生产成本较低，仅为冷冻干燥的10%～14%。

(3)微波/冷冻干燥技术及其应用

冷冻干燥是指冻结物料中的冰直接升华为水汽的工艺过程。在干燥时需要外部提供冰块升华所需的热量。升华的速率则取决于热源所能提供的能量的多少。微波可克服常规干

燥热传导速率低的缺点，从物料内部开始升温，且由于蒸发作用冰块内层温度高于外层，对升华的排湿通道无阻碍作用。微波还可有选择性地针对冰块加热而已干燥部分却很少吸收微波能，从而干燥速率大大增加，干燥时间可比常规干燥缩短一半以上。此外，因为微波冷冻干燥物料速度快，物料内冰块迅速升华，因而物料呈多孔性结构，更易复水和压缩；且微波/冷冻干燥可更好地保留挥发性组分。

相比较而言，微波/冷冻干燥比其他冻干方式更适于较厚的物料。物料干燥前的内部温度并不重要，不必过分强调。

微波/冷冻干燥适于处理那些具有较低的热降解温度或高附加值的物料。例如青岛某食品有限公司利用微波/冷冻干燥生产脱水蔬菜，产品不仅颜色、形状与鲜菜相似，甚至还保存了原有的品质和风味。经验证，复水后其主要营养成分含量均达到鲜菜的97%以上。在实际生产中，为了降低成本，可使用组合式微波/冷冻干燥装置，即将微波/冷冻干燥作为最终干燥手段。

由于微波/冷冻干燥技术生产的产品品质与常规冷冻干燥产品没有多大差别，加工周期却大大缩短，因而微波/冷冻干燥在经济上较合算，因此微波/冷冻干燥技术必将越来越受到重视，其应用将越来越广泛。

随着人们关注更节能、有效的加工技术及为了降低成本，除了上述三种干燥方式外，还有微波/红外线干燥等技术。总之，微波因其节能、效率高，独特的加热特性和干燥机理，以及对食品物料的营养成分损害作用较小的特点，必将得到更广泛的应用，并会因科技发展和社会需求，对它的研究也将更加深入和全面。

附 录

附录一 常用物理量的单位与量纲

物理量名称	中文单位	符 号	量 纲
长度	米	m	L
时间	秒	s	T
质量	千克	kg	M
温度	度	℃,K	θ
力,重量	牛顿	N	MLT^{-2}
速度	米/秒	m/s	LT^{-1}
加速度	米/秒^2	m/s^2	LT^{-2}
密度	千克/米^3	kg/m^3	ML^{-3}
压力(压强)	帕斯卡(牛顿/米^2)	$Pa(N/m^2)$	$ML^{-1}T^{-2}$
功,能	焦耳	J	ML^2T^{-2}
功率	瓦特	W	ML^2T^{-3}
黏度	帕斯卡·秒	Pa·s	$ML^{-1}T^{-1}$
表面张力	牛顿/米	N/m	MT^{-2}
热导率(导热系数)	瓦特/(米·摄氏度)	W/(m·℃)	$MLT^{-3}\theta^{-1}$
扩散系数	米^2/秒	m^2/s	L^2T^{-1}

附录二 某些气体的重要物理性质

名称	分子式	密度(0℃, 101.3 kPa)/(kg·m^{-3})	比热容/(kJ·kg^{-1}·$℃^{-1}$)	黏度($\mu\times10^5$)/(Pa·s)	沸点(101.3kPa)/℃	相变焓/(kJ·kg^{-1})	临界点		热导率/(W·m^{-1}·$℃^{-1}$)
							温度/℃	压力/kPa	
空气		1.293	1.009	1.730	−195.00	197	−140.70	3 768.4	0.024 4
氧	O_2	1.429	0.653	2.030	−132.98	213	−118.82	5 036.6	0.024 0
氮	N_2	1.251	0.745	1.700	−195.78	199.2	−147.13	3 392.5	0.022 8
氢	H_2	0.090	10.130	0.842	−252.75	454.2	−239.90	1 296.6	0.163 0
氦	He	0.178	3.180	1.880	−268.95	19.5	−267.96	228.9	0.144 0
氩	Ar	1.782	0.322	2.090	−185.87	163	−122.44	4 862.4	0.017 3
氯	Cl_2	3.217	0.355	1.290(16 ℃)	−33.80	305	+144.00	7 708.9	0.007 2
氨	NH_3	0.771	0.670	0.918	−33.40	1 373	+132.40	11 295.0	0.021 5
一氧化碳	CO	1.250	0.754	1.660	−191.48	211	−140.20	3 497.9	0.022 6
二氧化碳	CO_2	1.976	0.653	1.370	−78.20	574	+31.10	7 384.8	0.013 7
硫化氢	H_2S	1.539	0.804	1.166	−60.20	548	+100.40	19 136.0	0.013 1
甲烷	CH_4	0.717	1.700	1.030	−161.58	511	−82.15	4 619.3	0.030 0
乙烷	C_2H_6	1.357	1.440	0.850	−88.50	486	+32.10	4 948.5	0.018 0
丙烷	C_3H_8	2.020	1.650	0.795(18 ℃)	−42.10	427	+95.60	4 355.0	0.014 8
正丁烷	C_4H_{10}	2.673	1.730	0.810	−0.50	386	+152.00	3 798.8	0.013 5
正戊烷	C_5H_{12}	—	1.570	0.874	−36.08	151	+197.10	3 342.9	0.012 8
乙烯	C_2H_4	1.261	1.222	0.935	+103.70	481	+9.70	5 135.9	0.016 4
丙烯	C_3H_8	1.914	2.436	0.835(20 ℃)	−47.70	440	+91.40	4 599.0	—
乙炔	C_2H_2	1.171	1.352	0.935	−83.66(升华)	829	+35.70	6 240.0	0.018 4
氯甲烷	CH_3Cl	2.303	0.582	0.989	−24.10	406	+148.00	6 685.8	0.008 5
苯	C_6H_6	—	1.139	0.720	+80.20	394	+288.50	4 832.0	0.008 8
二氧化硫	SO_2	2.927	0.502	1.170	−10.80	394	+157.50	7 879.1	0.007 7
二氧化氮	NO_2	—	0.315	—	+21.20	712	+158.20	10 130.0	0.040 0

附录三 某些液体的重要物理性质

名称	分子式	密度(20 ℃)/(kg·m^{-3})	沸点(101.3 kPa)/℃	相变焓/(kJ·kg^{-1})	比热容(20 ℃)/(kJ·kg^{-1}·℃$^{-1}$)	黏度(20 ℃)/(mPa·s)	热导率(20 ℃)/(W·m^{-1}·℃$^{-1}$)	体积膨胀系数($\beta\times10^4$,20 ℃)/℃$^{-1}$	表面张力($\sigma\times10^3$,20 ℃)/(N·m^{-1})
水	H_2O	998	100.00	2 258	4.183	1.005	0.599	1.82	72.8
氯化钠盐水(25%)	—	1 186 (25 ℃)	107.00	—	3.390	2.300	0.570 (30 ℃)	(4.40)	
氯化钙盐水(25%)	—	1 228	107.00	—	2.890	2.500	0.570	(3.40)	
硫酸	H_2SO_4	1 831	340.00 (分解)		1.470 (98%)		0.380	5.70	
硝酸	HNO_3	1 513	86.00	481		1.170 (10 ℃)			
盐酸(30%)	HCl	1 149			2.550	2.000 (31.5%)	0.420		
二硫化碳	CS_2	1 262	46.30	352	1.005	0.380	0.160	12.10	32.0
戊烷	C_5H_{12}	626	36.07	357	2.240 (15.6 ℃)	0.229	0.113	15.90	16.2
己烷	C_6H_{14}	659	68.74	336	2.310 (15.6 ℃)	0.313	0.119		18.2
庚烷	C_7H_{16}	684	98.43	316	2.210 (15.6 ℃)	0.411	0.123		20.1
辛烷	C_8H_{18}	763	125.67	306	2.190 (15.6 ℃)	0.540	0.131		21.3
三氯甲烷	$CHCl_3$	1 489	61.20	254	0.992	0.580	0.138 (30 ℃)	12.60	28.5 (10 ℃)
四氯化碳	CCl_4	1 594	76.80	195	0.850	1.000	0.120		26.8
1,2-二氯乙烷	$C_2H_4Cl_2$	1 253	83.60	324	1.260	0.830	0.140 (60 ℃)		30.8
苯	C_6H_6	879	80.10	394	1.704	0.737	0.148	12.40	28.6
甲苯	C_7H_8	867	110.63	363	1.700	0.675	0.138	10.90	27.9
邻二甲苯	C_8H_{10}	880	144.42	347	1.740	0.811	0.142		30.2
间二甲苯	C_8H_{10}	864	139.10	343	1.700	0.611	0.167	10.10	29.0
对二甲苯	C_8H_{10}	861	138.35	340	1.704	0.643	0.129		28.0
苯乙烯	C_8H_9	911 (15.6 ℃)	145.20	352	1.733	0.720			
氯苯	C_6H_5Cl	1 106	131.80	325	1.298	0.850	0.140 (30 ℃)		32.0
硝基苯	$C_6H_5NO_2$	1 203	210.90	396	1.470	2.100	0.150		41.0
苯胺	$C_6H_5NH_2$	1 022	184.40	448	2.070	4.300	0.170	8.50	42.9
酚	C_6H_5OH	1 050 (50 ℃)	181.80 (溶点 40.9 ℃)	511		3.400 (50 ℃)			
萘	$C_{10}H_8$	1 145 (固体)	217.90 (熔点 80.2 ℃)	314	1.800 (100 ℃)	0.590 (100 ℃)			
甲醇	CH_3OH	791	64.70	1 101	2.480	0.600	0.212	12.20	22.6
乙醇	C_2H_5OH	789	78.30	846	2.390	1.150	0.172	11.60	22.8
乙醇(95%)		804	78.20			1.400			

续表

名称	分子式	密度(20 ℃)/(kg·m^{-3})	沸点(101.3 kPa)/℃	相变焓/(kJ·kg^{-1})	比热容(20 ℃)/(kJ·kg^{-1}·℃$^{-1}$)	黏度(20 ℃)/(mPa·s)	热导率(20 ℃)/(W·m^{-1}·℃$^{-1}$)	体积膨胀系数($\beta\times10^4$,20 ℃)/℃$^{-1}$	表面张力($\sigma\times10^3$,20 ℃)/(N·m^{-1})
乙二醇	$C_2H_4(OH)_2$	1 113	197.60	780	2.350	23.000			47.7
甘油	$C_3H_5(OH)_3$	1 261	290.00(分解)	—		1 499	0.590	5.30	63.0
乙醚	$(C_2H_5)_2O$	714	34.60	360	2.340	0.240	0.140	16.30	8.0
乙醛	CH_3CHO	783(18 ℃)	20.20	574	1.900	1.300(18 ℃)			21.2
糠醛	$C_5H_4O_2$	1 168	161.70	452	1.600	1.15(50 ℃)			43.5
丙酮	CH_3COCH_3	792	56.20	523	2.350	0.320	0.170		23.7
甲酸	$HCOOH$	1 220	100.70	494	2.170	1.900	0.260		27.8
醋酸	CH_3COOH	1 049	118.10	406	1.990	1.300	0.170	10.70	23.9
醋酸乙酯	$CH_3COOC_2H_5$	901	77.10	368	1.920	0.480	0.140(10 ℃)		
煤油		780～820				3.000	0.150	10.00	
汽油		680～800				0.700～0.800	0.190(30 ℃)	12.50	

附录四　干空气的物理性质(101.3 kPa)

温度/℃	密度/(kg·m^{-3})	比热容/(kJ·kg^{-1}·℃$^{-1}$)	热导率($\times10^2$)/(W·m^{-1}·℃$^{-1}$)	黏度($\times10^5$)/(Pa·s)	普朗特数 Pr
−50	1.584	1.013	2.035	1.46	0.728
−40	1.515	1.013	2.117	1.52	0.728
−30	1.453	1.013	2.198	1.57	0.723
−20	1.395	1.009	2.279	1.62	0.716
−10	1.342	1.009	2.360	1.67	0.712
0	1.293	1.005	2.442	1.72	0.707
10	1.247	1.005	2.512	1.77	0.705
20	1.205	1.005	2.593	1.81	0.703
30	1.165	1.005	2.675	1.86	0.701
40	1.128	1.005	2.756	1.91	0.699
50	1.093	1.005	2.826	1.96	0.698
60	1.060	1.005	2.896	2.01	0.696
70	1.029	1.009	2.966	2.06	0.694
80	1.000	1.009	3.047	2.11	0.692
90	0.972	1.009	3.128	2.15	0.690
100	0.946	1.009	3.210	2.19	0.688
120	0.898	1.009	3.338	2.29	0.686
140	0.854	1.013	3.489	2.37	0.684
160	0.815	1.017	3.640	2.45	0.682
180	0.779	1.022	3.780	2.53	0.681
200	0.746	1.026	3.931	2.60	0.680
250	0.674	1.038	4.288	2.74	0.677
300	0.615	1.048	4.605	2.97	0.674
350	0.566	1.059	4.908	3.14	0.676
400	0.524	1.068	5.210	3.31	0.678
500	0.456	1.093	5.745	3.62	0.687
600	0.404	1.114	6.222	3.91	0.699

续表

温度/℃	密度/(kg·m⁻³)	比热容/(kJ·kg⁻¹·℃⁻¹)	热导率(×10²)/(W·m⁻¹·℃⁻¹)	黏度(×10⁵)/(Pa·s)	普朗特数 *Pr*
700	0.362	1.135	6.711	4.18	0.706
800	0.329	1.156	7.176	4.43	0.713
900	0.301	1.172	7.630	4.67	0.717
1000	0.277	1.185	8.041	4.90	0.719
1100	0.257	1.197	8.502	5.12	0.722
1200	0.239	1.206	9.153	5.35	0.724

附录五 水及蒸气的物理性质

1. 水的物理性质

温度/℃	饱和蒸气压/kPa	密度/(kg·m⁻³)	焓/(kJ·kg⁻¹)	比热容/(kJ·kg⁻¹·℃⁻¹)	热导率(×10²)/(W·m⁻¹·℃⁻¹)	黏度(×10⁵)/(Pa·s)	体积膨胀系数(×10⁴)/℃⁻¹	表面张力(×10³)/(N·m⁻¹)	普朗特数 *Pr*
0	0.608 2	999.9	0	4.212	55.13	179.21	−0.63	75.6	13.66
10	1.226 2	999.7	42.04	4.191	57.45	130.77	+0.70	74.1	9.52
20	2.334 6	998.2	83.90	4.183	59.89	100.50	1.82	72.6	7.01
30	4.247 4	995.7	125.69	4.174	61.76	80.07	3.21	71.2	5.42
40	7.376 6	992.2	167.51	4.174	63.38	65.60	3.87	69.6	4.32
50	12.340	988.1	209.30	4.174	64.78	54.94	4.49	67.7	3.54
60	19.923	983.2	251.12	4.178	65.94	46.88	5.11	66.2	2.98
70	31.164	977.8	292.99	4.187	66.76	40.61	5.70	64.3	2.54
80	47.379	971.8	334.94	4.195	67.45	35.65	6.32	62.6	2.22
90	70.136	965.3	376.98	4.208	68.04	31.65	6.95	60.7	1.96
100	101.33	958.4	419.10	4.220	68.27	28.38	7.52	58.8	1.76
110	143.31	951.0	461.34	4.238	68.50	25.89	8.08	56.9	1.61
120	198.64	943.1	503.67	4.260	68.62	23.73	8.64	54.8	1.47
130	270.25	934.8	546.38	4.266	68.62	21.77	9.17	52.8	1.36
140	361.47	926.1	589.08	4.287	68.50	20.10	9.72	50.7	1.26
150	476.24	917.0	632.20	4.312	68.38	18.63	10.3	48.6	1.18
160	618.28	907.4	675.33	4.346	68.27	17.36	10.7	46.6	1.11
170	792.59	897.3	719.29	4.379	67.92	16.28	11.3	45.3	1.05
180	1 003.50	886.9	763.25	4.417	67.45	15.30	11.9	42.3	1.00
190	1 255.60	876.0	807.63	4.460	66.99	14.42	12.6	40.0	0.96
200	1 554.77	863.0	852.43	4.505	66.29	13.63	13.3	37.7	0.93
210	1 917.72	852.8	897.65	4.555	65.48	13.04	14.1	35.4	0.91
220	2 320.88	840.3	943.70	4.614	64.55	12.46	14.8	33.1	0.89
230	2 798.59	827.3	990.18	4.681	63.73	11.97	15.9	31	0.88
240	3 347.91	813.6	1 037.49	4.756	62.80	11.47	16.8	28.5	0.87
250	3 977.67	799.0	1 085.64	4.844	61.76	10.98	18.1	26.2	0.86
260	4 693.75	784.0	1 135.04	4.949	60.48	10.59	19.7	23.8	0.87
270	5 503.99	767.9	1 185.28	5.070	59.96	10.20	21.6	21.5	0.88
280	6 417.24	750.7	1 236.28	5.229	57.45	9.81	23.7	19.1	0.89
290	7 443.29	732.3	1 289.95	5.485	55.82	9.42	26.2	16.9	0.93
300	8 592.94	712.5	1 344.80	5.736	53.96	9.12	29.2	14.4	0.97
310	9 877.6	691.1	1 402.16	6.071	52.34	8.83	32.9	12.1	1.02
320	11 300.3	667.1	1 462.03	6.573	50.59	8.3	38.2	9.81	1.11
330	12 879.6	640.2	1 526.19	7.243	48.73	8.14	43.3	7.67	1.22
340	14 615.8	610.1	1 594.75	8.164	45.71	7.75	53.4	5.67	1.38
350	16 538.5	574.4	1 671.37	9.504	43.03	7.26	66.8	3.81	1.60
360	18 667.1	528.0	1 761.39	13.984	39.54	6.67	109	2.02	2.36
370	21 040.9	450.5	1 892.43	40.319	33.73	5.69	264	0.471	6.80

2. 水在不同温度下的黏度

温度/℃	黏度/(mPa·s)	温度/℃	黏度/(mPa·s)	温度/℃	黏度/(mPa·s)
0	1.792 1	34	0.737 1	69	0.411 7
1	1.731 3	35	0.722 5	70	0.406 1
2	1.672 8	36	0.708 5	71	0.400 6
3	1.619 1	37	0.694 7	72	0.395 2
4	1.567 4	38	0.681 4	73	0.390 0
5	1.518 8	39	0.668 5	74	0.384 9
6	1.472 8	40	0.656 0	75	0.379 9
7	1.428 4	41	0.643 9	76	0.375 0
8	1.386 0	42	0.632 1	77	0.370 2
9	1.346 2	43	0.620 7	78	0.365 5
10	1.307 7	44	0.609 7	79	0.361 0
11	1.271 3	45	0.598 8	80	0.356 5
12	1.236 3	46	0.588 3	81	0.352 1
13	1.202 8	47	0.578 2	82	0.347 8
14	1.170 9	48	0.568 3	83	0.343 6
15	1.140 4	49	0.558 8	84	0.339 5
16	1.111 1	50	0.549 4	85	0.335 5
17	1.082 8	51	0.540 4	86	0.331 5
18	1.055 9	52	0.531 5	87	0.327 6
19	1.029 9	53	0.522 9	88	0.323 9
20	1.005 0	54	0.514 6	89	0.320 2
20.2	1.000 0	55	0.506 4	90	0.316 5
21	0.981 0	56	0.498 5	91	0.313 0
22	0.957 9	57	0.490 7	92	0.309 5
23	0.935 8	58	0.483 2	93	0.306 0
24	0.914 2	59	0.475 9	94	0.302 7
25	0.893 7	60	0.468 8	95	0.299 4
26	0.873 7	61	0.461 8	96	0.296 2
27	0.854 5	62	0.455 0	97	0.293 0
28	0.836 0	63	0.448 3	98	0.289 9
29	0.818 0	64	0.441 8	99	0.286 8
30	0.800 7	65	0.435 5	100	0.283 8
31	0.784 0	66	0.429 3		
32	0.767 9	67	0.423 3		
33	0.752 3	68	0.417 4		

3. 饱和水蒸气表(按温度排列)

温度/℃	绝对压力/kPa	蒸气密度/(kg·m⁻³)	焓/(kJ·kg⁻¹)		相变焓/(kJ·kg⁻¹)
			液体	蒸气	
0	0.608 2	0.004 84	0	249 1	2 491
5	0.873 0	0.006 80	20.9	2 500.8	2 480
10	1.226	0.009 40	41.9	2 510.4	2 469
15	1.707	0.012 83	62.8	2 520.5	2 458
20	2.335	0.017 19	83.7	2 530.1	2 446
25	3.168	0.023 04	104.7	2 539.7	2 435
30	4.247	0.030 36	125.6	2 549.3	2 424
35	5.621	0.039 60	146.5	2 559.0	2 412
40	7.377	0.051 14	167.5	2 568.6	2 401
45	9.584	0.065 43	188.4	2 577.8	2 389
50	12.34	0.083 0	209.3	2 587.4	2 378
55	15.74	0.104 3	230.3	2 596.7	2 366
60	19.92	0.130 1	251.2	2 606.3	2 355
65	25.01	0.161 1	272.1	2 615.5	2 343
70	31.16	0.197 9	293.1	2 624.3	2 331
75	38.55	0.241 6	314.0	2 633.5	2 320
80	47.38	0.292 9	334.9	2 642.3	2 307
85	57.88	0.353 1	355.9	2 651.1	2 295
90	70.14	0.422 9	376.8	2 659.9	2 283
95	84.56	0.503 9	397.8	2 668.7	2 271
100	101.33	0.597 0	418.7	2 677.0	2 258
105	120.85	0.703 6	440.0	2 685.0	2 245
110	143.31	0.825 4	461.0	2 693.4	2 232
115	169.11	0.963 5	482.3	2 701.3	2 219
120	198.64	1.119 9	503.7	2 708.9	2 205
125	232.19	1.296	525.0	2 716.4	2 191
130	270.25	1.494	546.4	2 723.9	2 178
135	313.11	1.715	567.7	2 731.0	2 163
140	361.47	1.962	589.1	2 737.7	2 149
145	415.72	2.238	610.9	2 744.4	2 134
150	476.24	2.543	632.2	2 750.7	2 119
160	618.28	3.252	675.8	2 762.9	2 087
170	792.59	4.113	719.3	2 773.3	2 054
180	1 003.5	5.145	763.3	2 782.5	2 019
190	1 255.6	6.378	807.6	2 790.1	1 982
200	1 554.8	7.840	852.0	2 795.5	1 944
210	1 917.7	9.567	897.2	2 799.3	1 902
220	2 320.9	11.60	942.4	2 801.0	1 859
230	2 798.6	13.98	988.5	2 800.1	1 812
240	3 347.9	16.76	1 034.6	2 796.8	1 762
250	3 977.7	20.01	1 081.4	2 790.1	1 709
260	4 693.8	23.82	1 128.8	2 780.9	1 652
270	5 504.0	28.27	1 176.9	2 768.3	1 591
280	6 417.2	33.47	1 225.5	2 752.0	1 526
290	7 443.3	39.60	1 274.5	2 732.3	1 457
300	8 592.9	46.93	1 325.5	2 708.0	1 382

4. 饱和水蒸气表(按压力排列)

绝对压力/kPa	温度/℃	蒸气密度/(kg·m^3)	焓/(kJ·kg^{-1})		相变焓/(kJ·kg^{-1})
			液体	蒸气	
1.0	6.3	0.007 73	26.5	2 503.1	2 477
1.5	12.5	0.011 33	52.3	2 515.3	2 463
2.0	17.0	0.014 86	71.2	2 524.2	2 453
2.5	20.9	0.018 36	87.5	2 531.8	2 444
3.0	23.5	0.021 79	98.4	2 536.8	2 438
3.5	26.1	0.025 23	109.3	2 541.8	2 433
4.0	28.7	0.028 67	120.2	2 546.8	2 427
4.5	30.8	0.032 05	129.0	2 550.9	2 422
5.0	32.4	0.035 37	135.7	2 554.0	2 418
6.0	35.6	0.042 00	149.1	2 560.1	2 411
7.0	38.8	0.048 64	162.4	2 566.3	2 404
8.0	41.3	0.055 14	172.7	2 571.0	2 398
9.0	43.3	0.061 56	181.2	2 574.8	2 394
10.0	45.3	0.067 98	189.6	2 578.5	2 389
15.0	53.5	0.099 56	224.0	2 594.0	2 370
20.0	60.1	0.130 7	251.5	2 606.4	2 355
30.0	66.5	0.190 9	288.8	2 622.4	2 334
40.0	75.0	0.249 8	315.9	2 634.1	2 312
50.0	81.2	0.308 0	339.8	2 644.3	2 304
60.0	85.6	0.365 1	358.2	2 652.1	2 294
70.0	89.9	0.422 3	376.6	2 659.8	2 283
80.0	93.2	0.478 1	390.1	2 665.3	2 275
90.0	96.4	0.533 8	403.5	2 670.8	2 267
100.0	99.6	0.589 6	416.9	2 676.3	2 259
120.0	104.5	0.698 7	437.5	2 684.3	2 247
140.0	109.2	0.807 6	457.7	2 692.1	2 234
160.0	113.0	0.829 8	473.9	2 698.1	2 224
180.0	116.6	1.021	489.3	2 703.7	2 214
200.0	120.2	1.127	493.7	2 709.2	2 205
250.0	127.2	1.390	534.4	2 719.7	2 185
300.0	133.3	1.650	560.4	2 728.5	2 168
350.0	138.8	1.907	583.8	2 736.1	2 152
400.0	143.4	2.162	603.6	2 742.1	2 138
450.0	147.7	2.415	622.4	2 747.8	2 125
500.0	151.7	2.667	639.6	2 752.8	2 113
600.0	158.7	3.169	676.2	2 761.4	2 091
700.0	164.7	3.666	696.3	2 767.8	2 072
800.0	170.4	4.161	721.0	2 773.7	2 053
900.0	175.1	4.652	741.8	2 778.1	2 036
1.0×10^3	179.9	5.143	762.7	2 782.5	2 020
1.1×10^3	180.2	5.633	780.3	2 785.5	2 005
1.2×10^3	187.8	6.124	797.9	2 788.5	1 991
1.3×10^3	191.5	6.614	814.2	2 790.9	1 977
1.4×10^3	194.8	7.103	829.1	2 792.4	1 964
1.5×10^3	198.2	7.594	843.9	2 794.5	1 951
1.6×10^3	201.3	8.081	857.8	2 796.0	1 938
1.7×10^3	204.1	8.567	870.6	2 797.1	1 926
1.8×10^3	206.9	9.053	883.4	2 798.1	1 915
1.9×10^3	209.8	9.539	896.2	2 799.2	1 903
2.0×10^3	212.2	10.03	907.3	2 799.7	1 892
3.0×10^3	233.7	15.01	1 005.4	2 798.9	1 794
4.0×10^3	250.3	20.10	1 082.9	2 789.8	1 707
5.0×10^3	263.8	25.37	1 146.9	2 776.2	1 629
6.0×10^3	275.4	30.85	1 203.2	2 759.5	1 556
7.0×10^3	285.7	36.57	1 253.2	2 740.8	1 488
8.0×10^3	294.8	42.58	1 299.2	2 720.5	1 404
9.0×10^3	303.2	48.89	1 343.5	2 699.1	1 357

附录六　黏度

1. 液体黏度共线图

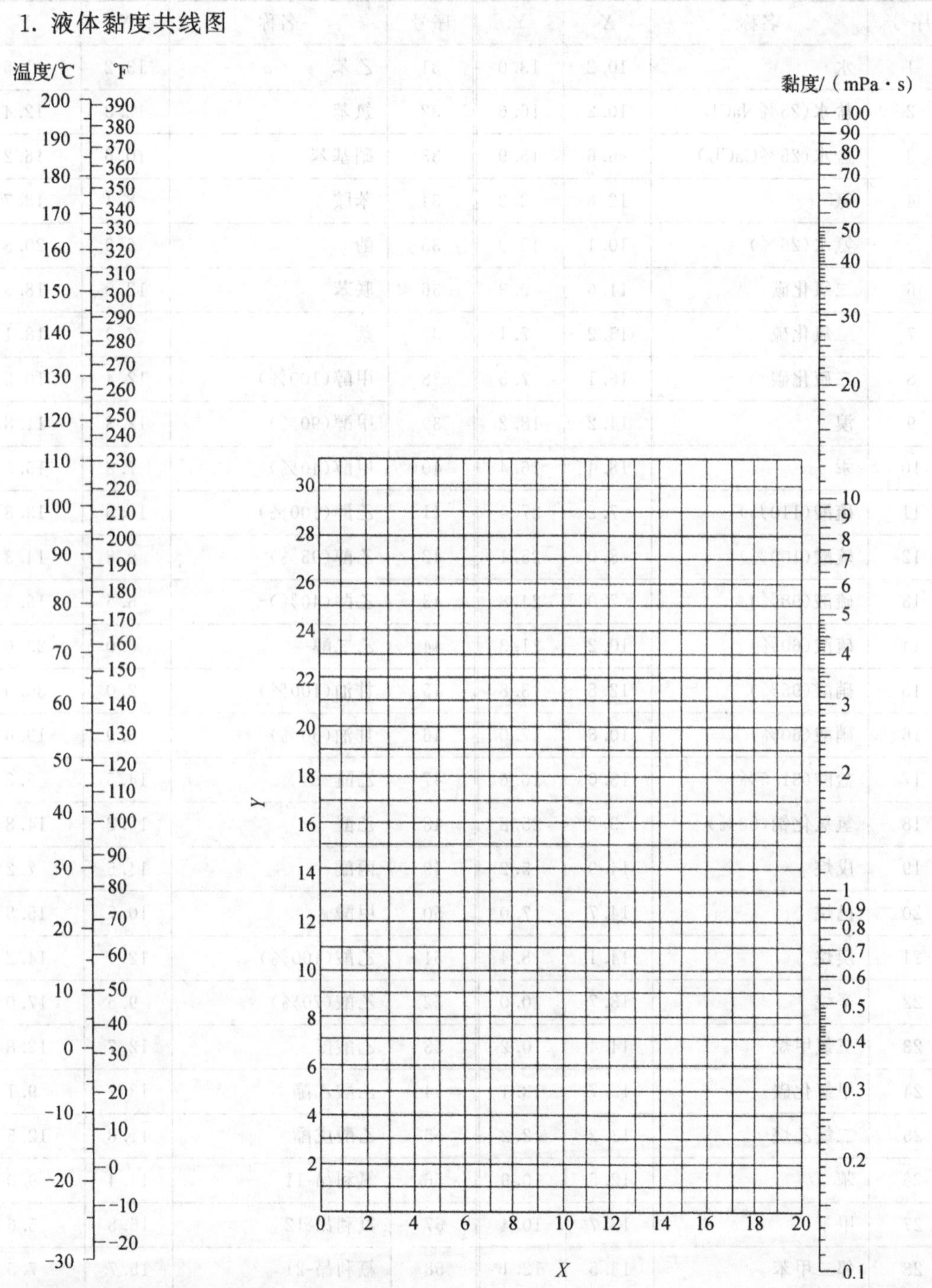

液体黏度共线图的坐标值列于下表中。

用法举例：求苯在 60 ℃时的黏度，从本表序号 26 查得苯的 $X=12.5$，$Y=10.9$。根据这两个数值标在前页共线图的 X-Y 坐标上得一点，把这点与图中左方温度标尺上 60 ℃的点取成一直线，延长，与右方黏度标尺相交，由此交点定出 60 ℃苯的黏度为 0.42 mPa·s。

液体黏度共线图的坐标值

序号	名称	X	Y	序号	名称	X	Y
1	水	10.2	13.0	31	乙苯	13.2	11.5
2	盐水(25%NaCl)	10.2	16.6	32	氯苯	12.3	12.4
3	盐水(25%$CaCl_2$)	6.6	15.9	33	硝基苯	10.6	16.2
4	氨	12.6	2.2	34	苯胺	8.1	18.7
5	氨水(26%)	10.1	13.9	35	酚	6.9	20.8
6	二氧化碳	11.6	0.3	36	联苯	12.0	18.3
7	二氧化硫	15.2	7.1	37	萘	7.9	18.1
8	二硫化碳	16.1	7.5	38	甲醇(100%)	12.4	10.5
9	溴	14.2	18.2	39	甲醇(90%)	12.3	11.8
10	汞	18.4	16.4	40	甲醇(40%)	7.8	15.5
11	硫酸(110%)	7.2	27.4	41	乙醇(100%)	10.5	13.8
12	硫酸(100%)	8.0	25.1	42	乙醇(95%)	9.8	14.3
13	硫酸(98%)	7.0	24.8	43	乙醇(40%)	6.5	16.6
14	硫酸(60%)	10.2	21.3	44	乙二醇	6.0	23.6
15	硝酸(95%)	12.8	13.8	45	甘油(100%)	2.0	30.0
16	硝酸(60%)	10.8	17.0	46	甘油(50%)	6.9	19.6
17	盐酸(31.5%)	13.0	16.6	47	乙醚	14.5	5.3
18	氢氧化钠(50%)	3.2	25.8	48	乙醛	15.2	14.8
19	戊烷	14.9	5.2	49	丙酮	14.5	7.2
20	己烷	14.7	7.0	50	甲酸	10.7	15.8
21	庚烷	14.1	8.4	51	乙酸(100%)	12.1	14.2
22	辛烷	13.7	10.0	52	乙酸(70%)	9.5	17.0
23	三氯甲烷	14.4	10.2	53	乙酸酐	12.7	12.8
24	甲氯化碳	12.7	13.1	54	乙酸乙酯	13.7	9.1
25	二氯乙烷	13.2	12.2	55	乙酸戊酯	11.8	12.5
26	苯	12.5	10.9	56	氟利昂-11	14.4	9.0
27	甲苯	13.7	10.4	57	氟利昂-12	16.8	5.6
28	邻二甲苯	13.5	12.1	58	氟利昂-21	15.7	7.5
29	间二甲苯	13.9	10.6	59	氟利昂-22	17.2	4.7
30	对二甲苯	13.9	10.9	60	煤油	10.2	16.9

2. 气体黏度共线图

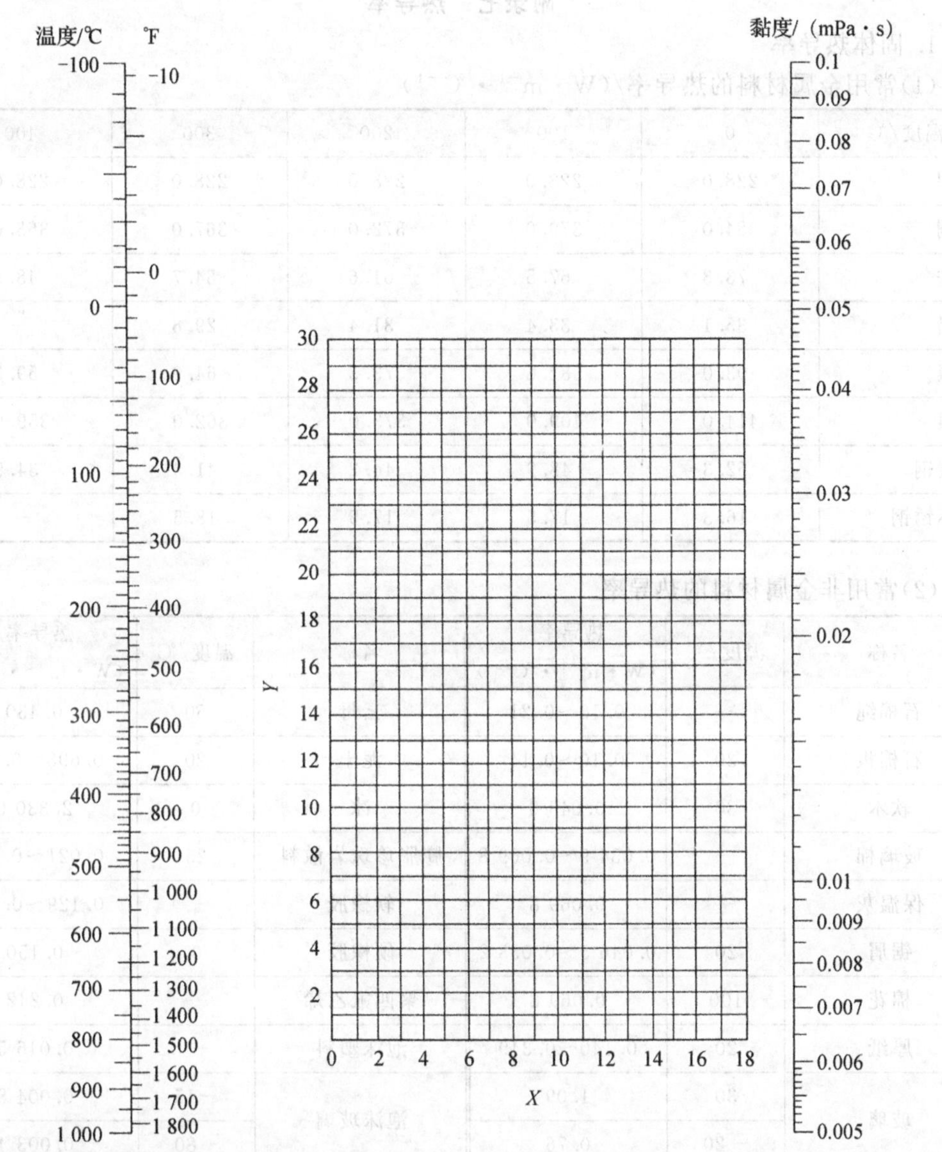

气体黏度共线图坐标值列于下表中。

序号	名称	X	Y	序号	名称	X	Y	序号	名称	X	Y
1	空气	11.0	20.0	15	氟	7.3	23.8	29	甲苯	8.6	12.4
2	氧	11.0	21.3	16	氯	9.0	18.4	30	甲醇	8.5	15.6
3	氮	10.6	20.0	17	氯化氢	8.8	18.7	31	乙醇	9.2	14.2
4	氢	11.2	12.4	18	甲烷	9.9	15.5	32	丙醇	8.4	13.4
5	$3H_2+1N_2$	11.2	17.2	19	乙烷	9.1	14.5	33	醋酸	7.7	14.3
6	水蒸气	8.0	16.0	20	乙烯	9.5	15.1	34	丙酮	8.9	13.0
7	二氧化碳	9.5	18.7	21	乙炔	9.8	14.9	35	乙醚	8.9	13.0
8	一氧化碳	11.0	20.0	22	丙烷	9.7	12.9	36	醋酸乙酯	8.5	13.2
9	氦	8.4	16.0	23	丙烯	9.0	13.8	37	氟利昂-11	10.6	15.1
10	硫化氢	8.6	18.0	24	丁烯	9.2	13.7	38	氟利昂-12	11.1	16.0
11	二氧化硫	9.6	17.0	25	戊烷	7.0	12.8	39	氟利昂-21	10.8	15.3
12	二硫化碳	8.0	16.0	26	己烷	8.6	11.8	40	氟利昂-22	10.1	17.0
13	一氧化二氮	8.8	19.0	27	三氯甲烷	8.9	15.7				
14	一氧化氮	10.9	20.5	28	苯	8.5	13.2				

附录七 热导率

1. 固体热导率

(1)常用金属材料的热导率/(W·m^{-1}·℃$^{-1}$)

温度/℃	0	100	200	300	400
铝	228.0	228.0	228.0	228.0	228.0
铜	384.0	379.0	372.0	367.0	363.0
铁	73.3	67.5	61.6	54.7	48.9
铅	35.1	33.4	31.4	29.8	—
镍	93.0	82.6	73.3	64.0	59.3
银	414.0	409.0	373.0	362.0	359.0
碳钢	52.3	48.9	44.2	41.9	34.9
不锈钢	16.3	17.5	17.5	18.5	—

(2)常用非金属材料的热导率

名称	温度/℃	热导率/(W·m^{-1}·℃$^{-1}$)	名称	温度/℃	热导率/(W·m^{-1}·℃$^{-1}$)
石棉绳	—	0.10～0.21	云母	50	0.430
石棉板	30	0.10～0.14	泥土	20	0.698～0.930
软木	30	0.043 0	冰	0	2.330 0
玻璃棉	—	0.034 9～0.069 8	膨胀珍珠岩散料	25	0.021～0.062
保温灰	—	0.069 8	软橡胶	—	0.129～0.159
锯屑	20	0.046 5～0.058 2	硬橡胶	0	0.150
棉花	100	0.069 8	聚四氟乙烯	—	0.242
厚纸	20	0.140～0.349	泡沫塑料	—	0.046 5
玻璃	30	1.09	泡沫玻璃	−15	0.004 8
	−20	0.76		−80	0.003 4
搪瓷	—	0.87～1.16	木材(横向)	—	0.14～0.175
木材(纵向)	—	0.384	酚醛加玻璃纤维	—	0.259
耐火砖	230	0.872	酚醛加石棉纤维	—	0.294
	1 200	1.64	聚碳酸酯	—	0.191
混凝土	—	1.28	聚苯乙烯泡沫	25	0.041 9
绒毛毡	—	0.046 5		−150	0.001 7
85%氧化镁粉	0～100	0.069 8	聚乙烯	—	0.329
聚氯乙烯	—	0.116～0.174	石墨	—	139

2. 某些液体的热导率

液 体	温度/℃	热导率/(W·m⁻¹·℃⁻¹)	液 体	温度/℃	热导率/(W·m⁻¹·℃⁻¹)
醋酸(100%)	20	0.171	乙苯	30	0.149
醋酸(50%)	20	0.35		60	0.142
丙酮	30	0.177	乙醚	30	0.138
	75	0.164		75	0.135
丙烯醇	25～30	0.180	汽油	30	0.135
氨	25～30	0.500	三元醇(100%)	20	0.284
氨,水溶液	20	0.450	三元醇(80%)	20	0.327
	60	0.500	三元醇(60%)	20	0.381
正戊醇	30	0.163	三元醇(40%)	20	0.448
	100	0.154	三元醇(20%)	20	0.481
异戊醇	30	0.152	三元醇(100%)	100	0.284
	75	0.151	正庚烷	30	0.140
苯胺	0～20	0.173		60	0.137
苯	30	0.159	正已烷	30	0.138
	60	0.151		60	0.135
正丁醇	30	0.168	正庚醇	30	0.163
	75	0.164		75	0.157
异丁醇	10	0.157	正已醇	30	0.164
氯化钙盐水(30%)	30	0.550		75	0.156
氯化钙盐水(15%)	30	0.590	煤油	20	0.149
二硫化碳	30	0.161		75	0.140
	75	0.152	盐酸(12.5%)	32	0.52
四氯化碳	0	0.185	盐酸(25%)	32	0.48
	68	0.163	盐酸(38%)	32	0.44
氯苯	10	0.144	水银	28	0.360
三氯甲烷	30	0.138	甲醇(100%)	20	0.215
乙酸乙酯	20	0.175	甲醇(80%)	20	0.267
乙醇(100%)	20	0.182	甲醇(60%)	20	0.329
乙醇(80%)	20	0.237	甲醇(40%)	20	0.405
乙醇(60%)	20	0.305	甲醇(20%)	20	0.492
乙醇(40%)	20	0.388	甲醇(100%)	50	0.197
乙醇(20%)	20	0.486	氯甲烷	−15	0.192
乙醇(100%)	50	0.151		30	0.154
硝基苯	30	0.164	正丙醇	30	0.171
	100	0.152		75	0.164
硝基甲苯	30	0.216	异丙醇	30	0.157
	60	0.208		60	0.155
正辛烷	60	0.140	氯化钠盐水(25%)	30	0.57
	0	0.138～0.156	氯化钠盐水(12.5%)	30	0.59
石油	20	0.180	硫酸(90%)	30	0.36
蓖麻油	0	0.173	硫酸(60%)	30	0.43
	20	0.168	硫酸(30%)	30	0.52
橄榄油	100	0.164	二氧化硫	15	0.22
正戊烷	30	0.135		30	0.192
	75	0.128	甲苯	30	0.149
氯化钾(15%)	32	0.58		75	0.145
氯化钾(30%)	32	0.56	松节油	15	0.128
氢氧化钾(21%)	32	0.58	二甲苯(邻位)	20	0.155
氢氧化钾(42%)	32	0.55	二甲苯(对位)	20	0.155
硫酸钾(10%)	32	0.60			

3. 气体热导率共线图(101.3 kPa)

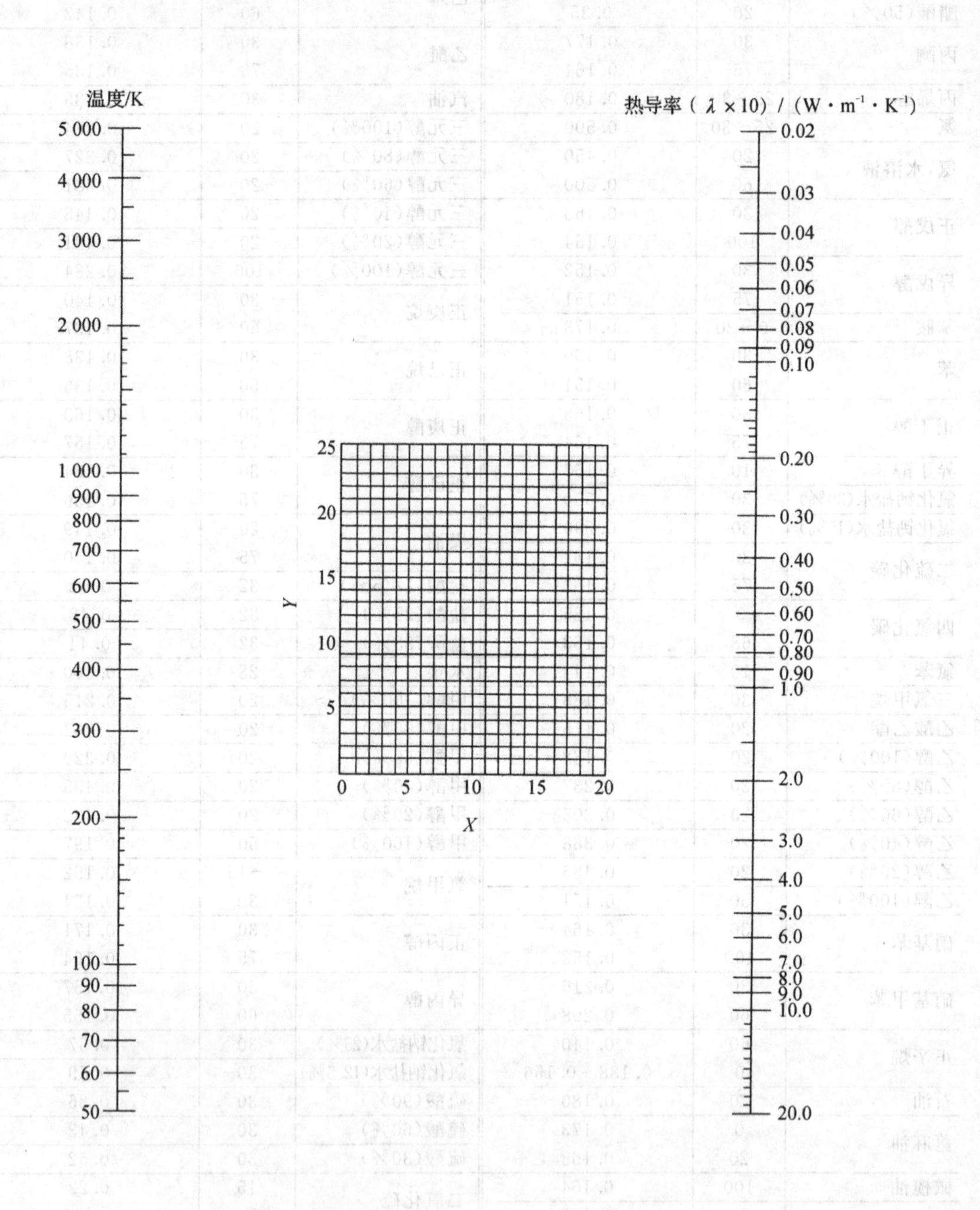

气体的热导率共线图坐标值(常压下用)

气体或蒸气	温度范围/K	X	Y	气体或蒸气	温度范围/K	X	Y
乙炔	200～600	7.5	13.5	氟利昂-113($CCl_2F\cdot CClF_2$)	250～400	4.7	17.0
空气	50～250	12.4	13.9	氦	50～500	17.0	2.5
	250～1 000	14.7	15.0		500～5 000	15.0	3.0
	1 000～1 500	17.1	14.5	正庚烷	250～600	4.0	14.8
氨	200～900	8.5	12.6		600～1 000	6.9	14.9
氦	50～250	12.5	16.5	正己烷	250～1 000	3.7	14.0
氩	250～5 000	15.4	18.1	氢	50～250	13.2	1.2
苯	250～600	2.8	14.2		250～1 000	15.7	1.3
三氟化硼	250～400	12.4	16.4		1 000～2 000	13.7	2.7
溴	250～350	10.1	23.6	氯化氢	200～700	12.2	18.5
正丁烷	250～500	5.6	14.1	氪	100～700	13.7	21.8
异丁烷	250～500	5.7	14.0	甲烷	100～300	11.2	11.7
二氧化碳	200～700	8.7	15.5		300～1 000	8.5	11.0
	700～1 200	13.3	15.4	甲醇	300～500	5.0	14.3
一氧化碳	80～300	12.3	14.2	氯甲烷	250～700	4.7	15.7
	300～1 200	15.2	15.2	氖	50～250	15.2	10.2
四氯化碳	250～500	9.4	21.0		250～5 000	17.2	11.0
氯	200～700	10.8	20.1	氧化氮	100～1 000	13.2	14.8
氘	50～100	12.7	17.3	氮	50～250	12.5	14.0
丙酮	250～500	3.7	14.8		250～1 500	15.8	15.3
乙烷	200～1 000	5.4	12.6		1 500～3 000	12.5	16.5
乙醇	250～350	2.0	13.0	一氧化二氮	200～500	8.4	15.0
	350～500	7.7	15.2		500～1 000	11.5	15.5
乙醚	250～500	5.3	14,1	氧	50～300	12.2	13.8
乙烯	200～450	3.9	12.3		300～1 500	14.5	14.8
氟	80～600	12.3	13.8	戊烷	250～500	5.0	14.1
氩	600～800	18.7	13.8	丙烷	200～300	2.7	12.0
氟利昂-11(CCl_3F)	250～500	7.5	19.0		300～500	6.3	13.7
氟利昂-12(CCl_2F_2)	250～500	6.8	17.5	二氧化硫	250～900	9.2	18.5
氟利昂-13($CClF_3$)	250～500	7.5	16.5	甲苯	250～600	6.4	14.8
氟利昂-21($CHCl_2F$)	250～450	6.2	17.5	氟利昂-22($CHClF_2$)	250～500	6.5	18.6

附录八　比热容

1. 液体比热容共线图

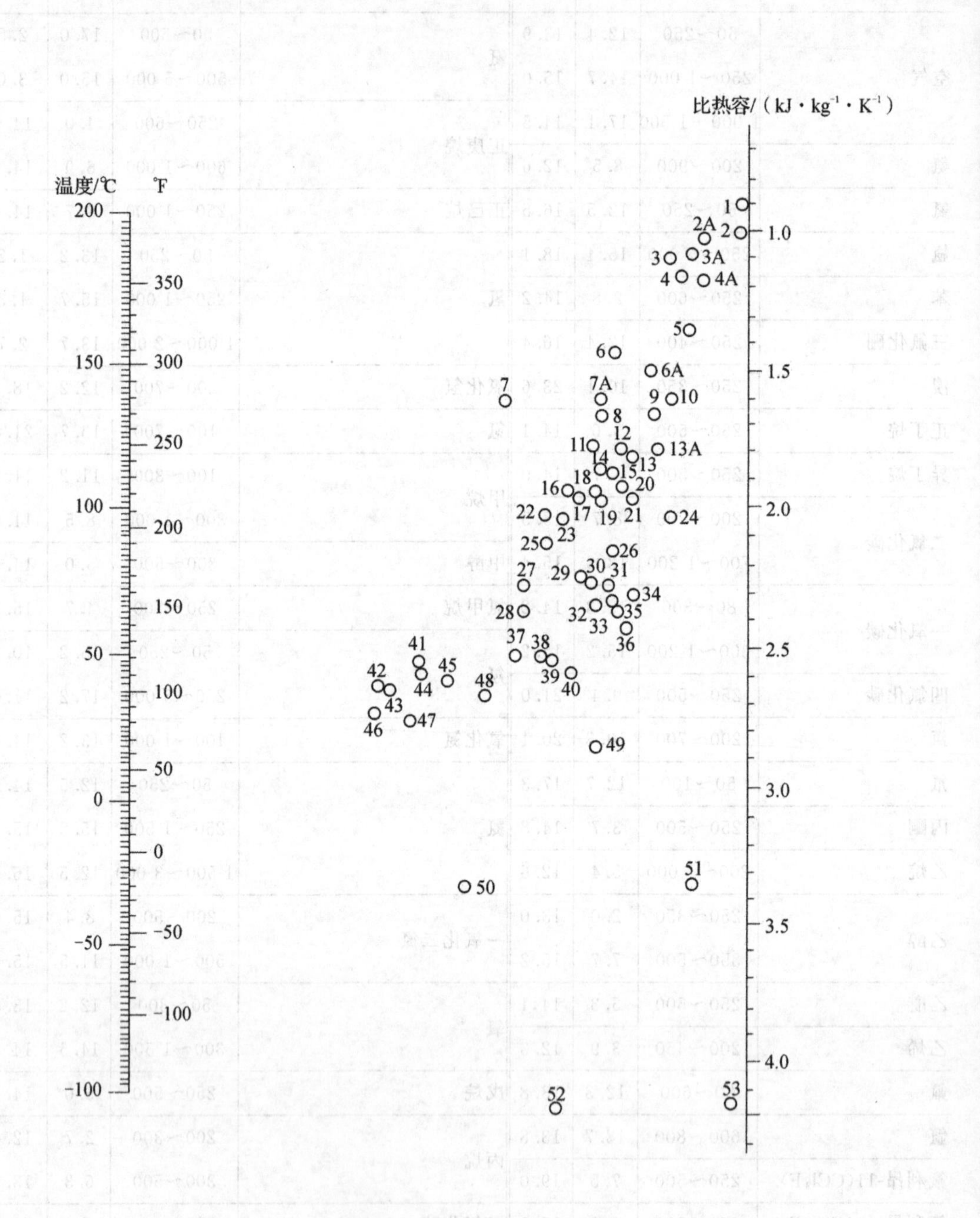

液体比热容共线图中的编号

编号	名称	温度范围/℃	编号	名称	温度范围/℃
53	水	10～200	10	苯甲基氯	－20～30
51	盐水(25% NaCl)	－40～20	25	乙苯	0～100
49	盐水(25% $CaCl_2$)	－40～20	15	联苯	80～120
52	氨	－70～50	16	联苯醚	0～200
11	二氧化硫	－20～100	16	联苯-联苯醚	0～200
2	二氧化碳	－100～25	14	萘	90～200
9	硫酸(98%)	10～45	40	甲醇	－40～20
48	盐酸(30%)	20～100	42	乙醇(100%)	30～80
35	己烷	－80～20	46	乙醇(95%)	20～80
28	庚烷	0～60	50	乙醇(50%)	20～80
33	辛烷	－50～25	45	丙醇	－20～100
34	壬烷	－50～25	47	异丙醇	－20～50
21	癸烷	－80～25	44	丁醇	0～100
13A	氯甲烷	－80～20	43	异丁醇	0～100
5	二氯甲烷	－40～50	37	戊醇	－50～25
4	三氯甲烷	0～50	41	异戊醇	10～100
22	二苯基甲烷	30～100	39	乙二醇	－40～200
3	四氯化碳	10～60	38	甘油	－40～20
13	氯乙烷	－30～40	27	苯甲醇	－20～30
1	溴乙烷	5～25	36	乙醚	－100～25
7	碘乙烷	0～100	31	异丙醚	－80～200
6A	二氯乙烷	－30～60	32	丙酮	20～50
3	过氯乙烯	－30～140	29	醋酸	0～80
23	苯	10～80	24	醋酸乙酯	－50～25
23	甲苯	0～60	26	醋酸戊酯	0～100
17	对二甲苯	0～100	20	吡啶	－50～25
18	间二甲苯	0～100	2A	氟利昂-11	－20～70
19	邻二甲苯	0～100	6	氟利昂-12	－40～15
8	氯苯	0～100	4A	氟利昂-21	－20～70
12	硝基苯	0～100	7A	氟利昂-22	－20～60
30	苯胺	0～130	3A	氟利昂-113	－20～70

2. 气体比热容共线图(101.3 kPa)

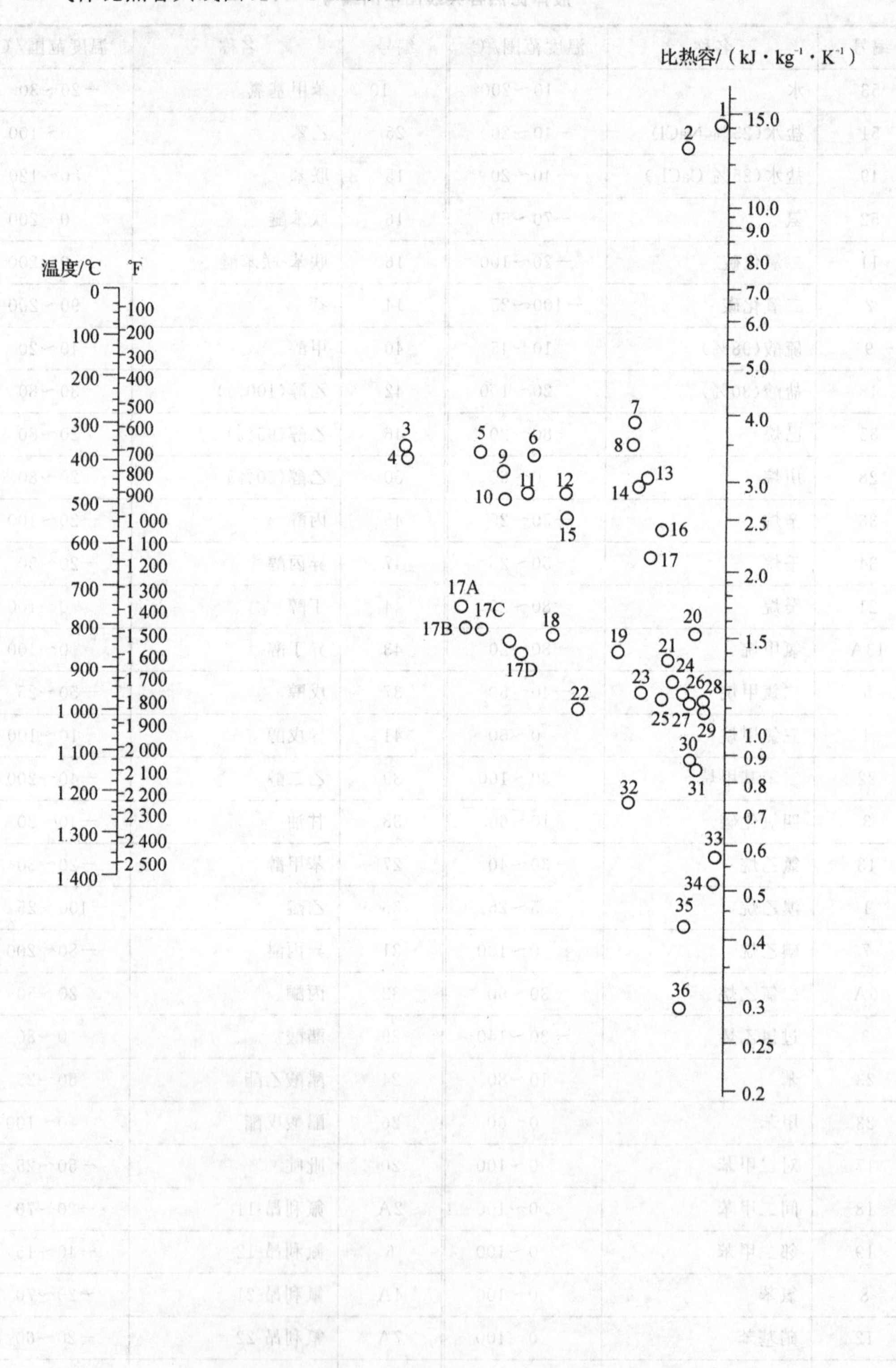

气体比热容共线图的编号

编号	气体	温度范围/K	编号	气体	温度范围/K
10	乙炔	273～473	1	氢	273～873
15		473～673	2		873～1 673
16		673～1 673	35	溴化氢	273～1 673
27	空气	273～1 673	30	氯化氢	273～1 673
12	氨	273～873	20	氟化氢	273～1 673
14	氨	873～1 673	36	碘化氢	273～1 673
18	二氧化碳	273～673	19	硫化氢	273～973
24		673～1 673	21		973～1 673
26	一氧化碳	273～1 673	5	甲烷	273～573
32	氯	273～473	6		573～973
34		473～1 673	7		973～1 673
3	乙烷	273～473	25	一氧化氮	273～973
9		473～873	28		973～1 673
8		873～1 673	26	氮	273～1 673
4	乙烯	273～473	23	氧	273～773
11		473～873	29		773～1 673
13		873～1 673	33	硫	573～1 673
17B	氟利昂-11(CCl_3F)	273～423	22	二氧化硫	273～673
17C	氟利昂-21($CHCl_3F$)	273～423	31		673～1 673
17A	氟利昂-22($CHClF_2$)	273～423	17	水	273～1 673
17D	氟利昂-113(CCl_2F-$CClF_2$)	273～423			

附录九　液体相变焓共线图

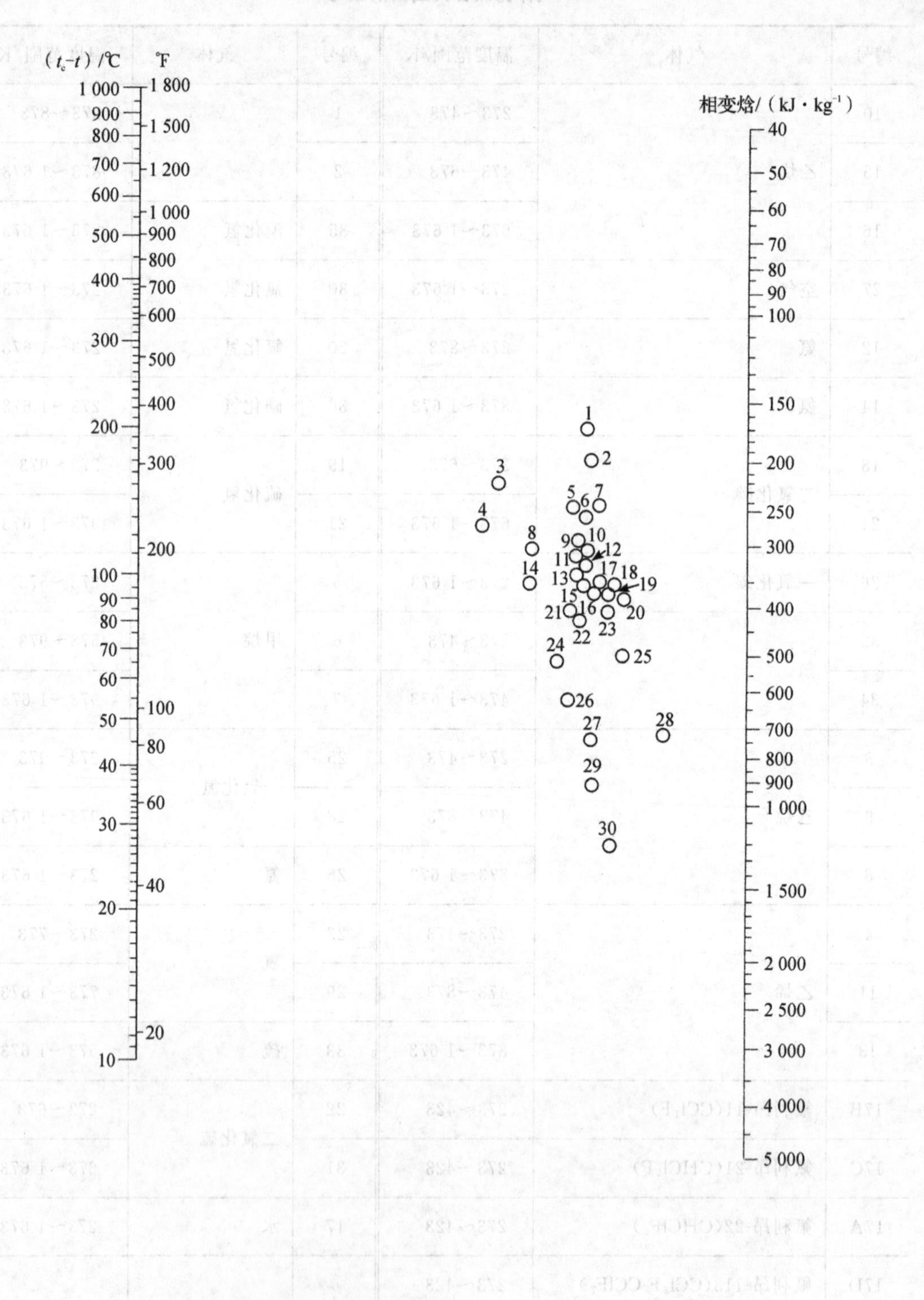

编号用法举例：求水在 $t=100$ ℃时的相变焓，从下表查得水的编号为 30，又查得水的 $t=374$ ℃，故得 $t_c-t=374-100=274$(℃)，在前页共线图的 t_c-t 标尺定出 274 ℃的点，与图中编号为 30 的圆圈中心点连一直线，延长到相变焓的标尺上，读出交点读数为 2 300 kJ/kg。

液体相变焓共线图中编号

编号	名称	t_c/℃	(t_c-t)/℃	编号	名称	t_c/℃	(t_c-t)/℃
30	水	374	100～500	7	三氯甲烷	263	140～275
29	氨	133	50～200	2	四氯化碳	283	30～250
19	一氧化氮	36	25～150	17	氯乙烷	187	100～250
21	二氧化碳	31	10～100	13	苯	289	10～400
4	二硫化碳	273	140～275	3	联苯	527	175～400
14	二氧化硫	157	90～160	27	甲醇	240	40～250
25	乙烷	32	25～150	26	乙醇	243	20～140
23	丙烷	96	40～200	24	丙醇	264	20～200
16	丁烷	153	90～200	13	乙醚	194	10～400
15	异丁烷	134	80～200	22	丙酮	235	120～210
12	戊烷	197	20～200	18	醋酸	321	100～225
11	己烷	235	50～225	2	氟利昂-11	198	70～250
10	庚烷	267	20～300	2	氟利昂-12	111	40～200
9	辛烷	296	30～300	5	氟利昂-21	178	70～250
20	一氯甲烷	143	70～250	6	氟利昂-22	96	50～170
8	二氯甲烷	216	150～250	1	氟利昂-113	214	90～250

附录十　无机物水溶液的沸点(101.3 kPa)

温度/℃ 溶液	101	102	103	104	105	107	110	115	120	125	140	160	180	200	220	240	260	280	300	340
	溶液浓度(质量)/%																			
$CaCl_2$	5.66	10.31	14.16	17.36	20.00	24.42	29.33	35.68	40.83	54.80	57.89	68.94	75.85	64.91	68.73	72.64	75.76	78.95	81.63	86.18
KOH	4.49	8.51	11.96	14.82	17.01	20.88	25.65	31.97	36.51	40.23	48.05	54.89	60.41							
KCl	8.42	14.31	18.96	23.02	26.57	32.62	36.47	(近于108.5 ℃)*												
K_2CO_3	10.31	18.37	24.20	28.57	32.24	37.69	43.97	50.86	56.04	60.40	66.94	(近于133.5 ℃)								
KNO_3	13.19	23.66	32.23	39.20	45.10	54.65	65.34	79.53												
$MgCl_2$	4.67	8.42	11.66	14.31	16.59	20.23	24.41	29.48	33.07	36.02	38.61									
$MgSO_4$	14.31	22.78	28.31	32.23	35.32	42.86	(近于108 ℃)													
NaOH	4.12	7.40	10.15	12.51	14.53	18.32	23.08	26.21	33.77	37.58	48.32	60.13	69.97	77.53	84.03	88.89	93.02	95.92	98.47	(近于314 ℃)
NaCl	6.19	11.03	14.67	17.69	20.32	25.09	28.92	(近于108 ℃)												
$NaNO_3$	8.26	15.61	21.87	17.53	32.45	40.47	49.87	60.94	68.94											
Na_2SO_4	15.26	24.81	30.73	31.83	(近于103.2 ℃)															
Na_2CO_3	9.42	17.22	23.72	29.18	33.66															
$CuSO_4$	26.95	39.98	40.83	44.47	45.12		(近于104.2 ℃)													
$ZnSO_4$	20.00	31.22	37.89	42.92	46.15															
NH_4NO_3	9.09	16.66	23.08	29.08	34.21	41.52	51.92	63.24	71.26	77.11	87.09	93.20	69.00	97.61	98.84	100				
NH_4Cl	6.10	11.35	15.96	19.80	22.89	28.37	35.98	46.94												
$(NH_4)_2SO_4$	13.34	23.41	30.65	36.71	41.79	49.73	49.77	53.55	(近于108.2 ℃)											

注：括号内的数据为饱和溶液的沸点。

附录十一 管子规格

(1)低压流体输送用焊接钢管(GB/T 3091-2008)

公称直径/mm	外径/mm	钢管壁厚/mm		公称直径/mm	外径/mm	钢管壁厚/mm	
		普通钢管	加厚钢管			普通钢管	加厚钢管
6	10.2	2.0	2.5	40	48.3	3.5	4.5
8	13.5	2.5	2.8	50	60.3	3.8	4.5
10	17.2	2.5	2.8	65	76.1	4.0	4.5
15	21.3	2.8	3.5	80	88.9	4.0	5.0
20	25.9	2.8	3.5	100	114.3	4.0	5.0
25	33.7	3.2	4.0	125	139.7	4.0	5.5
32	42.4	3.5	4.0	150	168.3	4.5	6.0

注:表中的公称直径系近似内径的名义尺寸,不表示外径减去两个壁厚所得的内径。

(2)输送流体用无缝钢管(GB/T8163-2008)(摘录)

外径/mm	壁厚/mm	外径/mm	壁厚/mm	外径/mm	壁厚/mm	外径/mm	壁厚/mm
10	0.25~3.5	48	1.0~12	219	6.0~55	610	9.0~120
13.5	0.25~4.0	60	1.0~16	273	6.5~85	711	12~120
17	0.25~5.0	76	1.0~20	325	7.5~100	813	20~120
21	0.4~6.0	89	1.4~24	356	9.0~100	914	25~120
27	0.4~7.0	114	1.5~30	406	9.0~100	1 016	25~120
34	0.4~8.0	140	3.0~36	457	9.0~100		
42	1.0~10	168	3.5~45	508	9.0~110		

注:壁厚系列有 0.25 mm,0.30 mm,0.40 mm,0.50 mm,0.60 mm,0.80 mm,1.0 mm,1.2 mm,1.4 mm,1.6 mm,1.8 mm,2.0 mm,2.2 mm,2.5 mm,2.8 mm,3.0 mm,3.2 mm,3.5 mm,4.0 mm,4.5 mm,5.0 mm,5.5 mm,6.0 mm,6.5 mm,7.0 mm,7.5 mm,8.0 mm,8.5 mm,9.0 mm,9.5 mm,10 mm,11 mm,12 mm,13 mm,14 mm,15 mm,16 mm,17 mm,18 mm,19 mm,20 mm,22 mm,24 mm,25 mm,26 mm,28 mm,30 mm,34 mm,36 mm,38 mm,40 mm,42 mm,45 mm,48 mm,50 mm,55 mm,60 mm,65 mm,70 mm,75 mm,80 mm,85 mm,90 mm,95 mm,100 mm,110 mm,120 mm

附录十二 离心泵规格(摘录)

IS 型单级单吸离心泵规格

型号	转速/(r·min^{-1})	流量		压头/m	效率/%	功率/kW		必需汽蚀余量/m	质量(泵/底座)/kg
		m^3·h^{-1}	L·s^{-1}			轴功率	电机功率		
IS50-32-125	2 900	7.50 12.50 15.00	2.08 3.47 4.17	22.0 20.0 18.5	47 60 60	0.96 1.13 1.26	2.2	2.0 2.0 2.5	32/46
	1 450	3.75 6.30 7.50	1.04 1.74 2.08	5.4 5.0 4.6	43 54 55	0.13 0.16 0.17	0.55	2.0 2.0 2.5	32/38

续表

型号	转速/(r·min⁻¹)	流量		压头/m	效率/%	功率/kW		必需汽蚀余量/m	质量(泵/底座)/kg
		$m^3 \cdot h^{-1}$	$L \cdot s^{-1}$			轴功率	电机功率		
IS50-32-160	2 900	7.5	2.08	34.3	44	1.59	3	2.0	50/46
		12.5	3.47	32	54	2.02		2.0	
		15	4.17	29.6	56	2.16		2.5	
	1 450	3.75	1.04	8.5	35	0.25	0.55	2.0	50/38
		6.3	1.74	8	5	0.29		2.0	
		7.5	2.08	7.5	49	0.31		2.5	
IS50-32-200	2 900	7.5	2.08	52.5	38	2.82	5.5	2.0	52/66
		12.5	3.47	50	48	3.54		2.0	
		15	4.17	48.0	51	3.95		2.5	
	1 450	3.75	1.04	13.1	33	0.51	0.75	2.0	52/38
		6.3	1.74	12.5	42	0.51		2.0	
		7.5	2.08	12	44	0.56		2.5	
IS50-32-250	2 900	7.5	2.08	82	23.5	5.87	11	2.0	88/110
		12.5	3.47	80	38	7.16		2.0	
		15	4.17	78.5	41	7.83		2.5	
	1 450	3.75	1.04	20.5	23	0.91	1.50	2.0	88/64
		6.3	1.74	20	32	1.07		2.0	
		7.5	2.08	19.5	35	1.14		3.0	
IS50-50-125	2 900	15	4.17	21.8	58	1.54	3	2.0	50/41
		25	6.94	20	69	1.97		2.5	
		30	8.33	18.5	68	2.22		3.0	
	1 450	7.5	2.08	5.4	53	0.21	0.55	2.0	50/38
		12.5	3.47	5	64	0.27		2.0	
		15	4.17	4.7	65	0.30		2.5	
IS50-50-160	2 900	15	4.17	35	54	2.65	5.5	2.0	51/66
		25	6.94	32	65	3.35		2.0	
		30	8.33	30	66	3.71		2.5	
	1 450	7.5	2.08	8.8	50	0.36	0.75	2.0	51/38
		12.5	3.47	8	60	0.45		2.0	
		15	4.17	7.2	60	0.49		2.5	
IS50-40-200	2 900	15	4.17	53	49	4.42	7.5	2.0	62/66
		25	6.94	50	60	5.67		2.0	
		30	8.33	47	61	6.29		2.5	
	1 450	7.5	2.08	13.2	43	0.63	1.1	2.0	62/46
		12.5	3.47	12.5	55	0.77		2.0	
		15	4.17	11.8	57	0.85		2.5	
IS50-40-250	2 900	15	4.17	82	37	9.05	15	2.0	82/110
		25	6.94	80	50	10.89		2.0	
		30	8.33	78	53	12.02		2.5	
	1 450	7.5	2.08	21	35	1.23	2.20	2.0	82/67
		12.5	3.47	20	46	1.48		2.0	
		15	4.17	19.4	48	1.65		2.5	

续表

型号	转速/r·min⁻¹	流量		压头/m	效率/%	功率/kW		必需汽蚀余量/m	质量(泵/底座)/kg
		$m^3 \cdot h^{-1}$	$L \cdot s^{-1}$			轴功率	电机功率		
IS65-40-315	2 900	15 25 30	4.17 6.94 8.33	127 125 123	28 40 44	18.5 21.3 22.8	30	2.5 2.5 3.0	152/110
	1 450	7.5 12.5 15	2.08 3.47 4.17	32.2 32 31.7	25 37 41	2.63 2.94 3.16	4	2.5 2.5 3.0	152/67
IS80-65-125	2 900	30 50 60	8.33 13.9 16.7	22.5 20 18	64 75 74	2.87 3.63 3.98	5.5	3.0 3.0 3.5	44/46
	1 450	15 25 30	4.17 6.94 8.33	5.6 5 4.5	55 71 72	0.42 0.48 0.51	0.75	2.5 2.5 3.0	44/38
IS80-65-160	2 900	30 50 60	8.33 13.9 16.7	36 32 29	61 73 72	4.82 5.97 6.59	7.5	2.5 2.5 3.0	48/66
	1 450	15 25 30	4.17 6.94 8.33	9 8 7.2	55 69 68	0.67 0.79 0.86	1.5	2.5 2.5 3.0	48/46
IS80-50-200	2 900	30 50 60	8.33 13.9 16.7	53 50 47	55 69 71	7.87 9.87 10.8	15	2.5 2.5 3.0	64/124
	1 450	15 25 30	4.17 6.94 8.33	13.2 12.5 11.8	51 65 67	1.06 1.31 1.44	2.2	2.5 2.5 3.0	64/46
IS80-50-250	2 900	30 50 60	8.33 13.9 16.7	84 80 75	52 63 64	13.2 17.3 19.2	22	2.5 2.5 3.0	90/110
	1 450	15 25 30	4.17 6.94 8.33	21 20 18.8	49 60 61	1.75 2.27 2.52	3	2.5 2.5 3.0	90/64
IS80-50-315	2 900	30 50 60	8.33 13.9 16.7	128 125 123	41 54 57	25.5 31.5 35.3	37	2.5 2.5 3.0	125/160
	1 450	15 25 30	4.17 6.94 8.33	32.5 32 31.5	39 52 56	3.4 4.19 4.6	5.5	2.5 2.5 3.0	125/66
IS100-80-125	2 900	60 100 120	16.7 27.8 33.3	24 20 16.5	67 78 74	5.86 7 7.28	11	4.0 4.5 5.0	49/64
	1 450	30 50 60	8.33 13.9 16.7	6 5 4	64 75 71	0.77 0.91 0.92	1	2.5 2.5 3.0	49/46

续表

型号	转速/(r·min⁻¹)	流量		压头/m	效率/%	功率/kW		必需汽蚀余量/m	质量(泵/底座)/kg
		m³·h⁻¹	L·s⁻¹			轴功率	电机功率		
IS100-80-160	2 900	60	16.7	36	70	8.42	15	·	
		100	27.8	32	78	11.2		69/110	
		120	33.3	28	75	12.2			
	1 450	30	8.33	9.2	67	1.12	2.2	2.0	69/64
		50	13.9	8.0	75	1.45		2.5	
		60	16.7	6.8	71	1.57		3.5	
IS100-65-200	2 900	60	16.7	54	65	13.6	22	3.0	81/110
		100	27.8	50	76	17.9		3.6	
		120	33.3	47	77	19.9		4.8	
	1 450	30	8.33	13.5	60	1.84	4	2.0	81/64
		50	13.9	12.5	73	2.33		2.0	
		60	16.7	11.8	74	2.61		2.5	
IS100-65-250	2 900	60	16.7	87	61	23.4	37	3.5	90/160
		100	27.8	80	72	30.0		3.8	
		120	33.3	74.5	73	33.3		4.8	
	1 450	30	8.33	21.3	55	3.16	5.5	2.0	90/66
		50	13.9	20	68	4.00		2.0	
		60	16.7	19	70	4.44		2.5	
IS100-65-315	2 900	60	16.7	133	55	39.6	75	3.0	180/295
		100	27.8	125	66	51.6		3.6	
		120	33.3	118	67	57.5		4.2	
	1 450	30	8.33	34	51	5.44	11	2.0	180/112
		50	13.9	32	63	6.92		2.0	
		60	16.7	30	64	7.67		2.5	
IS125-100-200	2 900	120	33.3	57.5	67	28.0	45	4.5	108/160
		200	55.6	50	81	33.6		4.5	
		240	66.7	44.5	80	36.4		5.0	
	1 450	60	16.7	14.5	62	3.83	7.5	2.5	108/66
		100	27.8	12.5	76	4.48		2.5	
		120	33.3	11	75	4.79		3.0	
IS125-100-250	2 900	120	33.3	87	66	43.0	75	3.8	166/295
		200	55.6	80	78	55.9		4.2	
		240	66.7	72	75	62.8		5.0	
	1 450	60	16.7	21.5	63	5.59	11	2.5	166/112
		100	27.8	20	76	7.17		2.5	
		120	33.3	18.5	77	7.84		3.0	
IS125-100-315	2 900	120	33.3	132.5	60	72.1	110	4.0	189/330
		200	55.6	125	75	90.8		4.5	
		240	66.7	120	77	101.9		5.0	
	1 450	60	16.7	33.5	58	9.4	15	2.5	180/160
		100	27.8	32	73	11.9		2.5	
		120	33.3	30.5	74	13.5		3.0	
IS125-100-400	1 450	60	16.7	52	53	16.1	30	2.5	205/233
		100	27.8	50	65	21.0		2.5	
		120	33.3	48.5	67	23.6		3.0	

续表

型号	转速/(r·min⁻¹)	流量		压头/m	效率/%	功率/kW		必需汽蚀余量/m	质量(泵/底座)/kg
		$m^3 \cdot h^{-1}$	$L \cdot s^{-1}$			轴功率	电机功率		
IS150-125-250	1 450	120 200 240	33.3 55.6 66.7	22.5 20 17.5	71 81 78	10.4 13.5 14.7	18.5	3.0 3.0 3.5	758/158
IS150-125-315	1 450	120 200 240	33.3 55.6 66.7	34 32 29	70 79 80	15.9 22.1 23.7	30	2.5 2.5 3.0	192/233
IS150-125-400	1 450	120 200 240	33.3 55.6 66.7	53 50 46	62 75 74	27.9 36.3 40.6	45	2.0 2.8 3.5	223/233
IS200-150-250	1 450	240 400 460	66.7 111.1 127.8	20	82	26.6	37		203/233
IS200-150-315	1 450	240 400 460	66.7 111.1 127.8	37 32 28.5	70 82 80	34.6 42.5 44.6	55	3.0 3.5 4.0	262/295
IS200-150-400	1 450	240 400 460	66.7 111.1 127.8	55 50 48	74 81 76	48.60 67.20 74.20	90	3.0 3.8 4.5	295/298

附录十三　换热器系列(摘录)

1. 管壳式热交换器系列标准(摘自 JB/T 4714,4715-92)

(1)固定管板式

换热管为 ϕ9 mm 的换热器基本参数(管心距 25 mm)

公称直径 DN/mm	公称压力 PN/MPa	管程数 N	管子根数 n	中心排管数	管程流通面积/m²	计算换热面积/m²					
						换热管长度/mm					
						1 500	2 000	3 000	4 500	6 000	9 000
159	1.60	1	15	5	0.002 7	1.3	1.7	2.6	—	—	—
219			33	7	0.005 8	2.8	3.7	5.7	—	—	—
273	2.50	1	65	9	0.011 5	5.4	7.4	11.3	17.1	22.9	—
		2	56	8	0.004 9	4.7	6.4	9.7	14.7	19.7	—
325	4.00	1	99	11	0.017 5	8.3	11.2	17.1	26.0	34.9	—
	6.40	2	88	10	0.007 8	7.4	10.0	15.2	23.1	31.0	—
		4	68	11	0.003 0	5.7	7.7	11.8	17.9	23.9	—

续表

公称直径 DN/mm	公称压力 PN/MPa	管程数 N	管子根数 n	中心排管数	管程流通面积/m²	计算换热面积/m²					
						换热管长度/mm					
						1 500	2 000	3 000	4 500	6 000	9 000
400		1	174	14	0.030 7	14.5	19.7	30.1	45.7	61.3	—
		2	164	15	0.014 5	13.7	18.6	28.4	43.1	57.8	—
	0.60	4	146	14	0.006 5	12.2	16.6	25.3	38.3	51.4	—
450		1	237	17	0.041 9	19.8	26.9	41.0	62.2	83.5	—
		2	220	16	0.019 4	18.4	25.0	38.1	57.8	77.5	—
	1.00	4	200	16	0.008 8	16.7	22.7	34.6	52.5	70.4	—
500		1	275	19	0.048 6	—	31.2	47.6	72.2	96.8	—
		2	256	18	0.022 6	—	29.0	44.3	67.2	90.2	
	1.60	4	222	18	0.009 8	—	25.2	38.4	58.3	78.2	—
600		1	430	22	0.076 0	—	48.8	74.4	112.9	151.4	
		2	416	23	0.036 8	—	47.2	72.0	109.3	146.5	—
		4	370	22	0.016 3	—	42.0	64.0	97.2	130.3	—
	2.50	6	360	20	0.010 6	—	40.8	62.3	94.5	126.8	—
700		1	607	27	0.107 3	—	—	105.1	159.4	213.8	—
		2	574	27	0.050 7	—	—	99.4	150.8	202.1	—
	4.00	4	542	27	0.023 9	—	—	93.8	142.3	190.9	—
		6	518	24	0.015 3	—	—	89.7	136.0	182.4	—
800	0.60	1	797	31	0.1408	—	—	138.0	209.3	280.7	—
	1.00	2	776	31	0.068 6	—	—	134.3	203.8	273.3	—
	1.60	4	722	31	0.031 9	—	—	125.0	189.8	254.3	—
	2.50 4.00	6	710	30	0.020 9	—	—	122.9	186.5	250.0	—
900		1	100 9	35	0.178 3	—	—	174.7	265.0	355.3	536.0
	0.60	2	988	35	0.087 3	—	—	171.0	259.5	347.9	524.9
		4	938	35	0.041 4	—	—	162.4	246.4	330.3	498.3
	1.00	6	914	34	0.026 9	—	—	158.2	240.0	321.9	485.6
1000		1	126 7	39	0.223 9	—	—	219.3	332.8	446.2	673.1
	1.60	2	123 4	39	0.109 0	—	—	213.6	324.1	434.6	655.6
		4	118 6	39	0.052 4	—	—	205.3	311.5	417.7	630.1
		6	114 8	38	0.033 8	—	—	198.7	301.5	404.3	609.9
(1100)	2.50	1	150 1	43	0.265 2	—	—	—	394.2	528.6	797.4
		2	147 0	43	0.129 9	—	—	—	386.1	517.7	780.9
	4.00	4	145 0	43	0.064 1	—	—	—	380.8	510.6	770.3
		6	138 0	42	0.040 6	—	—	—	362.4	486.0	733.1

注：表中的管程流通面积为各程平均值。括号内公称直径不推荐使用。管子为正三角形排列。

换热管为 ϕ5 mm 的换热器基本参数(管心距 32 mm)

公称直径 DN/mm	公称压力 PN/MPa	管程数 N	管子根数 n	中心排管数	管程流通面积 /m²		计算换热面积/m²					
							换热管长度/mm					
					ϕ25×2	ϕ25×2.5	1 500	2 000	3 000	4 500	6 000	9 000
159	1.60 2.50 4.00 6.40	1	11	3	0.003 8	0.003 5	1.2	1.6	2.5	—	—	—
219			25	5	0.008 7	0.007 9	2.7	3.7	5.7	—	—	—
273		1	38	6	0.013 2	0.011 9	4.2	5.7	8.7	13.1	17.6	—
		2	32	7	0.005 5	0.005 0	3.5	4.8	7.3	11.1	14.8	—
325		1	57	9	0.019 7	0.017 9	6.3	8.5	13.0	19.7	26.4	—
		2	56	9	0.009 7	0.008 8	6.2	84.4	12.7	19.3	25.9	—
		4	40	9	0.003 5	0.003 1	4.4	6.0	9.1	13.8	18.5	—
400	0.60 1.00 1.60 2.50 4.00	1	98	12	0.033 9	0.030 8	10.8	14.6	22.3	33.8	45.4	—
		2	94	11	0.016 3	0.014 8	10.3	14.0	21.4	32.5	43.5	—
		4	76	11	0.006 6	0.006 0	8.4	11.3	17.3	26.3	35.2	—
450		1	135	13	0.046 8	0.042 4	14.8	20.1	30.7	46.6	62.5	—
		2	126	12	0.021 8	0.019 8	13.9	18.8	28.7	43.5	58.4	—
		4	106	13	0.009 2	0.008 3	11.7	15.8	24.1	36.6	49.1	—
500	0.60 1.00 1.60 2.50 4.00	1	174	14	0.060 3	0.054 6	—	26.0	39.6	60.1	80.6	—
		2	164	15	0.028 4	0.025 7	—	24.5	37.3	56.6	76.0	—
		4	144	15	0.012 5	0.011 3	—	21.4	32.8	49.7	66.7	—
600		1	245	17	0.084 9	0.076 9	—	36.5	55.8	84.6	113.5	—
		2	232	16	0.040 2	0.036 4	—	34.6	52.8	80.1	107.5	—
		4	222	17	0.019 2	0.017 4	—	33.1	50.5	76.7	102.8	—
		6	216	16	0.012 5	0.011 3	—	32.2	49.2	74.6	100.0	—
700		1	355	21	0.123 0	0.111 5	—	—	80.0	122.6	164.4	—
		2	342	21	0.059 2	0.053 7	—	—	77.9	118.1	158.4	—
		4	322	21	0.027 9	0.025 3	—	—	73.3	111.2	149.1	—
		6	304	20	0.017 5	0.015 9	—	—	69.2	105.0	140.8	—

续表

公称直径 DN/mm	公称压力 PN/MPa	管程数 N	管子根数 n	中心排管数	管程流通面积/m²		计算换热面积/m²					
							换热管长度/mm					
					ϕ25×2	ϕ25×2.5	1 500	2 000	3 000	4 500	6 000	9 000
800		1	467	23	0.161 8	0.146 6	—	—	106.3	161.3	216.3	—
		2	450	23	0.077 9	0.070 7	—	—	102.4	155.4	208.5	—
		4	442	23	0.038 3	0.034 7	—	—	100.6	152.7	204.7	—
		6	430	24	0.024 8	0.022 5	—	—	97.9	148.5	119.2	—
900	0.60	1	605	27	0.209 5	0.190 0	—	—	137.8	209.0	280.2	422.7
		2	588	27	0.101 8	0.092 3	—	—	133.9	203.1	272.3	410.8
	1.60	4	554	27	0.048 0	0.043 5	—	—	126.1	191.4	256.6	387.1
		6	538	26	0.031 1	0.028 2	—	—	122.5	185.8	249.2	375.9
1 000		1	749	30	0.259 4	0.235 2	—	—	170.5	258.7	346.9	523.3
	2.50	2	742	29	0.128 5	0.116 5	—	—	168.9	256.3	343.7	518.4
		4	710	29	0.061 5	0.055 7	—	—	161.6	245.2	328.8	496.0
	4.00	6	698	30	0.040 3	0.036 5	—	—	158.9	241.1	323.3	487.7
(1 100)		1	931	33	0.322 5	0.292 3	—	—	—	321.6	431.2	650.4
		2	894	33	0.154 8	0.140 4	—	—	—	308.8	414.1	624.6
		4	848	33	0.073 4	0.066 6	—	—	—	292.9	392.8	592.5
		6	830	32	0.047 9	0.043 4	—	—	—	286.7	384.4	579.9

注：表中的管程流通面积为各程平均值。括号内公称直径不推荐使用。管子为正三角形排列。

(2)浮头式(内导流)换热器的主要参数

DN	N	n[①]		中心排管数		管程流通面积/m^2			A[②]/m^2							
		d				$d\times\delta_r$			L=3 m		L=4.5 m		L=6 m		L=9 m	
		19	25	19	25	19×2	25×2	25×2.5	19	25	19	25	19	25	19	25
325	2	60	32	7	5	0.005 3	0.005 5	0.005 0	10.5	7.4	15.8	11.1	—	—	—	—
	4	52	28	6	4	0.002 3	0.002 4	0.002 2	9.1	6.4	13.7	9.7	—	—	—	—
426	2	120	74	8	7	0.010 6	0.012 6	0.011 6	20.9	16.9	31.9	25.6	42.3	34.4	—	—
400	4	108	68	9	6	0.004 8	0.005 9	0.005 3	18.8	15.6	28.4	23.6	48.1	31.6	—	—
500	2	206	124	11	8	0.018 2	0.021 5	0.019 4	35.7	28.3	54.1	42.8	72.5	57.4	—	—
	4	192	116	10	9	0.008 5	0.010 0	0.009 1	33.2	26.4	50.4	40.1	67.6	53.7	—	—
600	2	324	198	14	11	0.028 6	0.034 3	0.031 1	55.8	44.9	84.8	68.2	113.9	91.5	—	—
	4	308	188	14	10	0.013 6	0.016 3	0.014 8	53.1	42.6	80.7	64.8	108.2	86.9	—	—
	6	284	158	14	10	0.008 3	0.009 1	0.008 3	48.9	35.8	74.4	54.8	99.8	73.1	—	—
700	2	468	268	16	13	0.041 4	0.046 4	0.042 1	80.4	60.6	122.2	92.1	164.1	123.7	—	—
	4	448	256	17	12	0.019 8	0.022 2	0.020 1	76.9	57.8	117.0	87.9	157.1	118.1	—	—
	6	382	224	15	10	0.011 2	0.012 9	0.011 6	65.6	50.6	99.8	76.9	133.9	103.4	—	—
800	2	610	366	19	15	0.053 9	0.063 4	0.057 5	—	—	158.9	125.4	213.5	168.5	—	—
	4	588	352	18	14	0.026 0	0.030 5	0.027 6	—	—	153.2	120.6	205.8	162.1	—	—
	6	518	316	16	14	0.015 2	0.018 2	0.016 5	—	—	134.9	108.3	181.3	146.5	—	—
900	2	800	472	22	17	0.070 7	0.081 7	0.074 1	—	—	207.6	161.2	279.2	216.8	—	—
	4	776	456	21	16	0.034 3	0.039 5	0.035 3	—	—	201.4	155.7	270.8	209.4	—	—
	6	720	426	21	16	0.021 2	0.024 6	0.022 3	—	—	186.9	145.5	251.3	195.6	—	—

续表

DN	N	n[1]		中心排管数		管程流通面积/m²			A[2]/m²							
		d				$d\times\delta_r$			$L=3$ m		$L=4.5$ m		$L=6$ m		$L=9$ m	
		19	25	19	25	19×2	25×2	25×2.5	19	25	19	25	19	25	19	25
1 000	2	100 6	606	24	19	0.089 0	0.010 5	0.095 2	—	—	260.6	206.6	350.6	277.9	—	—
	4	980	588	23	18	0.043 3	0.050 9	0.046 2	—	—	253.9	200.4	341.6	269.7	—	—
	6	892	564	21	18	0.026 2	0.032 6	0.029 5	—	—	231.1	192.2	311.0	258.7	—	—
1100	2	1 240	736	27	21	0.110 0	0.127 0	0.116 0	—	—	320.3	250.2	431.3	336.8	—	—
	4	1 212	716	26	20	0.053 6	0.062 0	0.056 2	—	—	313.1	243.4	421.6	327.7	—	—
	6	1 120	692	24	20	0.032 9	0.039 9	0.036 2	—	—	289.3	235.2	389.6	316.7	—	—
1 200	2	1 452	880	28	22	0.129 0	0.152 0	0.138 0	—	—	374.4	298.6	504.3	402.2	764.2	609.4
	4	1 424	860	28	22	0.062 9	0.074 5	0.067 5	—	—	367.2	291.8	494.6	393.1	749.5	599.6
	6	1 348	828	27	21	0.039 6	0.047 8	0.043 4	—	—	347.6	280.9	468.2	378.4	709.5	573.4
1 300	4	1 700	1 024	31	24	0.075 1	0.088 7	0.080 4	—	—	—	—	589.3	467.1	—	—
	6	1 616	972	29	24	0.047 6	0.056 0	0.050 9	—	—	—	—	560.2	443.3	—	—

注：①排管数按正方形旋转 45°排列计算；

②计算换热面积按光管及公称压力 2.5 MPa 的管板厚度确定。

2. 管壳式换热器型号的表示方法

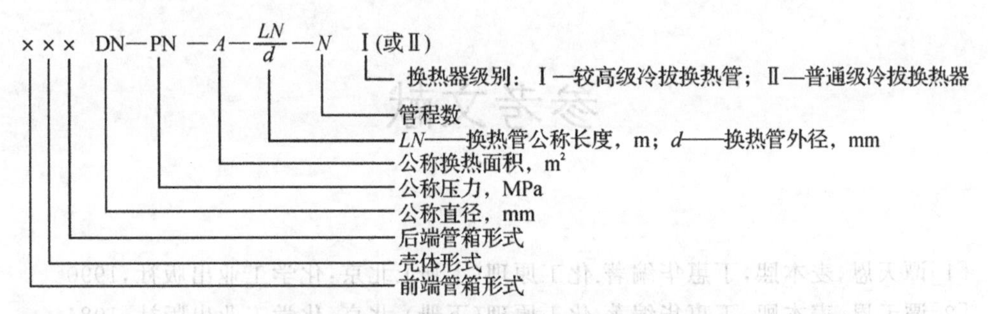

管壳式换热器前端、壳体和后端结构形式分类

	前端固定管箱形式		壳体形式		后端管箱形式
A	管箱和可拆端盖	E	单程壳体	L	与“A”类似的固定管板
B	封头(整体端盖)	F	具有纵向隔板的双程壳体	M	与“B”类似的固定管板
C	仅用于可拆管束管板与管箱为整体及可拆端盖	G	分流壳体	N	与“N”类似的固定管板
N	管板与管箱为整体及可拆端盖	H	双分流壳体	P	外部填料函浮头
D	高压特殊封头	J	无隔板分流壳体	S	有背衬的浮头
		K	釜式再沸器	T	可抽式浮头
		X	错流壳体	U	U形管束
				W	外密封浮动管板

参考文献

[1]谭天恩，麦本熙，丁惠华编著.化工原理(上册).北京:化学工业出版社，1990

[2]谭天恩，麦本熙，丁惠华编著.化工原理(下册).北京:化学工业出版社，1984

[3]蒋维钧，戴猷元，顾惠君编.化工原理(上、下册).北京:清华大学出版社，1992

[4]柴诚敬，刘国维，陈常贵编.化工原理学习指导.天津:天津科技出版社，1997

[5]王淼编著.化工原理及其应用.济南:济南出版社，1989

[6]王志瑰主编.化工原理.北京:化学工业出版社，1987

[7]高福成主编.食品工程原理.北京:中国轻工业出版社，1998

[8]梁朝林主编.化工原理.广州:广东高等教育出版社，2002

[9]何潮洪，冯霄主编.化工原理.第二版.北京:科学出版社，2001

[10]陈敏恒，丛德滋，方图南等编.化工原理(上/下册).第二版.北京:化学工业出版社，1999

[11]阮奇，叶长粲，黄诗煌.化工原理优化设计与解题指南.北京:化学工业出版社，2001

[12] 陈世醒，张克铮，郭大光编.化工原理学习辅导.北京:中国石化出版社，1998

[13] 管国锋，赵汝溥主编.化工原理.第二版.北京:化学工业出版社，2003

[14] 贾绍义主编.化工原理及实验(上/下册).北京:高等教育出版社，2004

[15] 姚玉英主编.化工原理(上/下册).天津:天津科学技术出版社，2001